普通高等教育系列教材

计算机网络

第 2 版

主　编　袁宗福

副主编　邓秀慧

参　编　温志萍　程　初

　　　　毛云贵　赵力辉

主　审　詹永照

机械工业出版社

本书介绍了计算机网络的基本理论和基本知识、计算机网络体系结构、局域网技术与广域网技术、网络互连与网络技术、TCP/IP、网络规划与设计和网络安全技术，并以具体实例介绍了交换机和路由器等网络设备的基本操作原理和配置过程。本书注重实际应用和理论相结合，并反映了计算机网络的新技术。各章均附有一定量的习题。

本书概念正确，内容丰富，知识实用。本书是普通高等教育应用型人才培养规划教材，可作为普通高等学校计算机专业"计算机网络"课程的教材，同时也适合作为普通高校其它相关专业的"计算机网络"课程的教材，也可作为从事计算机网络与通信技术研究的工程技术人员和网络爱好者的参考用书。

图书在版编目（CIP）数据

计算机网络/袁宗福主编. —2 版. —北京：机械工业出版社，2013.1（2023.1 重印）
普通高等教育系列教材
ISBN 978-7-111-41243-4

Ⅰ.①计… Ⅱ.①袁… Ⅲ.①计算机网络-高等学校-教材
Ⅳ.①TP393

中国版本图书馆 CIP 数据核字（2013）第 013838 号

机械工业出版社（北京市百万庄大街 22 号 邮政编码 100037）
策划编辑：王小东 责任编辑：王小东 李 宁 刘琴琴 版式设计：霍永明
责任校对：陈 越 杜雨霏 封面设计：饶 薇 责任印制：单爱军
北京虎彩文化传播有限公司印刷
2023 年 1 月第 2 版第 4 次印刷
184mm×260mm · 16.75 印张 · 412 千字
标准书号：ISBN 978-7-111-41243-4
定价：45.00 元

电话服务 网络服务
客服电话：010-88361066 机 工 官 网：www.cmpbook.com
　　　　　010-88379833 机 工 官 博：weibo.com/cmp1952
　　　　　010-68326294 金 书 网：www.golden-book.com
封底无防伪标均为盗版 机工教育服务网：www.cmpedu.com

普通高等教育应用型人才培养系列教材
编审委员会名单

主　任：刘国荣　湖南工程学院

副主任：左健民　南京工程学院

　　　　陈力华　上海工程技术大学

　　　　鲍　泓　北京联合大学

　　　　王文斌　机械工业出版社

委　员：（按姓氏笔画排序）

　　　　刘向东　北华航天工业学院

　　　　任淑淳　上海应用技术学院

　　　　何一鸣　常州工学院

　　　　陈文哲　福建工程学院

　　　　陈　崚　扬州大学

　　　　苏　群　黑龙江工程学院

　　　　娄炳林　湖南工程学院

　　　　梁景凯　哈尔滨工业大学（威海）

　　　　童幸生　江汉大学

计算机科学与技术专业分委员会名单

主　任：黄陈蓉　南京工程学院

副主任：吴伟昶　上海应用技术学院

委　员：(按姓氏笔画排序)

汤　惟　江汉大学

沈　洁　扬州大学

陈文强　福建工程学院

肖建华　湖南工程学院

邵祖华　浙江科技学院

靳　敏　黑龙江工程学院

序

工程科学技术在推动人类文明的进步中一直起着发动机的作用。随着知识经济时代的到来，科学技术突飞猛进，国际竞争日趋激烈。特别是随着经济全球化发展和我国加入 WTO，世界制造业将逐步向我国转移。有人认为，我国将成为世界的"制造中心"。有鉴于此，工程教育的发展也因此面临着新的机遇和挑战。

迄今为止，我国高等工程教育已为经济战线培养了数百万专门人才，为经济的发展作出了巨大的贡献。但据 IMD1998 年的调查，我国"人才市场上是否有充足的合格工程师"指标排名世界第 36 位，与我国科技人员总数排名世界第一形成很大的反差。这说明符合企业需要的工程技术人员特别是工程应用型技术人才市场供给不足。在此形势下，国家教育部近年来批准组建了一批以培养工程应用型本科人才为主的高等院校，并于 2001、2002 年两次举办了"应用型本科人才培养模式研讨会"，对工程应用型本科教育的办学思想和发展定位作了初步探讨。本系列教材就是在这种形势下组织编写的，以适应经济、社会发展对工程教育的新要求，满足高素质、强能力的工程应用型本科人才培养的需要。

航天工程的先驱、美国加州理工学院的冯·卡门教授有句名言："科学家研究已有的世界，工程师创造未有的世界。"科学在于探索客观世界中存在的客观规律，所以科学强调分析，强调结论的唯一性。工程是人们综合应用科学（包括自然科学、技术科学和社会科学）理论和技术手段去改造客观世界的实践活动，所以它强调综合，强调方案优缺点的比较并做出论证和判断。这就是科学与工程的主要不同之处。这也就要求我们对工程应用型人才的培养和对科学研究型人才的培养应实施不同的培养方案，采用不同的培养模式，采用具有不同特点的教材。然而，我国目前的工程教育没有注意到这一点，而是：①过分侧重工程科学（分析）方面，轻视了工程实际训练方面，重理论，轻实践，没有足够的工程实践训练，工程教育的"学术化"倾向形成了"课题训练"的偏软现象，导致学生动手能力差。②人才培养模式、规格比较单一，课程结构不合理，知识面过窄，导致知识结构单一，所学知识中有一些内容已陈旧，交叉学科、信息学科的内容知之甚少，人文社会科学知识薄弱，学生创新能力不强。③教材单一，注重工程的科学分析，轻视工程实践能力的培养；注重理论知识的传授，轻视学生个性特别是创新精神的培养；注重教材的系统性和完整性，造成课程方面的相互重复、脱节等现象；缺乏工程应用背景，存在内容陈旧的现象。④老师缺乏工程实践经验，自身缺乏"工程训练"。⑤工程教育在实践中与经济、产业的联系不密切。要使我国工程教育适应经济、社会的发展，培养更多优秀的工程技术人才，我们必须努力改革。

组织编写本套系列教材，目的在于改革传统的高等工程教育教材，建设一套富有特色、有利于应用型人才培养的本科教材，满足工程应用型人才培养的要求。

本套系列教材的建设原则是：

1. 保证基础，确保后劲

科技的发展，要求工程技术人员必须具备终生学习的能力。为此，从内容安排上，保证学生有较厚实的基础，满足本科教学的基本要求，使学生日后具有较强的发展后劲。

2. 突出特色，强化应用

围绕培养目标，以工程应用为背景，通过理论与工程实际相结合，构建工程应用型本科教育系列教材特色。本套系列教材的内容、结构遵循如下 9 字方针：知识新、结构新、重应用。教材内容的要求概括为："精"、"新"、"广"、"用"。"精"指在融会贯通教学内容的基础上，挑选出最基本的内容、方法及典型应用；"新"指将本学科前沿的新进展和有关的技术进步新成果、新应用等纳入教学内容，以适应科学技术发展的需要。妥善处理好传统内容的继承与现代内容的引进。用现代的思想、观点和方法重新认识基础内容和引入现代科技的新内容，并将这些按新的教学系统重新组织；"广"指在保持本学科基本体系下，处理好与相邻以及交叉学科的关系；"用"指注重理论与实际融会贯通，特别是注入工程意识，包括经济、质量、环境等诸多因素对工程的影响。

3. 抓住重点，合理配套

工程应用型本科教育系列教材的重点是专业课（专业基础课、专业课）教材的建设，并做好与理论课教材建设同步的实践教材的建设，力争做好与之配套的电子教材的建设。

4. 精选编者，确保质量

遴选一批既具有丰富的工程实践经验，又具有丰富的教学实践经验的教师担任编写任务，以确保教材质量。

我们相信，本套系列教材的出版，对我国工程应用型人才培养质量的提高，必将产生积极作用，会为我国经济建设和社会发展作出一定的贡献。

机械工业出版社颇具魄力和眼光，高瞻远瞩，及时提出并组织编写这套系列教材，他们为编好这套系列教材做了认真细致的工作，并为该套系列教材的出版提供了许多有利的条件，在此深表衷心感谢！

编 委 会 主 任

湖南工程学院院长　　刘国荣教授

第 2 版前言

计算机网络是计算机技术和通信技术相结合的产物，是当今计算机应用中空前活跃的领域。近年来，计算机网络的发展非常迅速，各大计算机及网络生产商不断推出新的网络产品，使计算机网络的硬、软件不断地更新换代，因此，计算机网络的教学内容具有时间性。本教材的内容力求在一定的理论基础上，注重实践能力的培养，符合工科院校的需要，并力图反映计算机网络技术的新发展，使教材更具有针对性和应用性。

为了在教学中有一本更适合普通高等学校计算机专业的应用型本科规划教材，我们参阅了国内外计算机网络方面的有关教材和论著以及网络资料，结合编写者多年的教学经验和积累，完成此次的再版工作。此次再版，除了对原书的前 4 章进行适当的修订外，对后面的章节在内容和次序上进行了全面的改编，使读者在对知识点的掌握方面更具条理性，内容由浅入深，由易到难。另外，在内容上更具有先进性和时代性，还增加了网络技术、网络规划与设计等章节，并加强了实践方面的知识。

本书内容主要针对计算机网络的理论及应用，围绕 ISO/OSI 参考模型介绍计算机网络的基本原理、基本概念以及有关协议、标准；介绍局域网和广域网技术、网络互连和网络技术、Internet 技术以及计算机网络安全技术，并以具体实例介绍了交换机和路由器的基本操作原理和配置过程。本书注重实际应用和理论相结合，并反映了计算机网络的新技术。

本教材的参考教学时数为 64 学时左右。全书共分为 10 章，第 1 章对计算机网络进行了初步介绍，叙述了计算机网络的定义和一些基本概念；第 2 章是有关数据通信的基础知识，介绍了数据通信的基本概念和通信原理；第 3 章以 OSI 体系结构为主体介绍计算机网络的体系结构及各层的功能和协议；第 4 章是关于局域网技术的基本原理和结构，介绍了 IEEE802 系列的主要标准，包括传统以太网、高速局域网和无线局域网；第 5 章介绍 TCP/IP，详细介绍了 TCP/IP 体系结构的各层协议和功能，包括 IP 地址、IP 报文格式、ICMP 报文格式、ARP 报文格式、TCP 和 UDP 报文格式以及上述协议的工作原理，介绍了应用层的主要协议；第 6 章介绍了网络互连的设备和互连的方法，包括交换机和路由器的物理连接和配置技术、交换机和路由器的工作原理和过程；第 7 章介绍了几种主要的网络技术和网络测试方法；第 8 章介绍了网络拓扑层次化各层的功能及特点；第 9 章介绍广域网的特点、广域网的协议和各种公共通信网的作用和特点；第 10 章介绍网络安全的特点、策略以及局域网和广域网的安全技术。各章后均附有一定量的习题。

本书由袁宗福、邓秀慧、温志萍、程初、毛云贵、赵力辉编写，詹永照教授主审。全书由袁宗福主编和统稿。在本书的编写过程中，参考了许多优秀的教材或论文以及文献资料，并查阅了许多网络资料，在此对所有的作者表示感谢。限于水平，书中难免有不足与疏漏之处，恳请广大读者批评指正。

编　者

目　录

第 1 章　计算机网络基础

计算机网络从 20 世纪 70 年代开始发展至今，已形成从小型的办公室局域网到全球性的大型广域网，对现代人类的生产、经济、生活等各个方面都产生了巨大的影响。在此期间，计算机和计算机网络技术取得了惊人的发展，处理信息的计算机和传输信息的计算机网络成了信息社会的基础，不论是企业、机关、团体或个人，他们的生产率和工作效率都由于使用这些革命性的工具而有了实质性的增长。在当今的信息社会中几乎没有一天不用计算机网络来处理个人和工作上的事务，而这种趋势正在加剧并不断显示出计算机和计算机网络的强大能力。

1.1　计算机网络的定义和发展

计算机网络是计算机技术与通信技术结合的产物。通信技术是 19 世纪就已产生的技术，而计算机则是 20 世纪中叶的发明。从 20 世纪 80 年代末开始，计算机技术进入了一个新的发展阶段，它以光纤通信技术应用于计算机网络、多媒体技术、综合业务数据网络、人工智能网络的出现和发展为主要标志。20 世纪 90 年代至本世纪初是计算机网络高速发展的时期，尤其是 Internet 的建立，推动了计算机网络向更高层次发展。

1.1.1　计算机网络的定义

计算机网络就是通过线路互连起来的、资质的计算机集合，确切的说就是将分布在不同地理位置上的具有独立工作能力的计算机、终端及其附属设备用通信设备和通信线路连接起来，并配置网络软件，以实现计算机资源共享的系统。

从整体上来说计算机网络就是把分布在不同地理区域的计算机与专门的外部设备用通信线路互联成一个规模大、功能强的系统，从而使众多的计算机可以方便地互相传递信息，共享硬件、软件、数据信息等资源。简单地说，计算机网络就是由通信线路互相连接的许多自主工作的计算机构成的集合体。

1.1.2　计算机网络的发展过程

计算机网络的发展大致可分为以下 4 个阶段。

1. 面向终端的计算机通信系统

面向终端的通信系统由一台计算机与若干远程终端通过通信线路按点到点方式直接相连，进行远程数据通信，如图 1-1 所示。图中 Host 表示主计算机，T 表示远程终端。早期的这种计算机通信系统的主计算机既要管理数据通信，又要对数据进行加工处理，负担很重，而每条通信线路的使用率也很低。为了减轻主计算机的负担，提高其利用率，在主计算机前设置了一个通信控制处理器（Communication Control Processor, CCP）或称之为前端处理器（Front End Processor, FEP）的设备，专门负责与终端的通信工作，使主计算机有更多的时间进行信息的处理。除此以外，在终端比较集中的地区设置线路集中器，通过低速线路连接若干终端，再用高速线路把集中器和主计算机的通信控制处理机连接在一起。这里的集中器负责汇总来自多个终端的信息通过高速线路发往主机，并且接收主机发往终端的信息，再转送给目的终端，如图 1-2 所示。当时的通信控制处理机（CCP）和线路集中器常采用小型机，来完成通信处理、信息压缩和代码转换等功能。

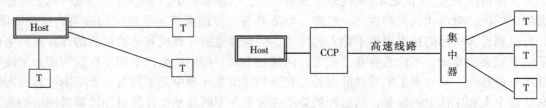

图 1-1　计算机直接与远程终端　　　　　　　图 1-2　具有 CCP 的面向终端通信系统
　　　　　相连的通信系统

2. 计算机-计算机通信网络

20 世纪 60 年代后期，出现了通过通信线路将分散在各地的计算机系统连接起来的通信网络系统，其结构如图 1-3 所示。这种通信网络的主要作用是进行计算机系统之间的信息交换和传递，这是计算机网络的雏形。

1964 年 8 月，巴兰（Baran）首先提出了分组交换的概念。1966 年 6 月，英国国家物理实验室（NPL）的戴维斯（Davies）首次提出了"分组"这一名词，从

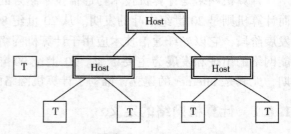

图 1-3　计算机-计算机通信网络

而使计算机网络的通信方式由终端与计算机之间的通信发展到计算机与计算机之间的直接通信。从此，计算机网络的发展就进入了一个崭新的发展阶段，标志着现代通信时代的开始。

这一阶段研究的典型代表是美国国防部高级研究计划局 1969 年 12 月投入运行的 ARPANET，该网络是一个典型的以实现资源共享为目的的具有通信功能的多机系统。它为计算机网络的发展奠定了基础，其核心技术是分组交换技术。

在这里，先介绍一下 ARPANET，因为 ARPANET 的出现标志着计算机网络时代的开始，而且它对计算机网络的发展也作出了一定的贡献。早期的 ARPANET 由 4 个节点组成的试验网，后来扩充到 15 个节点的 ARPA 研究中心。到 20 世纪 70 年代后期，网络节点超过 60 个，主计算机超过 100 台。其地理范围覆盖了美洲大陆，连通了许多大学和研究机构，并通过无线通信连通了夏威夷和欧洲的计算机。ARPANET 的研究成果为计算机网络的发展奠定了基础，现在计算机网络的许多概念都来自 ARPANET。ARPANET 于 1990 年 6 月停止运行，被因特网（Internet）取而代之，完成了它的历史使命。

ARPANET 的试验成功使计算机网络的概念发生了根本的变化。计算机网络要完成数据处理与数据通信两大基本功能，它在结构上必然可以分成两个部分：负责数据处理的计算机终端和负责数据通信处理的通信控制处理机与通信线路。

分组交换网由通信子网和资源子网组成，以通信子网为中心，不仅共享通信子网的资源，还可共享资源子网的硬件和软件资源。

资源子网由主计算机系统、终端、终端控制器、联网外设、各种软件资源与信息资源组成，资源子网负责全网的数据处理，向网络用户提供各种网络资源与网络服务。主机是资源子网的主要组成单元，它通过高速通信线路与通信子网的通信控制处理机相连接。主机要为本地用户访问网络其他主机设备与资源提供服务，同时为远程用户共享本地资源提供服务。通信子网由通信控制处理机、通信线路与其他通信设备组成，完成网络数据传输、转发等通信处理任务。

这个阶段，在计算机通信网络的基础上，人们完成了网络体系结构与协议的研究，形成了计算机网络。

3. 计算机网络标准化阶段

20 世纪 70 年代以后，随着计算机技术与通信技术的密切结合和高度发展，以及价廉物美的个人计算机的问世，使得拥有多台计算机的企业和部门希望在这些计算机之间不仅仅能够通信，而且能够共享资源。因此，通信网络从仅具有通信功能的网络系统，发展为通过各种通信手段使分布在各地众多的各种计算机系统有机地连接在一起，以共享资源为目的，组成一个规模更大，功能更强，可靠性更高的，由网络操作系统管理的，遵循国际标准化网络体系结构的计算机网络。国际标准化组织（ISO）于 1997 年成立了研究计算机网络互连的专门机构，并提出了一个能使各种计算机在全世界范围内互连成网络的标准框架，即开放系统互连参考模型，简称 OSI/RM。第三代计算机网络从此开始。

4. 高速网络阶段

从 20 世纪 80 年代末开始，计算机网络开始进入其发展的第四代时期，其主要标志可归纳为：网络传输介质的光纤化、信息高速公路的建设；多媒体网络及宽带综合业务数字网的开发和应用；智能网络的发展；分布式系统的研究，促进了高速网络技术飞速发展，相继出现高速以太网、光纤分布式数据接口 FDDI、快速分组交换技术，包括帧中继、异步传输模式等。

1.1.3　计算机网络的现状

20 世纪 90 年代以来，随着世界全球性的经济增长和科学技术迅速发展，信息已成为一个国家经济和科技发展的重要因素。为此，1993 年美国政府宣布了"国家信息基础设施"建设计划，简称为 NII（National Information Infrastructure）计划，NII 也被形象地称之为"信息高速公路"。其基本内容就是要在世界范围内建立高速计算机通信网络、开发信息资源、发展信息技术及其在各领域中的应用。至今，在世界范围内，计算机互联网络已成为世界各国人民赖以工作和学习的基本工具。NII 的提出引起了世界各国的普遍关注，并且竞相制订本国的"信息高速公路"计划，以适应世界经济和信息产业的飞速发展。我国在现有各类信息系统建设的基础上，于 1993 年底提出了建设我国国民经济信息的通信网和"三金"工程等计划。所谓"三金"工程是：建设国家公用经济信息通信网，简称金桥工程；实施外贸专用网的联网并建立对外贸易业务有效管理的系统，简称金关工程；建设全民信用卡系统或卡基交换系统，简称金卡工程。

在众多的大型计算机网络中，因特网（Internet）是现今世界上流行的最大的计算机网络。因特网的发展，引起了我国学术界的极大关注。20 世纪 90 年代后，我国的公用信息通信网的发展为计算机网络提供了可靠的技术支持。例如，1993 年 9 月开通的中国公用分组交换数据网（CHAINPAC），1994 年开通的中国公用数字数据网（CHAINDDN）、中国公用计算机互联网（CHINANET）、中国科技网等骨干网络，中国科学院、国家教委和一些政府职能部门也建立了自己的计算机网络，如中科院科技网络（CSTNET）、中国教育与科研计算机网络（CERNET）、中国金桥网（CHINAGBN）等，中国移动、中国联通、中国网通等骨干网也已投入营运，中国因特网发展已经呈现新的发展局面。这些网络的建成为我国计算机网络的应用和普及起到了巨大的作用。

1.2　计算机网络的组成

完整的计算机网络系统是由网络硬件系统和网络软件系统组成的。根据不同应用的需要，网络可能有不同的软、硬件配置。由于对等网规模小，配置简单，所以后面介绍的内容均以基于服务器的网络为模型。

1.2.1　计算机网络的硬件组成

计算机网络硬件系统是由网络服务器、工作站、通信处理设备等基本模块和通信介质组成的。

1. 服务器

专用服务器的 CPU 速度快，内存和硬盘的容量高。较大规模的应用系统需要配置多个服务器；小型应用系统也可以把高档微机作为服务器来使用。根据服务器所提供的资源不同，可以把服务器分为文件服务器、打印服务器、应用系统服务器、通信服务器等。

（1）文件服务器　文件服务器管理用户的文件资源并同时处理多个客户机的访问请求，客户机从服务器下载要访问的文件到本地存储器。文件服务器对网络的性能起着非常重要的作用：文件服务器一般配备高处理速度的一个或多个 CPU，高性能、大容量的硬盘及硬盘控制器和充足的内存等。为了提高网络系统的数据安全性，往往要为文件服务器配置多个硬盘，组成磁盘阵列，甚至在网络中配置备份的文件服务器。

（2）打印服务器　打印服务器负责处理网络上用户的打印请求。一台或多台普通的打印机和一台运行打印服务程序的计算机相连，并在网络中共享该打印机就成为打印服务器。新推出的专用网络打印机配有内置的网络适配器，可以直接与网络线缆相连成为打印服务器，这样的打印机不必连接到某个计算机的打印端口。

（3）应用系统服务器　应用系统服务器运行客户/服务器应用程序的服务器端软件，这样的服务器往往保存大量的信息供用户查询，在客户机上运行客户端程序。客户端程序向应用系统服务器发送查询请求，服务器处理查询请求，只将查询的结果返回给客户机。这和文件服务器将整个文件下载到客户机上是完全不同的。假设服务器是 SQL Server，用户可以通过任何支持结构化查询语言 SQL 的前端软件来查询数据库中的数据。又如，WWW 中的 Web 服务器软件也是服务器应用系统，而浏览器是客户端软件。开放数据库连接（Open Database Connectivity，ODBC）驱动程序使得用户可以访问服务器上各种类型的数据库。

（4）通信服务器　通信服务器负责处理本网络与其他网络的通信，或者通过通信线路处理远程用户对本网络的数据传输。如果利用公共电话网通信，需要安装 Modem。一个调制解调器服务器可以配置一台或多台调制解调器。

有时为了充分发挥高性能服务器的潜力或节省开支等其他的原因，往往将两种网络服务器合二为一，从而一台计算机执行两种网络服务器功能。例如，将文件服务器连接打印机就同时作为打印服务器使用。

2. 工作站

将计算机与网络连接起来就成为网络工作站。有些应用系统需要高性能的专用工作站，如计算机辅助设计需要配置图形工作站。对于一般网络应用系统来说，工作站的配置比较低，因为它们可以访问网络服务器中的共享资源。无盘工作站不带硬盘，这些工作站只能使用网络服务器上的可用磁盘空间。无盘工作站无法自己启动计算机，所以需要配置带有远程启动芯片的网卡。

网络工作站需要运行网络操作系统的客户端软件。NetWare 网络操作系统支持与 IBM 兼容的 PC 工作站（如运行 DOS、各种 Windows 和 OS/2 的工作站）、Macintosh 工作站和 UNIX 工作站。Windows NT 网络操作系统支持的工作站客户有各种 Windows 工作站、OS/2 工作站、DOS 工作站、Novell NetWare 和 Macintosh 工作站。

3. 网卡

服务器和工作站均需要安装网卡。网卡也称为网络适配器，它是计算机和网络缆线之间的物理接口。网卡一方面将发送给其他计算机的数据转变成在网络缆线上传输的信号发送出去，另一方面又从网络缆线接收信号并把信号转换成在计算机内传输的数据。数据在计算机内并行传输，而在网络缆线上传输的信号一般是串行的光信号或电信号。网卡的基本功能是：并行数据和串行信号之间的转换，数据帧的装配与拆装，网络访问控制和数据缓冲等。

4. 通信介质

通信介质是计算机网络中发送方和接收方之间的物理通路。由于传输过程中不可避免地产生信号衰减或其他的损耗，而且距离越远衰减或耗损就越大。不同的通信介质的传输数据的性能不同。计算机网络通常使用以下几种介质：双绞线、同轴电缆、光导纤维、无线传输介质（包括微波、红外线和激光）、卫星线路。

5. 网络互连设备

调制解调器（Modem）是远程的计算机和网络相连所需的设备。中继器、集线器、交换机和路由器等都用于网络互连。

1.2.2　计算机网络的软件组成

独立的计算机必须有软件才能运行，计算机网络也必须有网络软件系统才能运行。计算机网络的软件系统比单机的软件系统要复杂得多。计算机网络软件系统包括网络操作系统（Network Operation System，NOS）、网络应用服务系统等。

1. 网络操作系统

网络操作系统是为计算机网络配置的操作系统，网络中的各台计算机都配置有各自的操作系统，而网络操作系统把它们有机地联系起来。网络操作系统除了具有常规操作系统所应具有的功能外，还应具有以下网络管理功能：网络通信功能、网络范围内的资源管理功能和网络服务功能等。有的网络操作系统是在计算机单机操作系统的基础上建立起来的，有的网络操作系统把单机操作系统和网络功能结合起来。例如，Windows 2000 既可作为单机操作系统，又可以用于建立对等网络；再如 Windows NT 可以单机运行，同时又是网络操作系统。

在对等网络中，网络操作系统软件平等地分布在所有网络节点上。在基于服务器的网络中，服务器运行网络操作系统的主要部分，工作站运行网络操作系统的客户端程序，所以有时也称工作站为客户机。

严格地讲，客户机和服务器是针对服务而言的，请求服务的应用系统称为客户，为其提供服务的应用系统或系统软件称为服务器，组成"客户机/服务器"模式。

2. 网络操作系统组成

网络操作系统主要包括 3 个部分，即网络适配器驱动程序、子网协议和应用协议。

网卡驱动程序介于网络适配器硬件和子网协议之间，起着中间联系作用。网卡驱动程序完成网卡接收和发送数据包的复杂处理过程，它直接对网卡的各种控制、状态寄存器、DMA 和 I/O 端口进行硬件级操作。为网卡选择正确的网卡驱动程序并设置各种参数是建立网络的重要操作之一。通常网络操作系统包含一些常用的网卡驱动程序。另外，网卡生产商也会随网卡提供一张光盘，光盘中包含适用于各种网络操作系统的网卡驱动程序。

子网协议是在网络范围内发送应用和系统报文所必需的通信协议。子网协议的选择直接关系到网络操作系统的性能，高速子网协议会加速网络操作系统的处理速度，低速子网协议则相反。

应用协议与子网协议进行通信，实现网络操作系统的高层服务。

1.2.3　资源子网和通信子网

计算机网络中实现网络通信功能的设备及其软件的集合称为网络的通信子网，计算机网络中实现资源共享的设备及其软件的集合称为资源子网，如图 1-4 所示。

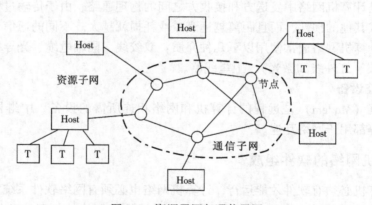

图 1-4　资源子网与通信子网

1. 资源子网

资源子网主要是对信息进行加工和处理，面向用户，接受本地用户和网络用户提交的任务，最终完成信息的处理。它包括访问网络和处理数据的硬软件设施，主要有主计算机系统、终端控制器和终端、计算机外设、有关软件和可共享的数据（如公共数据库）等。

（1）主机（Host）　主计算机系统可以是大型机、小型机或局域网中的微型计算机，它们是网络中的主要资源，也是数据资源和软件资源的拥有者，一般都通过高速线路将它们和通信子网的节点相连。

（2）终端控制器和终端　终端控制器连接一组终端，负责这些终端和主计算机的信息通信，或直接作为网络节点；在局域网中它相当于集线器（HUB）；终端是直接面向用户的交互设备，可以是由键盘和显示器组成的简单的终端，也可以是微型计算机系统。

（3）计算机外设　计算机外设主要是网络中的一些共享设备，如大型硬盘机、高速打印机、大型绘图仪等。

2. 通信子网

通信子网主要负责计算机网络内部信息流的传递、交换和控制，以及信号的变换和通信中的有关处理工作，间接地服务于用户。它主要包括网络节点、通信链路、交换机和信号变换设备等硬软件设施。

（1）网络节点　网络节点的作用：一是作为通信子网与资源子网的接口，负责管理和收发本地主机和网络所交换的信息；二是作为发送信息、接受信息、交换信息和转发信息的通信设备，负责接收其他网络节点传送来的信息并选择一条合适的链路发送出去，完成信息的交换和转发功能。

网络节点分为交换节点和访问节点两种。交换节点主要包括交换机（Switch）、网络互连时用的路由器（Router）以及负责网络中信息交换的设备等。访问节点主要包括连接用户主计算机（Host）和终端设备的接收器、发送器等通信设备。

（2）通信链路　通信链路是两个节点之间的一条通信信道。链路的传输媒体有：双绞线、同轴电缆、光导纤维、无线电微波通信、卫星通信等。一般在大型网络中和相距较远的两节点之间的通信链路，都利用现有的公共数据通信线路。

（3）信号变换设备　信号变换设备的功能是对信号进行变换以适应不同传输媒体的要求。这些设备一般有：将计算机输出的数字信号变换为电话线上传送的模拟信号的调制解调器、无线通信接收和发送器、用于光纤通信的编码解码器等。

1.3　计算机网络的功能及分类

1.3.1　计算机网络的功能

计算机网络的主要功能如下。

1. 数据交换和通信

计算机网络中的计算机之间或计算机与终端之间，可以快速可靠地相互传递数据、程序或文件。例如：电子邮件（E-mail）可以使相隔万里的异地用户快速准确地相互通信；电子数据交换（EDI）可以实现在商业部门（如海关、银行等）或公司之间进行订单、发票、单据等商业文件安全准确的交换；文件传输服务（FTP）可以实现文件的实时传递，为用户复制和查找文件提供了有力的工具。

2. 资源共享

充分利用计算机网络中提供的资源（包括硬件、软件和数据）是计算机网络组网的目标之一。计算机的许多资源是十分昂贵的，不可能为每个用户所拥有。例如，进行复杂运算的巨型计算机、大量存储器、高速激光打印机、大型绘图仪、一些特殊的外设等，另外还有大型数据库和大型软件等。这些昂贵的资源都可以为计算机网络上的用户所共享。资源共享既可以使用户减少投资，又可以提高这些计算机资源的利用率。

3. 提高系统的可靠性

在一些用于计算机实时控制和要求高可靠性的场合，通过计算机网络实现备份技术可以提高计算机系统的可靠性。当某一台计算机出现故障时，可以立即由计算机网络中的另一台计算机来代替其完成所承担的任务。例如，空中交通管理、工业自动化生产线、军事防御系统、电力供应系统等都可以通过计算机网络设置备用或替换的计算机系统，以保证实时性管理和不间断运行系统的安全性和可靠性。

4. 分布式网络处理和均衡负荷

对于大型的任务或当网络中某台计算机的任务负荷太重时，可将任务分散到网络中的各台计算机上进行，或由网络中比较空闲的计算机分担负荷，这样既可以处理大型的任务，使得一台计算机不会负担过重，又提高了计算机的可用性，起到了分布式处理和均衡负荷的作用。

1.3.2　计算机网络分类

计算机网络的分类可按多种方法进行：按分布地理范围的大小分类，按网络的用途分类，按网络所隶属的机构或团体分类，按照采用的传输媒体或管理技术分类等。一般按网络的分布地理范围来进行分类，可以分为局域网、广域网和城域网 3 种类型。

1. 局域网

局域网（Local Area Network，LAN）的地理分布范围在几千米以内，一般局域网络建立在某个机构所属的一个建筑群内，或大学的校园内，也可以是办公室或实验室几台计算机连成的小型局域网络。局域网连接这些用户的微型计算机及其网络上作为资源共享的设备（如打印机等）进行信息交换，另外通过路由器和广域网或城域网相连接实现信息的远程访问和通信。LAN 是当前计算机网络的发展中最活跃的分支。在第 4 章中将重点介绍 LAN 的有关知识。

局域网有别于其他类型网络的特点是：

1）局域网的覆盖范围有限。

2）数据传输率高，一般在 10~100Mbit/s，现在的高速 LAN 的数据传输率可达到千兆；信息传输的过程中延迟小、差错率低；另外局域网易于安装，便于维护。

3）局域网的拓扑结构一般采用总线型、环形和星形。

2. 广域网

广域网（Wide Area Network，WAN）的涉及范围很大，可以是一个国家或一个洲际网络，规模十分庞大而复杂。它的传输媒体由专门负责公共数据通信的机构提供。

3. 城域网

城域网（Metropolitan Area Network，MAN）采用类似于 LAN 的技术，但规模比 LAN 大，地理分布范围在 10~100km，介于 LAN 和 WAN 之间，一般覆盖一个城市或地区。

1.4　计算机网络的拓扑结构

计算机网络拓扑结构是指计算机网络的硬件系统的连接形式。在建立计算机网络时要根据准备连网计算机的物理位置、链路的流量和投入的资金等因素来考虑网络所采用的布线结构。一般用拓扑方法来研究计算机网络的布线结构，拓扑（Topology）是拓扑学中研究由点、线组成几何图形的一种方法，用此方法可以把计算机网络看作是由一组节点和链路组成，这些节点和链路所组成的几何图形就是网络的拓扑结构。虽然用拓扑方法可以使复杂的问题简单化，但网络拓扑结构设计仍是十分复杂的问题。

网络拓扑结构的类型主要有：总线型、星形、环形、星状总线型、网形。下面介绍网络拓扑结构形式。

1.4.1 总线型

把各台计算机或其他设备均接到一条公用的总线上，各台计算机共用这一总线，而在任何两台计算机之间不再有其他连接，这就形成了总线的计算机网络结构。图 1-5 表示总线型网络拓扑结构。

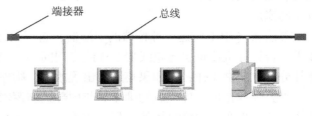

图 1-5   总线型结构

总线一般采用同轴电缆，在需要分支的地方，电缆线上配有特制的分支插口，连接模块上也装有相应的分支插头。分支插头和总线上的分插口之间的距离有一定的限制，一般要求在几厘米的范围，否则会影响总线的电气性能。

总线上传送的信息，通常以基带形式串行传送，它的传送方向总是从发送信息的节点开始向两端扩散，如同广播电台发射的信息向四周扩散一样，因此，这种结构的网络又称为广播式计算机网络，而且无需路由选择功能。

在同一时刻，只能有一台计算机发送信息，网络上其他的计算机接收信息，这种接收只是被动地接收，它不负责再生数据并将其往前发送。当总线超过一定的长度后，信号的质量将得不到保证，所以对网络总线的长度都有一定的限制。

如果要延长总线的长度，使其连接更多数量的计算机，需要增加中继器等设备将信号再生并往前发送。但不能靠中继器无限制地延长总线的长度，由于总线上的计算机要分别地独占总线，当总线上计算机的数量增加后，单台计算机需等待较长的时间才能发送数据。

在总线上，从一台计算机发送的信号会传送到网络上的每一台计算机，并且从总线的一端到达另一端。如果不采取措施，信号在到达总线的端点时产生反射，反射回来的信号，又要传输到总线的另一端，这种情况将阻止其他的计算机发射信号。为了防止总线端点的反射，设置了端接器，即在总线的两端安装了吸收到达端点信号的元件。这样当一台计算机发送的数据到达目的地之后，其他的计算机就可以占用总线继续发送数据。如果总线的某个地方断开，那么总线实际上变成了两条缆线。由于在断点处没有端接器，信号将被反射，此时网络将无法使用。如果总线型网络中的某台计算机发生故障或者计算机与总线的连接线断开，网络仍然可用。

总线型拓扑结构主要用于局域网络。它的优点是安装简单，所需通信器材的成本低，扩展方便。总线型网络的主要缺点有：如果总线断开，网络就不可用；如果发生故障，则需要检测总线在各计算机处的连接，不易管理；由于总线型网络受到信号损耗的影响，总线的长度受限制，设备分布的范围不可能很大。

1.4.2 星形

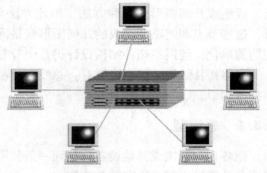

　　星形拓扑结构的网络采用集中控制方式，每个节点都有一条唯一的链路和中心节点相连接，节点之间的通信都要经过中心节点并由其进行控制，如图 1-6 所示。星形拓扑的特点是结构形式和控制方法比较简单，便于管理，但线路总长度较长，成本高，而且可靠性较差，当中心节点出现故障时会造成全网瘫痪。

图 1-6　星形结构

　　集线器（HUB）是一种特殊的中继器，它可以把多个网络段连接起来。在星形网络中，如果一台计算机或该机与集线器的连线出现问题，只影响该计算机的收发数据，而网络的其余部分可以正常工作，但如果集线器出现故障，则整个网络会瘫痪 。

　　需要强调指出，应注意物理布局与内部控制逻辑结构的区别。用集线器连接组成的拓扑结构，在物理布局上是星形的，但在逻辑上仍是原来的内部控制结构。例如，原来是总线型以太网，尽管使用了集线器形成星形布局，但在逻辑上网络控制结构仍然是总线型网络。自 20 世纪 90 年代开始，以太网 10BaseT 标准的推出及集线器的使用，总线型逐步向星形网络拓扑演化。令牌环形网在布局时也多采用星形环，即计算机物理上都连到一个中央集线器上，实际内部控制逻辑环位于集线器内，仍然是令牌环形网，有时称之为星形环。

　　常见的物理布局采用星形拓扑的网络有 10BaseT 以太网、100BaseT 以太网、令牌环形网、ARCnet 网、FDDI（光纤分布式数据接口）网络、CDDI（铜线电缆分布式数据接口）网络、ATM 网等。100Base VG（Voice Grade）Any LAN 采用综合星形拓扑，是一种综合了以太网和令牌环形网的新结构，所有计算机都分别连到各个级别的集线器上，每个集线器可以连接以太网，也可以连接星形环。

1.4.3 环形

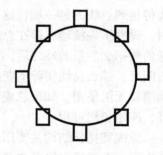

　　环形拓扑为一封闭的环路，如图 1-7 所示。这种拓扑网络结构采用非集中控制方式，各节点之间无主从关系。环形网络是将各台计算机与公共的缆线连接，缆线的两端连接起来形成一个封闭的环，数据包在环路上以固定方向流动，途经环中的所有节点并回到始发节点。由于计算机连接成封闭的环路，所以不需要端接器来吸收反射信号。信号沿环路的一个方向进行传播，通过环路上的每一台计算机。每台计算机都接收信号，并且把信号再生放大后再传给下一台计算机。当信息中所含的接收方地址与途经节点的地址相同时，该信息将被接收，否则不予理睬。环形拓扑的网络上任意一个节点发出的信息，其他节点都可以收到，因此它采用的传输信道也叫广播式信道。

图 1-7　环形结构

在环形网络中，一般通过令牌来传递数据。令牌依次穿过环路上的每一台计算机，只有获得了令牌的计算机才能发送数据。当某台计算机获得令牌后，就将数据加入到令牌中，并继续往前发送。带有数据的令牌依次穿过环路上的每一台计算机，直到令牌中的目的地址与某台计算机的地址相符合。收到数据的计算机返回一个消息，表明数据已被接收，经过验证后，原来的计算机创建一个新令牌并将其发送到环路上。

环形网络中信息流控制比较简单，信息流在环路中沿固定方向单向流动的，两个计算机节点之间仅有唯一的通路，故路径选择控制非常简单。所有的计算机都有平等的访问机会，用户多时也有较好的性能。

环形拓扑网络的优点在于结构比较简单、方便安装、传输率较高，但单环结构的可靠性较差，当某一节点出现故障时，会引起通信中断。采用双环结构具有较高的可靠性，在双环结构中，其中一个环作为备用环。双环结构又可分为同向双环和反向双环，如图1-8 所示。

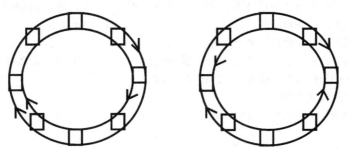

图 1-8　同向双环和反向双环

常见的采用环形拓扑的网络有令牌环形网、FDDI（光纤分布式数据接口）和 CDDI（铜线电缆分布式数据接口）网络。

1. 4. 4　星状总线型

星状总线型拓扑是总线型拓扑和星形拓扑的结合体。在星状总线型网络中，几个星形拓扑由总线型网的干线连接起来，如图1-9 所示。

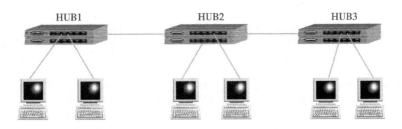

图 1-9　星状总线型结构

在星状总线型网络中，一台计算机出现故障不会影响网络中其他计算机的正常运行。如果某个集线器出现故障，所有与该集线器直接连接的计算机都不能使用网络。

星状总线型网络的特点是结构比较灵活，易于进行网络的扩展。

1.4.5　网形

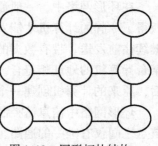

图 1-10　网形拓扑结构

网形拓扑是容错能力最强的网络拓扑结构，如图 1-10 所示。通常，网形拓扑只用于大型网络系统和公共通信骨干网，如帧中继网络、ATM 网络或其他数据包交换型网络。这种拓扑的特点是每一个节点都有一条链路与其他节点相连，所以它的可靠性是非常高的，但成本也高。

习　　题

1. 计算机网络的发展经过了哪几个阶段？说明每个阶段的特点。
2. 何谓"信息高速公路"？简述"信息高速公路"对社会、经济、文化、科技和教育的影响。
3. 了解并叙述当前我国"信息高速公路"、计算机广域网以及公共数据通信网发展情况。
4. 计算机网络的定义是什么？
5. 计算机网络有哪些功能？请举例说明。
6. 计算机网络分为哪些子网？它们由哪些硬软件设施组成？各有什么功能和特点？
7. 计算机网络的拓扑结构有哪些？它们各有什么特点？
8. 计算机网络是如何分类的？
9. 资源子网和通信子网的功能有何不同？

第 2 章　数据通信基础

计算机网络是通信技术和计算机技术结合的产物，而通信技术本身的发展也和计算机技术的应用有着密切的联系。数据通信是以信息处理技术和计算机技术为基础的通信方式，它为计算机网络的应用和发展提供了技术支持和可靠的通信环境。数据通信技术现已形成了一门独立的学科，它主要研究与数字信号的传输、交换和处理等有关的理论及实现技术。本章主要介绍数据通信的一些基本知识，为以后各章的学习打下基础。

2.1　数据通信的基本概念

通信是把信息从一个地方传送到另一个地方的过程，用来实现通信过程的系统称为通信系统。如果一个通信系统传输的信息是数据，称这种通信为数据通信。或者说，数据通信是指在不同计算机之间传送表示字母、数字、符号的二进制代码——0、1 序列的过程。实现这种通信的系统就是数据通信系统。

2.1.1　数据通信系统

凡是将计算机或终端与数据传输线路连接起来，达到传输、收集、分配和处理数据目的的系统，称为数据通信系统。图 2-1 给出了数据通信系统的一般结构。

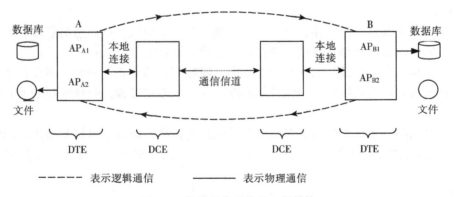

图 2-1　数据通信系统的一般结构

图中的 A 和 B 表示进行通信双方的计算机，AP 表示用户的应用程序，它可能是一个账目结算程序、飞机定票程序或库存管理软件包。在图 2-1 中用户计算机 A 执行应用子程序 AP_{A1}，通过数据通信系统访问远程计算机 B 的子程序 AP_{B1}，获取数据库的信息，同样计算机 B 也可以执行应用子程序 AP_{B2} 和计算机 A 的程序 AP_{A2} 进行通信将有关数据送往 A。这个双方通信的过程用图中虚线来表示，即表示逻辑上的通信。而实际上双方之间的通信要经过有关的通信装置和通信信道（通信路径）才能完成。

　　从数据传输的角度来看，图中发送、接受信息的计算机或终端在通信系统中称之为数据终端设备（Data Terminal Equipment，DTE），而将信号变换器等类似的装置称为数据电路终接设备（Data Circuit-terminating Equipment，DCE）或数据通信设备（Data Communication Equipment）。DTE 是对信息进行收集和处理的设备，它们是信源（信息的发送端）或信宿（接收信息的一端）或兼而有之。例如，一台计算机、一台终端或为用户提供服务的进行信息处理的某台设备。这里计算机主要是用于信息的收集和处理；终端的作用是向计算机系统发送数据或程序，并从计算机那里接受信息。终端设备有字符显示终端、图形显示终端、电传打字机等。

　　DCE 在通信过程中负责将准备传输的数据（即标准的二进制代码信号）转换为适合信道传输的信号，它可作为 DTE 和信道的连接点。例如，在远距离传输时，可将二进制脉冲信号通过调制解调器（Modulation/ Demodulation，Modem）转换（调制）为音频载波信号后再送到信道上，在接收端，再将接收到的音频载波信号通过 Modem 转换（解调）为原数据的脉冲序列。

　　有了上述概念，图 2-1 中数据通信系统的通信过程（以 A 到 B 的通信为例）可以理解为：信源 DTEA 发出信息，经本地连接（如 RS-232C 接口）到 A 的 DCE，将数据转换为适合信道传输的信号，再通过信道传输到信宿 B 的 DCE，并转换接为原来的数字信号，经 B 的本地连接最后传输到信宿 DTEB，完成一次通信任务。

　　在数据通信系统中除了计算机系统、终端、Modem 以外，还有一些用于通信的设备。例如，专门负责通信任务的通信处理机（CP 或 IMP、适配器等）以及用于将多台终端与高速信道连接的多路复用器或集中器等设备。

2.1.2　数据和信息

1. 数据

　　数据被定义为有意义的实体，数据涉及到事物的表示形式，是信息的载体，而信息涉及到的则是数据的内容和解释。数据有模拟数据与数字数据之分。

　　模拟数据是指在某个区间的连续值，其电平随时间连续变化。例如，语音是典型的模拟信号，其他由模拟传感器接收到的信号如温度、压力、流量等都是连续变化的值，都是模拟信号。

　　数字数据在时间上是离散的，在幅值上是经过量化的，即数字数据是指离散的值。它一般是由 0、1 的二进制代码组成的数字序列，如文本信息和整数。模拟数据和数字数据是可以互相转换的。

2. 信息

　　信息是对数据的解释，数据只有经过处理并经过解释才有意义，才能成为信息。信息的载体可以是数字、文字、语音、图形或图像。计算机产生的信息一般是字母、数字、符号的组合。

　　随着科学的进步和技术的不断创新，人们获得信息或传递信息的渠道越来越多，从报纸、书刊到广播、电视，一直到以计算机为基础的 Internet 等；信息的表达方式，从说话、演讲、写信、打电话、拍电报，到发短信息、发电子邮件等也越来越丰富。随着 Internet 的发展，人们经常使用计算机通过 Internet 进行信息的交流。

信息已成为人类最重要的资源，当今社会已成为信息社会。在信息社会中，信息的有效利用能增加经济效益和促进社会发展。信息社会的到来，使得信息资源成为全球经济竞争的关键资源，并得到社会的普遍重视。信息社会以信息的生产、传递为中心，使经济和政治迅速发展，同时它给人类带来了科学技术的发展、生活水平的提高和生存环境的巨大改变。

2.1.3　信号

信号是数据在传输过程中的电信号的表示形式，或称数据的电磁或电子编码。它分为模拟信号和数字信号两种。

在通信系统中，模拟数据表示的信号称做模拟信号，模拟信号是在一定的数值范围内可以连续取值的信号，是一种连续变化的电信号（如电话线上传送的按照声音的强弱幅度连续变化的电信号）。这种电信号可以按照不同频率在各种介质上传输。

由数字数据表示的信号称做数字信号，数字信号是一种离散的脉冲序列（如数字仪表的测量结果、数字计算机的输出）。它用恒定的正电压和负电压来表示二进制的 1 和 0，这种脉冲序列可以按照不同的速率在介质上传输。

2.2　信息编码技术

信息在网络中传递时，根据不同的信道可以采用模拟信号传递信息，也可以采用数字信号来传递信息。无论采用模拟信号还是数字信号，为了正确地传输数据，都要对原始的数据进行编码后才能送到信道上传输。例如，将数字信号经过调制变换为模拟信号，计算机中的二进制数据经过调制可以提高信号的抗干扰能力并增加定时功能，另外，在传输数字信号的信道中，传输多媒体模拟信号（如声音信息等）时，要将模拟信号编码为数字信号。

2.2.1　数字调制技术

公共电话线一般为传输模拟信号而设计的，为了利用现有的电话网进行数据传输，首先需要将数字信号转换为模拟信号。为此，选取音频范围（300 ~ 3400Hz）某一频率的正（余）弦模拟信号作为载波，用以运载所要传送的数字信号。其方法是：用要传送的数字信号改变载波的幅度（调幅载波）、频率（调频载波）或相位（调相载波），然后使之在信道上传送，到达接收点后再将数字信号从载波上取出。这种将数字信号加到载波上去的过程称为调制，而从载波上取出信号的过程称为解调。调制和解调的任务一般通过调制解调器（Modem）来实现。

将数字信号调制为模拟信号有 3 种方式：

（1）调幅　按照数字信号的值改变载波的幅度，如图 2-2a 所示。从图中可以看出，用载波的振幅来代表数字信号的两个二进制值。当载波存在（具有一定的幅度）时，表示数字信号 "1"，而载波不存在（幅度为 0）时，则表示数字信号 "0"。这种调幅技术称为幅移键控（Amplitude-Shift Keying，ASK）。调幅技术较简单，但效率低、抗干扰性能较差。

（2）调频　按照数字信号的值去改变载波的频率，如图 2-2b 所示。由图可见，用载波的频率来表示数字信号的两个二进制值。当载波频率为高频时，表示数字信号 "1"，而载波频率为低频时，则表示数字信号 "0"。这种调频技术称为频移键控（Frequency-Shift Ke-

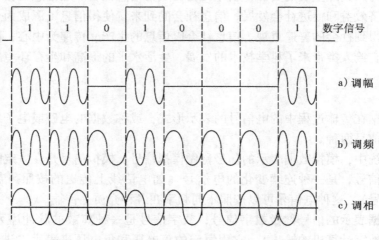

图 2-2　数字信号的调制

ying，FSK）。它比调幅技术有较高的抗干扰性，但所占频带较宽，是经常被采用的一种调制技术。

（3）调相　按照数字信号的值去改变载波的相位，如图 2-2c 所示的是二相系统的例子。从图中可以看出，利用载波的相位移动来表示数字信号。当载波信号和前面的信号同相（即不产生相移）时，代表数字信号"0"，而载波信号和前面的信号反相（有 180°相移）时，则代表数字信号"1"。这种调相技术称为相移键控（Phase-Shift Keying，PSK）。这种调制技术的抗干扰性能好，而且比调频技术更有效，它的传输率也较高，可达到 9600bit/s，但实现相位调制的技术比较复杂。

在实际使用中，上述各种调制技术也可组合实现，例如将相移键控 PSK 和振幅键控 ASK 结合在一起实现调制。

2.2.2　二进制数据编码技术

二进制数字信号的编码，是用不同的电压极性或电平值来代表数字信号的二个取值。对二进制数字信号的编码方案较多，下面介绍 3 种主要的编码方案。

1. 非归零编码 NRZ

非归零编码（Non-Return to Zero，NRZ）是一种最简单效率最高的数字编码，如图 2-3a 所示。它用负电平代表"0"，正电平代表"1"，这种方案称为双极性非归零编码。若用 0 电平代表"0"，正电平代表"1"，则称为单极性非归零编码。

NRZ 编码的缺点是发送和接收方不能保持同步（正确的定时关系）。

2. 曼彻斯特编码

曼彻斯特（Manchester）编码的特点是每一位二进制信号的中间都有跳变用来表示其取值，即用低电平跳到高电平（即正跳变）代表"1"，而由高电平跳到低电平（即负跳变）代表"0"，如图 2-3b 所示。若是将一位二进制信号从中间分为二半，则后半位代表了原二进制信号的实际值（原码），如低电平代表"0"，高电平代表"1"；而前半位的电平则与后半位相反（反码）。

曼彻斯特编码的优点是每一位中间的跳变可以作为本地时钟，起到发送和接收方保持同步的时钟信号。

3. 差分曼彻斯特编码

这是一种改进的曼彻斯特编码，如图 2-3c 所示。它的特点是每一位二进制信号的中间的跳变仅作为时钟，而不代表二进制数据的取值。二进制数据的取值由每一位开始的边界处是否有跳变来决定。一位数字信号的起始位置存在跳变代表 "0"，而无跳变则代表 "1"。

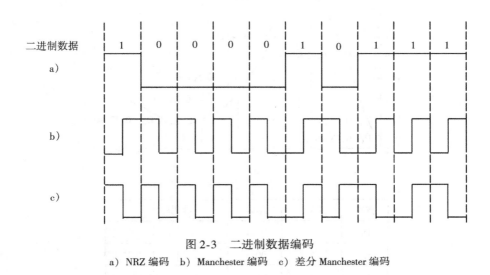

图 2-3 二进制数据编码

a) NRZ 编码　b) Manchester 编码　c) 差分 Manchester 编码

后面的两种编码由于其信号内部包含时钟，故称为自带时钟编码。它们的优点是带有同步时钟和良好的抗噪声特性，因而在局域网中被广泛使用，但它们的成本较高。

2.2.3 模拟信号的数字编码技术

将模拟数据编码成数字信号的最常见的例子是脉冲代码调制（Pulse Code Modulation，PCM），它常用于对声音信号进行编码。PCM 的实现分为下列几个步骤。

1. 采样

每隔固定的时间间隔，采集模拟数据的瞬时值作为样本，这一系列连续的样本可用来代表模拟数据在某一区间随时间变化的值。采样的频率以采样定理为依据：当以高过两倍有效信号频率的速率对模拟信号 $f(x)$ 进行采样时，所得到的这些采样值就包含了原始信号的所有信息。如果声音数据限于 4000Hz 以下的频率，那么 8000 次/s 的采样就可以完整的表示声音信号的特征。

2. 量化

量化是决定样本属于哪个量级，并将其幅值按量化级取整。经量化后的样本幅度为离散值，而不是连续值了。量化之前要规定将信号分为若干个量化级，要求精度高的可分为更多的级别，图 2-4 的例子中分为 16 级。对每一个量化级规定对应的幅值范围，如图 2-4a 所示。然后将采样所得样本的幅值与上述量化级幅值范围比较，并且取整定级，如图 2-4b 所示。

3. 编码

编码是用相应位数的二进制码表示已经量化的采样样本的级别，如 16 个量化级别，则需要 4 位编码。经过编码后，每个样本就由相应的编码脉冲表示，亦即将相应于样本的编码脉冲发送到信道上。如果样本的编码为 0011，则它的 4 个编码脉冲有 2 个幅度为 0 的脉冲和 2 个幅度为 1 的脉冲，如图 2-4b 所示。

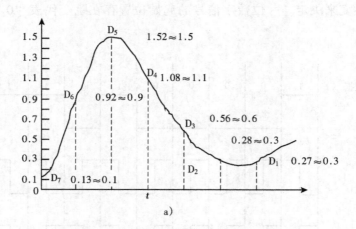

样本	量化级	编码	编码脉冲
D_1	3	0011	
D_2	3	0011	
D_3	6	0110	
D_4	11	1011	
D_5	15	1111	
D_6	9	1001	
D_7	1	0001	

b)

图 2-4　脉冲代码调制 PCM

a）采样并取整　b）量化及编码

PCM 编码用于数字化声音时，若将声音分为 128 个量化级，则需采用 7 位二进制编码表示一个声音样本，要保证传输的质量就需要有 8000 个/s × 7bit/个 = 56kbit/s 的数据传输率。

在通信系统中，在发送时把模拟数据编码成数字信号，而在接收端要将接收到的数字信号解码，还原为原来的模拟数据，这种编码/解码的装置称为编码解码器。

模拟数据（例如语音）经过 PCM 编码转换成数字信号后，就可以和计算机中的数字数据统一采用数字传输方式进行传输了。对于数字传输的数字电话、数字传真、数字电视等数字通信系统而言，它具有下列两个显著的优点：

（1）抗干扰性强　在模拟通信中，当外部干扰和机内噪声叠加在有用的信号上时，就很难完全将干扰和噪声去掉，因而使输出信号的信噪比降低。而当数字信号在传输过程中出现上述情况时，通过数字信号再生的方法，可以容易地将干扰和噪声消除。

（2）保密性好　信息被数字化后，产生一个二进制数字编码序列 $I(t)$，可以将 $I(t)$ 与数字密码机产生的二进制密码序列 $C(t)$ 进行"模 2 加"运算，得到传送序列 $B(t)$，这样送到信道上传送的信号为 $B(t) = I(t) + C(t)$，（此处的"+"为模 2 加）。由于别人无法知道密码序列 $C(t)$，所以就无法破译原始信息 $I(t)$。密码序列 $C(t)$ 可以任意变换，这样就使通信系统的保密性大大提高。

2.3　数据传输和通信方式

2.3.1　数据传输的形式

模拟数据和数字数据两种数据形式中的任何一种数据都可以通过编码形成两种信号（模拟信号和数字信号）中的任何一种信号。于是就产生了 4 种数据传输形式，即模拟信号传输模拟数据、模拟信号传输数字数据、数字信号传输模拟数据和数字信号传输数字数据。

使用数字信号传输数据时，数字信号几乎要占有整个频带，也就是终端设备把数字信号转换成脉冲电信号时，这个原始的电信号所固有的频带，称为基本频带，简称基带。在信道中直接传送基带信号时，称其为基带传输。

采用模拟信号传输数据时，往往只占有有限的频谱，对应于基带传输而将其称为频带传输。

2.3.2　基带传输和频带传输

1. 基带传输

所谓基带就是指基本频带，即数字信号所占用的基本频带。基带传输是在信道中直接传输数字信号，媒体的整个带宽被基带信号占用，可以双向地传输信息。

基带传输主要用于总线型拓扑结构的 LAN。基带传输系统的优点安装简单、成本低，但传输距离较短。在传输数字信号时要对信号进行编码（即上述的二进制数据编码）。

2. 频带传输

在计算机通信远程线路中，不能直接传送原始的电脉冲信号（即基带信号）。为此需要利用频带传输，就是用基带脉冲对载波波形的某些参量进行控制，使这些参量随基带脉冲变化，也就是调制。经过调制的信号称为已调信号。已调信号通过线路传输到接收端，然后经过解调恢复为原始基带脉冲。这种频带传输不仅克服了电话线路不能直接传输基带信号的缺点，而且能实现多路复用的目的，从而提高了通信线路的利用率。频带传输在发送端和接收端都要设置调制解调器。

频带传输也称宽带传输，它是采用模拟信号传送数据，并且只能单方向的传输信息。宽带传输常采用同轴电缆或光纤作为传输媒体，可使用频分复用调制技术同时发送多种模拟信号。一个宽带信道可以被划分为多个逻辑基带信道，它能把声音、图像和数据信息的传输综合在一个物理信道中进行，以满足办公自动化系统中电话会议图像传真、电子邮件、事务数据处理等服务的需要。

　　频带传输的优点是传输距离远，可达几十千米，并且可同时提供多个信道。但它的技术较复杂，其传输系统的成本也较高。

2.3.3　线路通信方式

　　在数据通信（串行通信）中，通信线路的通信方式有 3 种基本的形式，即单工通信、半双工通信和全双工通信。它们决定了参与通信的电线根数和通信线路中数据信号的传输方向。

　　1. 单工通信

　　这种通信方式的数据信息只能按照一个固定的方向传送，即决定了通信双方的一端是发送端，而另一端只能是接受端。例如，显示终端只能接受计算机发送来的数据，而不能向计算机发送数据。为了保证电信号的正确传送，需要一对线路，其中一条线路作为反向的应答和控制的监控信道，如图 2-5a 所示。

　　2. 半双工通信

　　半双工通信方式是指可以交替改变方向的数据传送，但在某一时刻，只允许一个方向的数据流动。通信的双方都有发送和接收装置，但它们不能同时进行发送和接收，改变传输方向时要通过开关装置切换，如图 2-5b 所示。单工通信和半双工通信可以采用一个信道（两条线）予以支持。

　　3. 全双工通信

　　这是一种在任意时刻都可进行双向传送的通信方式，相当于将两个方向的单工通信组合起来，要求收发装置都具有独立的收发能力。为此它需要两个信道予以支持，即使用四线连接，如图 2-5c 所示。有时也利用存储技术，在一个信道上支持宏观的全双工通信。

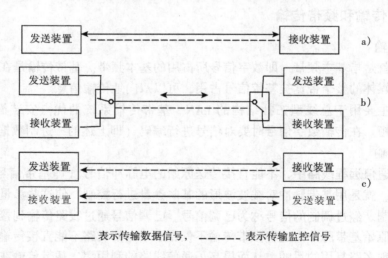

——— 表示传输数据信号，　————— 表示传输监控信号

图 2-5　通信线路的 3 种通信方式

a）单工通信　b）半双工通信　c）全双工通信

2.3.4　并行和串行通信

　　在计算机网络的通信中有两种通信方式，即并行通信和串行通信。并行通信一般用于计

算机内部各部件之间或近距离设备的传输数据，串行通信常用于计算机之间的通信。在串行通信中，还要考虑通信的方向以及通信过程中的同步。

　　并行通信和串行通信是两种基本的通信方式。计算机和外部设备之间的并行通信一般通过计算机的并行端（LPT），串行通信通过串行端口（COM）。普通微机支持 4 个以上的 COM 端口和 3 个以上的 LPT 端口，但一般只有 2 个 COM 端口和 1 个 LPT 端口有效。每个端口使用不同的中断号和端口地址，且不能与其他设备冲突。

　　在并行通信中，一般有 8 个数据位同时在两台设备之间传，发送端和接收端有 8 条数据线相连，发送端同时发送 8 个数据位，接收端同时接收 8 个数据位，其中 1 位可以用作校验位。典型的并行通信的例子是计算机和并行打印机之间的通信。

　　在串行通信中，收发端一次只能发送或接收 1 个数据位，数据位依次串行地通过通信线路。由于在计算机内部总线上传输的是并行数据，要和外部设备进行串行通信，在发送端需要将并行数据转换成串行数据，在接收端则将串行数据转换成并行数据。

　　在计算机内的串行通信适配器负责进行串行数据和并行数据之间的转换。在计算机局域网中，计算机之间也进行串行通信，网卡负责进行串行数据和并行数据的转换。

2.3.5　同步和异步通信

　　在数据传输的过程中，为了保证数据能够被正确地接收，接收方就必须知道它所接收信息的每一位的开始时间和持续时间。也就是说，接收方应按照发送方信息发送的频率及起始时间来接收信息，要做到通信双方的步调一致，就要解决数据传输过程中的同步问题。常见的数据传输方式有异步传输和同步传输。

1. 同步传输

　　同步传输方式的信息格式是在一组字符或一个二进制位组成的数据块（小于 256B）的前后加上同步字符 SYN（Synchronous，其代码为 01101000，应避免与其他字符混淆）或同步位模式（如 01111110）组成一个帧（Frame）进行传输，如图 2-6 所示。其中的同步字符 SYN 起到联络作用，通知接收方开始接收数据。在传输数据时，通信双方事先应约定同步字符的代码及同步字符的个数，在接收方一旦接收到同步字符，就开始接收数据，直至整个信息帧接收完毕。

　　在同步传输时，通信的双方要保持完全同步，因此要求双方必须

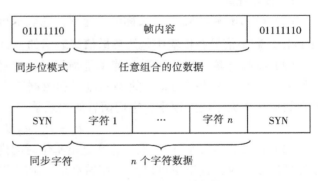

图 2-6　同步传输的帧结构

使用同一个时钟。在近距离传输时，可增加一根时钟信号线传输时钟信号，保持双方发送和接收的步调一致。在远距离传输时，可采用锁相技术通过 Modem 从数据流中提取同步信号，使接收方得到和发送时钟频率完全相同的接收时钟信号。另外，在传输数字信号时，可采用自带同步的编码（如 Manchester 编码）方式，来解决通信的同步问题。

　　同步通信方式效率高、速度快，但如果数据中有一位错，就必须重新传输整块数据，且控制比较复杂。在短距离高速数据传输中，多采用同步传输方式。

2. 异步传输

　　异步通信方式又称起止方式，要在发送的每一个字符代码的前面加一位为 "0" 的起始位，以示字符代码的开始，后面加一位（一位半或两位）停止位 "1"，以示该字符代码的结束。如果没有发送的数据，发送方应发送连续的停止码 "1"（称为传号，连续的 "0" 称为空号）。接收方根据 "1" 到 "0" 的跳变来判断一个新字符的开始，从而起到通信线路两端的同步作用。为了能检测字符传输的正确性，可在字符代码后加一位奇偶校验位。异步传输方式的结构如图 2-7 所示。

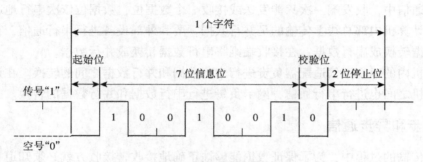

图 2-7　异步传输结构

　　异步传输方式时如果出错，只需重发一个字符，故控制简单。但由于起始位和校验位占了一定的开销，所以效率低、速度较慢，一般它的数据传输率为 110bit/s、300bit/s、1200bit/s、4800bit/s、9600bit/s 和 19200bit/s，在短距离传输时可能更高一些。

2.3.6　数据通信的主要技术指标

1. 传输速率

　　（1）码元速率（R_B）　又称信号速率，它表示每秒钟所传送的码元数，单位为 "波特"（Baud）。数字信号在传输中是用离散值来表示的，每一个离散值即为一个码元。

　　（2）数据速率（R_b）　数据速率是指每秒钟传送的信息量。单位为 bit/s，由于二进制信号每个码元含 1 个位信息，故码元速率和数据速率在数值上是相等的。但对于 M 进制信号，数据速率大于码元速率，它们两者的关系是

$$R_b = R_B \log_2 M$$

　　（3）报文速率（R_m）　报文速率是指单位时间内所传送报文（Message）的数量。在传输计算机数据时，其单位可以是 "字符/秒"。在不同的设备中，随着编码技术和信号形式的不同，报文速率也就不同。同步传输的报文速率要比异步传输的报文速率要高。

2. 信道带宽

　　信道带宽是指信道中传输的信号在不失真的情况下所占据的频率范围，通常也被称为信道的通频带，它是由信道的物理特性所决定的。例如电话线路的频率范围在 300～3400Hz 之间（即声音的频率范围），则它的带宽为 300～3400Hz，近似于 3000Hz。又如一条信道可传输 1kHz 频率范围的信号，则称该信道的带宽为 1kHz。

3. 信道容量

信道容量是表征一个信道传输数字信号的能力，用信道中可以传输的最大数据率作为指标。当传输的信号速率超过信道的最大信号速率时，就会产生失真。因此，信道容量受带宽的制约。通常信道容量和信道带宽具有正比的关系：带宽越大，容量越大。所以，要提高信号的传输率，信道就要有足够的带宽。目前人们也常用信道带宽来表示信道容量。

4. 出错率

出错率是衡量数据通信系统或信道传输可靠性的一个指标。它一般指传输中出现错误码元（或位）的个数占传输总码元数的比例，即误码率。但有时也指传输中错误的字符数、信息组数，它们的表示公式如下：

（1）误码率（P_e）

$$P_e = \frac{接收中错误的码元数}{传输的总码元数}$$

（2）误 bit 率（P_b）

$$P_b = \frac{接收中错误的 bit 数}{传输的总 bit 数}$$

（3）误字符率（P_w）

$$P_w = \frac{接收中错误的字符数}{传输的总字符数}$$

（4）误组率（P_B）

$$P_B = \frac{接收中错误的组数}{传输的总组数}$$

5. 延迟

对信道而言，延迟用来表示网络中相距最远的两个站之间的传播时间，例如：500m 同轴电缆的时延大约是 2.5μs，卫星信道的时延大约是 270ms。对于网络上的某一站点来讲，延迟表示从接收信息到将该信息再转发出去的时延。

6. 吞吐量

吞吐量在数值上表示网络或交换设备在单位时间内成功传输或交换的总信息量，单位为 bit/s。

2.4 传输媒体

传输媒体是指数据通信中所使用的载体，计算机网络中使用各种传输媒体来组成物理信道。由于传输媒体的特性各不相同，故所使用的网络技术也不相同。下面介绍几种目前常用传输媒体的特点。

1. 双绞线（Twisted Pair）

为了减少信号传输中串扰及信号放射影响的程度，将两根 0.015 ~ 0.056in 的绝缘铜导线按一定的密度互相绞在一起形成双绞线。双绞线电缆则由一对或多对双绞线组成。双绞线电缆是模拟和数字数据通信最普通的传输媒体，它的主要应用范围是电话系统中的模拟话音传输，最适合于较短距离的信息传输。当超过几千米时信号因衰减可能会产生畸变，这时就要使用中继器（Repeater）来放大信号和再生波形。双绞线的价格在传输媒体中是最便宜的，并且安装简单，所以得到广泛的使用。双绞线可分为非屏蔽双绞线（Unshielded Twisted Pair，UTP）和屏蔽双绞线（Shielded Twisted Pair，STP）两种。

在局域网中一般也采用双绞线电缆作为传输媒体，其中 UTP 按其性能分为多个不同的等级，级别越高性能越好。5 类线和 6 类线可支持的传输速率达 100Mbit/s。4 类线的传输率达 20Mbit/s，3 类线可达 6Mbit/s。2 类线和 1 类线主要是为话音和低速传输（低于 5Mbit/s）设计的，不宜在 10BASE-T 网段中使用。UTP 连接两节点的最大距离为 100m。

2. 同轴电缆（Coaxial Cable）

同轴电缆是由绕同一轴线的两个导体所组成，即内导体（单芯铜导线）和外导体（编织网状导体）。外导体的作用是屏蔽电磁干扰和辐射，两导体之间用绝缘材料隔离，如图2-8 所示。同轴电缆的这种结构，使它具有高带宽和极好的抗干扰特性。

同轴电缆的品种很多，从较低质量的廉价电缆到高质量的同轴电缆，质量差别很大。常用同轴电缆的型号有：粗缆（也称黄缆）RG—8 或 RG—11（50Ω）、细缆 RG—58A/U 或 C/U（50Ω）、公用天线电视（CATV）电缆 RG—59（75Ω）等。

　　　铜芯　　绝缘材料　　网状外部导体　　绝缘外套
　　　　　　　　　　　　　　　（屏蔽层）
图2-8　同轴电缆

特性阻抗为 50Ω 的同轴电缆主要用于传输数字信号时，称其为基带同轴电缆，其数据传输率一般为 10Mbit/s。其中粗缆的抗干扰性能最好，可作为网络的干线，但它的价格高、安装比较复杂。细缆比粗缆柔软，并且价格低、安装比较容易，故在局域网中使用较为广泛。同轴电缆段的两端都有一个 BNC 连接器，同轴电缆与节点相连的抽头处，通过 T 形连接器（也称 T 形接头）进行连接。

特性阻抗为 75Ω 的 CATV 同轴电缆主要用于传输模拟信号时，称其为宽带同轴电缆。在局域网中可通过 Modem 将数字信号变换成模拟信号在 CATV 电缆中传输。对于带宽为 400MHz 的 CATV 电缆，典型的数据传输率为 100～150Mbit/s。也可使用频分复用技术 FDM 来传输数字、声音和视频信号，实现多媒体业务。

3. 光导纤维电缆（Fiber Optics）

光导纤维是一种由石英玻璃纤维或塑料制成的很细（50～100μm）而柔软并能传导光线的媒体。光导纤维电缆（简称光缆）由一束光导纤维组成，它的外面包一层折射率较低的材料，这样当光束进入芯线后，可以减少光通过光缆时的损耗，并且在芯线边缘产生全反射，使光束曲折前进。光纤的传输原理如图 2-9 所示。

光缆中的光源可以是发光二极管 LED 或注入式激光二极管 ILD，当光通过这些器件时发出光脉冲，光脉冲通过光缆从而传递信息。在光缆的两端都要有一个装置来完成光信号和电信号的转换。

根据使用的光源和传输模式，光纤可分为多模光纤和单模光纤两种。

多模光纤采用发光二极管产生荧光（可见光）作为光源，定向性较差。当光纤芯线的直径比光波波长大很多时，由于光束进入芯线中的角度不同，传播路径也不同，这时光束是以多种模式在芯线内不断反射而向前传播。多模光纤的传输距离一般 2km 以内。

单模光纤采用注入式激光二极管 ILD 作为光源，激光的定向性强。单模光纤的芯线直径一般为几个光波的波长，当激光束进入芯线中的角度差别很小，能以单一的模式无

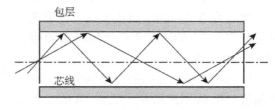

图 2-9　光纤的传输原理

反射地沿轴向传播。单模光纤的传输率较高，但比多模光纤更难制造，价格更高。

光缆的优点是信号的损耗小、频带宽、传输率高，并且不受外界电磁干扰；同时它本身没有电磁辐射，所以它传输的信号不易被窃听，保密性能好，但是它的成本高并且连接技术比较复杂。光缆主要用于长距离的数据传输和网络的主干线。

4. 无线电传输媒体

无线电传输媒体是通过空间来传输信息，主要有微波通信、激光通信和红外线通信 3 种技术。

微波通信已广泛应用于电报、电话和电视的传播，目前，利用微波通信建立的计算机局域网络也日益增多。由于微波是沿直线传输，所以长距离传输时要有多个微波中继站组成通信链路，而通信卫星可以看作是悬挂在太空中的微波中继站，可通过通信卫星实现远距离的信息传输。微波通信的主要特点是有很高的带宽（1～11GHz）、容量大、通信双方不受环境位置的影响并且不需事先铺设电缆。

激光通信的优点是带宽更高、方向性好、不受气候和环境的影响、保密性能好等。激光通信多使用于短距离的传输。

红外线通信技术相对来说，其收/发器的成本小，多用于遥控装置的通信。

2.5　多路复用技术

在数据通信中总是希望花费较少的投资和成本而传输更多的信息。为了节约开支，有效地利用传输线路，常采用各种技术在一条物理信道上同时传输多路信号，这种技术称为多路复用技术。两种经常采用的多路复用技术是：频分多路复用技术和时分多路复用技术。另外，还有码分多路复用和波分多路复用技术。

2.5.1　频分多路复用

一般传输媒体的可用带宽超过了信号所需的带宽。频分多路复用（Frequency Division Multiplexing，FDM）就是利用了传输媒体的这种特性，将传输媒体的带宽划分为若干条占有较小带宽的子信道，而对要传输的每一路信号以不同的载波频率进行调制，使各个载波的频率完全独立，即各路信号的带宽互不重叠，再将经过调制的各路信号送到相应的子信道上，这样就可以在一条通信线路上传输多路信号。

频分多路复用 FDM 的一般情况如图 2-10 所示。6 个信号源接到多路复用器（Multiplexer，MUX）上，在 MUX 中用不同的频率（f_1，f_2，…，f_6）调制每一个信号，每个信号需

要一个以它载波频率为中心的一定的带
宽，称之为通道。为了防止干扰，在每两
个通道之间要留出一定宽度的隔离频带
（称之为保护带）。

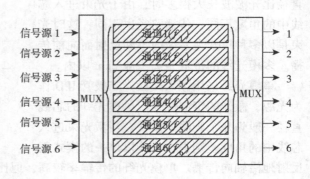

图 2-10　频分多路复用

　　作为频分多路复用的一个例子，在电
话系统中电话用户所用带宽为 3kHz，若
在电话中继线上 60 ~ 72kHz 的频带之间将
3 个用户信道的中心频率提高不同的数值
（亦即调制到不同频率的载波上），使信
道 1 占用 60 ~ 64kHz 的频带，信道 2 占用
64 ~ 68kHz 的频带，信道 3 占用 68 ~
72kHz 的频带，这 3 个信道的信号组合在一起传送。对于信道 1 的用户在接收端可采用带通
滤波器，只允许 60 ~ 64kHz 频率的信号通过，这样就从组合信号中得到信道 1 的调制载波信
号，同理也可得到信道 2 和信道 3 的调制载波信号。

2.5.2　时分多路复用

　　时分多路复用（Time Division Multiplexing，TDM）是把时间化分成若干个时间片（时
隙），每个用户轮流分得一时间片，在其占用的时间片内，该用户可使用信道的全部带宽。
　　对于传输媒体的信道容量超过传输数字信号所需的数据传输率时，使用 TDM 技术既可
以满足用户的传输要求又可以实现多
路复用。例如，在图 2-11 中的多路
复用器有 6 路信号输入，每一路信号
的数据传输率为 9.6kbit/s，这样一条
容量达 57.6kbit/s 的信道就能容纳这
6 路信号。与 FDM 相似，专门用于一
个信号源的时间片序列被称为一条通
道，时间片的一个周期（包括各信号
源的一个时间片）称为一帧。

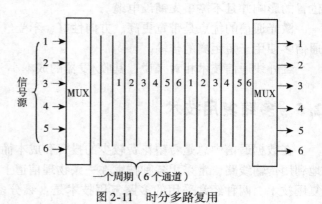

图 2-11　时分多路复用

　　时分多路复用根据时间片的划分
方案可分为两种：同步时分多路复用
和统计时分多路复用。

　　同步时分多路复用（也称为同步 TDM）是指划分给用户的时间片是预先分配好固定不
变的，如图 2-12a 所示。也就是说，各子通道被每个用户（如图中 A、B、C、D 这 4 个用
户）轮流占用，而不管该用户是否有信息发送，这样各信息源的传输定时是同步的，但有
空时间片存在，造成了浪费。在接收端的复用器可根据子通道序号判断是哪一路信号，再送
到相应的目的地。统计时分多路复用（也称为异步 TDM）允许动态地分配时间片。在发送
端通过集中器（代替原来的多路复用器）依此循环扫描各子通道，若某路信号源在对应的
子通道上有信息发送则为它们分配时间片，若没有就跳过并不分配时间片，如图 2-12b 所
示。这样可充分地利用各时间片，避免浪费。但这种方案要比同步 TDM 实现较为复杂，并

且需要在所传输的信息中带有地址信息，以识别信息到达的目的地。

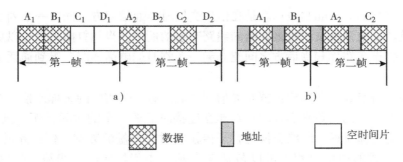

图 2-12　时分多路复用的两种方案
a）同步 TDM　b）统计 TDM

2.5.3　码分多路复用

码分多路复用也是一种共享信道的方法，每个用户可在同一时间使用同样的频带进行通信，但使用的是基于码型的分割信道的方法，即每个用户分配一个地址码，各个码型互不重叠，通信各方之间不会相互干扰，且抗干扰能力强。码分多路复用技术主要用于无线通信系统，特别是移动通信系统。它不仅可以提高通信的话音质量和数据传输的可靠性以及减少干扰对通信的影响，而且增大了通信系统的容量。

2.5.4　波分多路复用

波分多路复用实质上是利用了光具有不同的波长的特征。波分多路复用技术是将一系列载有信息、但波长不同的光信号合成一束，沿着单根光纤传输；在接收端再用某种方法，将各个不同波长的光信号分开的通信技术。这种技术可以同时在一根光纤上传输多路信号，每一路信号都由某种特定波长的光来传送，这就是一个波长信道。

波分多路复用的原理：利用波分复用设备将不同信道的信号调制成不同波长的光，并复用到光纤信道上。在接收方，采用波分设备分离不同波长的光。

随着有线电视综合业务的开展，对网络带宽需求的日益增长，各类选择性服务的实施、网络升级改造经济费用的考虑等，波分多路复用技术的特点和优势在 CATV 传输系统中逐渐显现出来。

2.6　数据交换技术

在计算机网络的通信系统中，通信的双方并不都是通过传输电缆直接连接起来进行数据通信的，常常需要通过网络上的中间节点的转接将数据从源节点发送到目的节点，从而完成数据的通信，所以数据交换技术又称为数据转接。在数据传输的过程中，这些中间节点的目的是提供一个交换设备，用这个交换设备将数据从一个节点转发到另一个节点，最后到达的目地。这种中间节点转发信息的技术就是数据交换技术，它通常有 3 种交换方式：线路交换、报文交换和报文分组交换。

2.6.1　线路交换

线路交换（Circuit Switching）就是在信息交换时，通信双方之间由一系列线路组成一条专用的物理链路。电话系统就是最普通的线路交换的例子：当你打电话拨号以后，就由电话系统的一些交换设备在你和受话方之间建立起一条临时的电话线路，等到通话结束后，则释放这条线路。

线路交换的特点是：在传输数据时通信双方之间有一个实际的物理连接，这种连接是由若干个节点间的一系列线路来实现的；在建立连接时需要一定的时间，而一旦建立连接后，传输数据不再有传输延迟。线路交换适合于传输实时和大量的数据，但线路的利用率不高。对于线路交换方式的通信过程，可以包括 3 个基本步骤，即建立线路、传输数据和拆除线路。

1. 建立线路

在传输任何数据之前，首先由发送端发出呼叫请求信号，与发送端连接的交换设备收到这个呼叫信号后，就根据呼叫信号中的地址信息寻找通向接收端的下一个交换设备，这样沿途接通一条物理线路后，接收方要发回一个呼叫接收信号给发送方，这时就建立了一条端到端（用户到用户）的线路。

2. 传输数据

线路建立好以后，就可以在这条临时的专用线路上传输数据，一般这种连接的线路是全双工的，可以在两个方向传输数据。

3. 拆除线路

在通信双方的数据传输完毕以后，要发送有关的应答信号相互确认此次通信即将结束，然后通知沿途的交换设备通信已经结束，可以拆除连接，释放这条临时的专用线路。

2.6.2　报文交换

报文交换（Message Switching）是与线路交换完全不同的一种数据交换方式，它不要求在通信双方之间建立专用线路，而是将等待发送的信息组织成一个个带有地址和一些控制信息的数据包——报文（Message），将这些报文送到网络上，通过中间节点（也称交换节点）的传递，直至到达目的地。

报文交换采用存储转发原理进行数据的交换。发送方将组织好的报文发送到邻近的中间节点，中间节点收到报文后将其存放到本地的存储器中，然后根据此节点中的路径选择表来选择一条最佳线路将存储的报文发送到通向目的地的下一个节点；若中间节点的出口线路处于忙状态，则要等待直到线路空闲方可发送；这样经过多次的存储—转发，最后到达目的节点。报文交换中选择路径主要依靠节点中的路径选择表，所以报文的传输路径是动态形成的。报文交换的报文长度一般都比较大，每个交换节点要有足够大的存储空间（一般是硬盘）用以缓冲收到的报文。由于交换节点可能收到所连接线路上各方向的报文，因此要对这些报文进行排队并寻找发送路径，这样就带来了传输时间上的延迟。

报文交换主要的优点是：通信时不需要建立专用的线路，另外报文在传输时可分时共享一条节点到节点的链路，从而提高了线路的利用率。报文交换的缺点是不能进行实时和交互式的通信，并且报文体积的不确定性，为实现带来了困难。

2.6.3　报文分组交换

报文分组交换（Packet Switching）与报文交换十分相似，所不同的是报文分组交换是将大的报文分成较小的数据单位（长度一般为 1 到几千位），作为独立的存储转发的数据单位，称其为报文分组（Packet，简称分组）。一般在传输信息之前，发送端首先要对信息进行打包，即将传输的报文分解为若干个报文分组，并且加上有关的分组编号、地址和控制信息，然后将这些分组送到网络上按照存储转发原理传输到目的地，在接收端再将接收到的分组按照原来的顺序进行排序，重新组装成原来完整的报文。

报文分组交换的优点是：

1）由于分组的长度较短，在交换节点无需大的存储器，并且可以提高网络传输效率。

2）当一个分组在传递过程中出错时，重发此分组要比整个报文所花费的时间短得多。

报文分组交换的缺点是：打包以及在目的节点重新组装报文所用的时间会增加传输延迟，另外，每个分组所包含的分组编号、地址等控制信息相对于报文交换来说增加了传输的开销。

2.7　差错控制

计算机通信要求可靠地传递信息，但在实际的通信过程中，信息往往由于传输媒体内部电子热运动产生的热噪声而引起随机性的错误。另外，外界电磁干扰（如汽车发动时产生火花而引起的冲击噪声）也会引起突发性的错误。例如，在电话线路中的平均误码率为 $10^{-6} \sim 10^{-4}$ 之间，高速线路中误码率则更高，这对于传输话音来说不会有什么问题，但要是用于计算机之间的通信是不能满足要求的。为了改善通信线路的传输质量，提高抗干扰能力降低误码率，在建网时应尽量选择性能好的传输设备和媒体，减少错误的产生，但这些措施受到经济上和技术上的限制，而且不可能做到误码率为零。为此，通常面对现实承认传输线路中的出错情况，采取有效地措施来发现和纠正错误，以提高信息的传输质量，这就是差错控制的目的和任务。

目前差错控制技术常采用冗余编码方案来发现和纠正信息传输中产生的错误。所谓冗余编码的基本思想是：把要发送的有效数据（信息位流）在发送时按照所使用的某种差错校验规则加上冗余码元序列，当信息到达接收端后，再按照所使用的差错校验规则来检验收到的信息和发送前是否完全相同，若相同则说明传输无误，否则，将按照所制定的策略（如重发信息等）来纠正传输中产生的错误。下面从实用角度出发介绍两种常用的校验码。

2.7.1　奇偶校验

这是一种最简单的校验码，它容易实现，但检错能力较差。此方法是在数据块末尾加一位奇偶校验位（冗余位），使该数据块连同冗余位中"1"的个数为偶数（偶校验）或奇数（奇校验）。在接收端收到带有冗余位的数据块后，检查"1"的个数若符合奇校验或偶校验的规律，则认为传输正确。但实际上只能发现奇数位错的情况，因为偶数位出错也符合奇偶校验的规则。

在实际应用中，一般将 7 单位的 ASCII 码作为一个数据块进行奇偶校验，所以这种最简单的奇偶校验又称为字符校验或垂直校验码。当信息传输中产生错误时，它的检错概率只有0.5，检错率太低。

垂直奇偶校验的一种改进方案是水平奇偶校验，它是将若干字符组成一个信息块，对这个信息块中所有字符对应的位（即水平方向对应的位）进行奇偶校验。这种校验方案可以查出长度小于字符宽度的突发性错误位数。

为了提高检错的效率，将水平校验和垂直校验结合起来，形成行为 n 位，列为 k 个字符的矩阵，构成了水平垂直奇偶校验。这种方法能发现所有水平和垂直两个方向上的奇数个错误。

2.7.2 循环冗余码校验

循环冗余码（Cyclic Redundancy Code，CRC）是使用最广泛并且检错能力很强的一种检验码。首先将要检验的整个数据块当作一个连续的二进制数据，从代数结构上来说，把它的各位看成是一个多项式的系数，则该数据块就和一个 n 次的多项式所对应，即

$$M(x) = a_0 x^n + a_1 x^{n-1} + \cdots + 1$$

这里的 a_0、a_1、…就代表数据块中各位的值（0或1）。

1. CRC 的检错原理和运算规则

CRC 的检错原理是：把要传送的数据位串看成是一多项式 $M(x)$ 的系数，并在发送之前被一个预先选取的生成多项式 $G(x)$ 去除，求得一余数多项式，从多项式中减去此余数，即得到能被 $G(x)$ 除尽的编码信息多项式 $T(x)$；然后将编码信息多项式 $T(x)$ 的系数组成数据位串进行发送，在接收端再将 $T(x)$ 表示为多项式，仍用 $G(x)$ 去除，如果能除尽，则表示收到的信息正确，否则有错，再由发送方重发信息，直至正确接收。

CRC 校验中求余数的除法运算规则是：做减法时不产生借位，加法不产生进位，加法和减法的结果完全一样，除此之外，与二进制（模2）除法相同。实际上这种加减法运算就是异或运算。例如：

$$
\begin{array}{r}
10011011 \\
+11001010 \\
\hline
01010001
\end{array}
\qquad
\begin{array}{r}
10011011 \\
-11001010 \\
\hline
01010001
\end{array}
\qquad
\begin{array}{r}
00110011 \\
+11001101 \\
\hline
11111110
\end{array}
\qquad
\begin{array}{r}
00110011 \\
-11001101 \\
\hline
11111110
\end{array}
$$

2. 生成多项式 $G(x)$

在 CRC 校验时，发送和接收应使用相同的除数多项式 $G(x)$，称为生成多项式。有多种生成多项式 $G(x)$ 的国际标准可应用于不同场合下的差错校验，如

CRC- 12	$G(x) = x^{12} + x^{11} + x^3 + x^2 + x^1 + 1$
CRC- 16	$G(x) = x^{16} + x^{15} + x^2 + 1$
CRC- CCITT	$G(x) = x^{16} + x^{12} + x^5 + 1$

3. CRC 检验和的求取方法

设 r 为生成多项式 $G(x)$ 的阶，$(r + m)$ 为编码信息多项式 $T(x)$ 的阶。$T(x)$ 的求取方法如下：

1）在数据多项式 $M(x)$ 的系数序列后附加 r 个 "0"，得到新多项式 $x^r M(x)$，其最高阶为 $(r + m)$，x^0、…、x^{r-1} 的系数均为 "0"。

2）用模2除法求得余数，即 $R[x^r M(x)/G(x)]$。

3）用不借位模 2 减法，从 $x^r M(x)$ 的位串中减去余数，结果即为最后要发送的检验和信息编码多项式 $T(x)$，即

$$T(x) = x^r M(x) - R[x^r M(x)/G(x)]$$

CRC 校验用软件实现比较麻烦，而且速度较慢。但用硬件的移位寄存器和异或门实现 CRC 的编码、解码和检错则简单而且速度也快。

下面是一个求检验和的例子。

例：设准备发送的数据信息为 1101011011，即 $M(x) = x^9 + x^8 + x^6 + x^4 + x^3 + x + 1$，生成多项式 $G(x) = x^4 + x + 1$，求 $T(x)$。

这里 $M(x) = 1101011011$，$G(x) = 10011$

故 $r = 4$，$x^r M(x) = 11010110110000$

求得 $R[x^r M(x)/G(x)] = 1110$

最后要传输的检验和信息编码多项式

$$\begin{aligned}
T(x) &= x^r M(x) - R[x^r M(x)/G(x)] \\
&= 11010110110000 - 1110 \\
&= 11010110111110
\end{aligned}$$

习　题

1. 数据通信系统由哪几部分组成？它们的功能和作用是什么？
2. 通信线路的连接方式有哪几种？它们各有何特点？
3. 通信线路的通信方式有哪几种？在实际应用中它们的线路连接是如何实现的？
4. 说明数据通信主要技术指标的具体含义。
5. 画出二进制数字信号 011000101 的曼彻斯特（Manchester）编码波形图以及差分曼彻斯特编码的波形图。
6. 什么是基带传输、频带传输？它们各有何优缺点？
7. 指出同步通信和异步通信的区别。
8. 什么是脉冲编码调制（PCM）？已知脉冲序列为 11001111111101101100011，画出相应的波形。
9. 什么是频分多路复用？举例说明它的实际应用。
10. 写出报文交换和报文分组交换的异同点。
11. 利用生成多项式 $G(x) = x^4 + x^3 + 1$，计算报文 1011001 的校验序列。
12. 在 CRC 校验系统中，利用生成多项式 $x^5 + x^4 + x + 1$ 判断接收到的报文 1010110001101 是否正确？

第3章　计算机网络体系结构

计算机网络是一个十分复杂的系统，它涉及到计算机技术、通信技术等多个领域。特别是现代计算机网络已经渗透到工业、商业、政府、军事等每个行业和我们生活中的各个方面，这样一个庞大而又复杂的系统要有效而且可靠地运行，网络中的各个部分就必须遵守一整套合理而严谨的结构化管理规则。计算机网络就是按照高度结构化设计方法采用功能分层原理来实现的，这也是计算机网络体系结构研究的内容。

3.1　网络体系结构及网络协议

3.1.1　体系结构和网络协议的概念

体系结构是研究系统各部分组成及相互关系的技术科学。计算机网络体系结构采用分层配对结构，定义和描述了一组用于计算机及其通信设施之间互连的标准和规范的集合，遵循这组规范可以方便地实现计算机设备之间的通信。

为了减少计算机网络的复杂程度，按照结构化设计方法，计算机网络将其功能划分为若干个层次（Layer），较高层次建立在较低层次的基础上，并为其更高层次提供必要的服务功能。网络中的每一层都起到隔离作用，使得低层功能具体实现方法的变更不会影响到高一层所执行的功

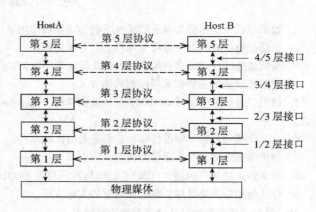

图 3-1　网络结构化层次模型

能。网络的这种结构化层次模型如图 3-1 所示。在对该图进行说明以前先介绍网络体系结构中的几个概念。

1. 协议（Protocol）

协议是用来描述进程之间信息交换过程的一个术语。在网络中包含多种计算机系统，它们的硬件和软件系统各异，要使得它们之间相互通信，就必须有一套通信管理机制，使通信双方能正确地接收信息，并理解对方所传输信息的含义。也就是说，当用户应用程序、文件传输信息包、数据库管理系统和电子邮件等互相通信时，它们必须事先约定一种规则（如交换信息的代码、格式以及如何交换等）。这种规则称为协议，准确地说：协议就是为实现网络中的数据交换而建立的规则标准或约定。

例如，网络中一个微机用户和一个大型主机的操作员进行通信，由于这两个数据终端所用字符集不同，因此他们所输入的命令彼此不认识。为了能进行通信，规定每个终端都要将

各自字符集中的字符先变换为标准字符集的字符后，才进入网络传送，到达目的终端之后，再变换为该终端字符集的字符。当然，对于不相容终端，除了需变换字符集字符外，其他特性如显示格式、行长、行数、屏幕滚动方式等也需作相应的变换，这样的协议通常称为虚拟终端协议。又如，通信双方常常需要约定何时开始通信和如何通信，这也是一种协议。所以协议是通信双方为了实现通信所进行的约定或对话规则。

一般来说，协议由语义、语法和交换规则三部分组成，即协议的三要素。

语义——规定通信双方彼此"讲什么"，即确定协议元素的类型，即规定通信双方要发出何种控制信息、完成何种动作以及作出何种应答。

语法——规定通信双方彼此"如何讲"确定协议元素的格式，即规定数据与控制信息的结构和格式。

交换规则（时序）——规定事件实现顺序的详细说明，即确定通信过程中通信状态的变化，如通信双方的应答关系。

三要素是规则约定的不同方面，缺一不可。

下面以两个人相互打招呼来理解协议的概念。甲请乙吃饭，甲向乙说"好久不见，今天晚上有时间吗？我们一起吃饭吧。"这个句型中，每一个句子都有一个语法，比如"我们一起吃饭吧"不能说成"一起吧吃饭我们"。甲向乙说的话表达了一起吃饭的含义，这是语义，乙不能认为是其他的意思。乙听了甲的邀请，然后表达自己的意见，进行相互的交流，约定吃饭的具体时间、地点等，最后说"再见"，这是时序，不能先说"再见"，然后再说吃饭的时间、地点。

2. 实体（Entity）

在网络分层体系结构中，每一层都由一些实体组成，这些实体抽象地表示了通信时的软件元素（例如进程或子程序）或硬件元素（例如智能 I/O 芯片等）。也可以说，实体是通信时能发送和接收信息的任何硬软件设施。

3. 接口（Interface）

分层结构中相邻层之间有一接口，它定义了较低层向较高层提供的原始操作和服务。相邻层通过它们之间的接口交换信息，一般应使通过接口的信息量减到最少，这样使得两层之间尽可能保持其功能的独立性。

有了上述概念，我们再来了解图 3-1 所示的网络结构化层次模型。该模型将网络分成 5 层，两主机（A 和 B）在相应层之间进行对话的规则或约定就是该层的协议。相邻层之间通过接口进行连接。两主机的相应层称为对等层（Peer Layer），它们所含的实体称为对等实体（Peer Entity）。在各对等层（或对等实体）之间并不直接传输数据，两主机之间传输的数据和控制信息是由高层通过接口依次传递到低层，最后通过最底层下面的物理传输媒体实现真正的数据通信，而各对等实体之间通过协议进行的通信是虚通信。

通过这个网络结构化层次模型我们可以看出，层次结构的主要特点是每一层都建立在前一层的基础上，较低层只是为较高一层提供服务，这样每一层在实现自身功能时，直接使用较低一层提供的服务，而间接地使用了更低层提供的服务，并向较高一层提供更完善的服务，同时屏蔽了具体实现这些功能的细节。

层次结构是描述体系结构的基本方法，而体系结构总是带有分层的特征，用分层研究方法定义的计算机网络各层的功能、各层协议和接口的集合称为计算机网络体系结构。

3.1.2　ISO/OSI 开放系统互连参考模型

1. ISO/OSI 参考模型

计算机网络中实现通信就必须依靠网络通信协议。在 20 世纪 70 年代，各大计算机生产厂家（如 IBM、DEC 等）的产品都有自己的网络通信协议，这样不同厂家生产的计算机系统就难以连网。为了实现不同厂家生产的计算机系统之间以及不同网络之间的数据通信，国际标准化组织（International Standards Organization，ISO）对当时的各类计算机网络体系结构进行了研究，并于 1981 年正式公布了一个网络体系结构模型作为国际标准，称为开放系统互连参考模型，即 OSI/RM（Reference Model of Open System Interconnection），也称为 ISO/OSI。这里的"开放"表示任何两个遵守 OSI/RM 的系统（某一计算机系统、终端、系统软件或应用软件等）都可以进行互连，当一个系统能按 OSI/RM 与另一个系统进行通信时，就称该系统为开放系统。目前，OSI/RM 仍在不断完善之中，一些新的网络通信协议也都参照 OSI/RM 进行设计。

OSI/RM 只给出了一些原则性的说明，并不是一个具体的网络。它将整个网络的功能划分成 7 个层次，如图 3-2 所示。

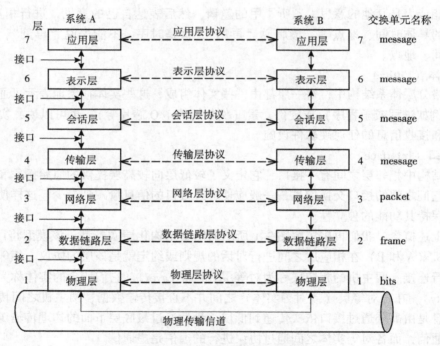

图 3-2　ISO 的 OSI/RM 及协议

2. OSI/RM 各层的名称和功能

第 1 层：物理层（Physical Layer），在物理信道上传输原始的数据位（bit）流，提供为建立、维护和拆除物理链路连接所需的机械的、电气的、功能和过程的特性。

第 2 层：数据链路层（Data Link Layer），在物理层提供位流服务的基础上，建立相邻节点之间的数据链路，通过差错控制提供数据帧（Frame）在信道上无差错地传输，并进行数据流量控制。

第 3 层：网络层（Network Layer），为传输层的数据传输提供建立、维护和终止网络连接的手段，把上层来的数据组织成报文分组（Packet）在节点之间进行交换传送，并且负责路由控制和拥挤控制。

第 4 层：传输层（Transport Layer），为上层提供端到端（最终用户到最终用户）的透明的、可靠的数据传输服务。所谓透明的传输是指在通信过程中传输层对上层屏蔽了通信传输系统的具体细节。

第 5 层：会话层（Session Layer），为表示层提供建立、维护和结束会话连接的功能，并提供会话管理服务。

第 6 层：表示层（Presentation Layer），为应用层提供信息表示方式的服务，如数据格式的变换、文本压缩、加密技术等。

第 7 层：应用层（Application Layer），为网络用户或应用程序提供各种服务，如文件传输、电子邮件（E-mail）、分布式数据库、网络管理等。

上述 7 层网络功能可分 3 组：第 1、2 层解决有关网络信道问题，第 3、4 层解决传输服务问题，第 5、6、7 层处理对应用进程的访问。另外，从控制角度讲，OSI/RM7 层模型的下三层（1、2、3 层）可以看做传输控制层，负责通信子网的工作，解决网络中的通信问题；上三层（5、6、7 层）为应用控制层，负责有关资源子网的工作，解决应用进程的通信问题；中层（4 层）为通信子网和资源子网的接口，起到连接传输和应用的作用。

3. OSI/RM 的信息流动

在 OSI/RM 中，系统 A 的用户向系统 B 的用户传送数据时，信息实际流动的情况如图 3-3 所示。系统 A 的发送进程传输给系统 B 接收进程的数据是经过发送端的各层从上到下传递到物理信道，再传输到接收端的最低层，经过从下到上各层传递，最后到达系统 B 的接

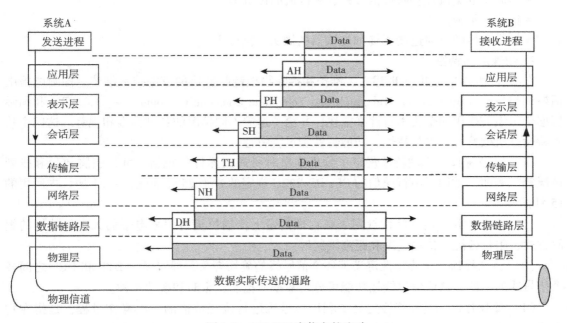

图 3-3　OSI/RM 中信息的流动

收进程。在数据传输的过程中，随着数据块在各层中的依次传递，其长度有所变化。系统 A 发送到系统 B 的数据，先进入最高层——应用层，加上该层的有关控制信息（报文头 Header）AH，然后作为整个数据块传送到表示层，在表示层再加上控制信息 PH 传递到会话层，这样在以下的每一层都加上控制信息 SH、TH、NH、DH 传递到物理层，其中在数据链路层还要再加上尾部控制信息 DT，这样整个数据帧（Frame）在物理层作为位流通过物理信道传送到接收端。在接收端按照上述的相反过程，逐层去掉发送端相应层加上的控制信息，这样看起来好像是对方相应层直接发送来的信息，但实际上相应层之间的通信是虚通信。这个过程就像邮政信件的传递，加信封、加邮袋、邮车等，在各个邮递环节加封、传递，收件时再层层去掉封装。

3.2 物理层

物理层是 OSI/RM 的最底层，它直接与物理信道相连，起到数据链路层和传输媒体之间的逻辑接口作用，并提供一些建立、维护和释放物理连接的方法。在物理层数据交换单元为二进制位，为此要定义有关位在传输过程中的信号电平大小、线路传输中所采用的电气接口等。

3.2.1 物理层功能及特性

1. 物理层的功能

物理层的功能表现在通过其特性在物理信道上进行位流的传输，具体表现如下：

- 在 DTE 和 DCE 之间提供数据传输访问接口。
- 在通信设备之间提供有关的控制信号。
- 为同步数据流提供时钟信号并管理位流的传输率。
- 提供电平地。
- 提供机械的电缆连接器（如连接器的插头、插座等）。

2. 物理层的特性

在 DTE 和 DCE 之间实现建立、维护和拆除物理链路连接的有关技术细节，国际电报电话咨询委员会（International Telegraph and Telephone Consultative Committee，CCITT）和国际标准化组织 ISO 用四个技术特性来描述，并给了适应不同情况的各种标准和规范。这四个技术特性是机械特性、电气特性、功能特性和过程特性。

（1）机械特性　机械特性规定了物理连接时所需接插件的规格尺寸、引脚数量和排列情况等。例如，常用于串行通信的 EIA RS-232C 规定的 D 形 25 针插座，X.21 协议中所用的 15 针插座等。

（2）电气特性　电气特性规定了在物理信道上传输位流时信号电平的大小、数据的编码方式、阻抗匹配、传输速率和距离限制等。

（3）功能特性　功能特性定义了各个信号线的确切含义，即定义了 DTE 和 DCE 之间各个信号线的功能，这些信号线按功能可分为数据、控制、定时和接地 4 种。

（4）过程特性　过程特性定义了利用信号线进行位流传输的一组操作过程，是指在物理连接的建立、维护、交换信息时，DTE 和 DCE 双方应答关系的动作顺序和数据交换的控制步骤。

3.2.2　物理层接口标准

在实际的网络通信中，被广泛使用的物理层接口标准有 EIA RS-232C、EIA RS-449 以及 CCITT 建议的 X.21 等标准。另外，CCITT 也有一些相应的标准。例如，与 EIA RS-232C 兼容的 CCITT V.24 建议，与 EIA RS-422 兼容的 CCITT V.10 等。下面介绍 EIA RS-232C 接口标准，其他的物理层接口标准说明请参阅有关标准的文本。

在串行通信中，EIA RS-232C 是应用最为广泛的标准，它是 EIA 在 1969 年公布的数据通信标准，这里 EIA 是美国电子工业协会（Electronic Industries Association）的英文缩写，RS（Recommended Standard）表示 EIA 的一种"推荐标准"，后面的 232 为标识号码，C 表示了标准 RS-232 的修订版本次数。为了改进 RS-232C 的局限性，提供更高的性能指标（传输距离和数据速率），增加新的功能（如环路测试），在 1977 年颁布了 RS-449。由于 RS-449 标准较复杂，EIA 于 1987 年颁布了与 RS-232C 兼容的改进版 RS-232D。尽管如此，RS-232C 仍然是通常用来作为 DTE 和 DCE 最主要的标准接口。图 3-4 所示是 RS-232C 远程连接的示意图。

RS-449 有 3 个标准组成，即：

1）RS-449 规定接口的机械特性、功能特性和过程特性。RS-449 采用 37 根引脚的插头座。在 CCITT 的建议书中，RS-449 相当于 V.35。

2）RS-423-A 规定在采用非平衡传输时的电气特性。当连接电缆长度为 10m 时，数据的传输速率可达 300kbit/s。

3）RS-422-A 规定在采用平衡传输时的电气特性。它可将传输速率提高到 2Mbit/s，而连接电缆长度可超过 60m。当连接电缆长度更短时（如 10m），则传输速率还可以更高些（如达 10Mbit/s）。

图 3-4　RS-232C 的远程连接

1. RS-232C 的机械特性

RS-232C 的机械特性建议使用 25 针的 D 形连接器 DB-25，但也可使用其他形式的连接器，如：在微型计算机的 RS-232C 串行端口上，大多使用 9 针连接器 DB-9。表 3-1 给出了两者的引脚对应关系。RS-232D 规定使用 25 针的 D 形连接器。

2. RS-232C 的电气特性

RS-232C 的电气特性与 CCITT V.28 兼容。信号驱动器的输出阻抗≤300Ω，接收器输入阻抗为 3～7kΩ。信号电平 −5～−15V 代表逻辑"1"，+5～+15V 代表逻辑"0"。在传输距离不大于 15m 时，最大速率为 19.2kbit/s。逻辑"0"相当于数据的"0"（空号）或控制线的"接通"状态，逻辑"1"相当于数据的"1"（传号）或控制线的"断开"状态。

表 3-1　DB-9 和 DB-25 两种连接器引脚的对应关系

DB-9	信 号 名 称	DB-25
1	接收线信号检测（DCD）	8
2	接收数据（RD）	3
3	发送数据（TD）	2
4	数据终端就绪（DTR）	20
5	信号地（SG）	7
6	数据传输设备就绪（DSR）	6
7	请求发送（RTS）	4
8	允许发送（CTS）	5
9	振铃指示（RI）	22

3. RS-232C 的功能特性

RS-232C 的功能特性与 CCITT V. 24 兼容，它定义了 21 根接口连线的功能，接口连线叫做互换电路（Interchange Circuit），简称电路，并分为五类为其命名。RS-232C 包括主信道和辅助信道两条传输信道，辅助信道很少使用，表 3-2 给出了主信道主要连线的功能定义（可分为 4 组：数据、控制、定时和地线），并列出了 CCITT V. 24 对应的功能线号。

表 3-2　RS-232C 和 CCITT V. 24 主要接口连线功能表

引脚	电路	V. 24	信 号 名 称	说 明
1	AA	101	保护地（SHG）	屏蔽地线
7	AB	102	信号地（SIG）	公共地线
2	BA	103	发送数据（TxD）	DTE 将数据传送给 DCE
3	BB	104	接收数据（RxD）	DTE 从 DCE 接收数据
4	CA	105	请求发送（RTS）	DTE→DCE 表示发送数据准备就绪
5	CB	106	允许发送（CTS）	DCE→DTE 表示准备接收要发送的数据
6	CC	107	数据传输设备就绪	通知 DTE,DCE 已连到线路上准备发送
20	CD	108	数据终端就绪（DTR）	DTE 就绪,通知 DCE 连接到传输线路
22	CE	125	振铃指示（RI）	DCE 收到呼叫信号向 DTE 发 RI 信号
8	CF	109	接收线载波检测（DCD）	DCE 向 DTE 表示收到远端来的载波信号
21	CG	110	信号质量检测	DCE 向 DTE 报告误码率太高时为"OFF"
23	CH	111	数据信号速率选择器	DTE→DCE,DTE 选择数据速率
23	CI	112	数据信号速率选择器	DCE→DTE,DCE 选择数据速率
24	DA	113	发送时钟	DTE 提供给 DCE 的定时信号
15	DB	114	发送器码元信号定时（TC）	DCE 发出,作为发送数据时钟
17	DC	115	接收器码元信号定时（RC）	DCE 提供的接收时钟

在实际应用中，并不是用到上述所有的接口连线，对异步串行口也最多用 11 根接口连线。图 3-5 表示 RS-232C 在异步传输方式下的连接方法，其中 DTE 为微型计算机，DCE 为 Modem，使用 25 针的 D 形连接器。在近距离的两台计算机之间进行通信时，可以不使用 Modem，而是直接使用 RS-232C 标准接口将两台计算机连接起来，这就是 DTE-DTE 的空

Modem 连接方式，如图 3-6 所示。图 3-7 给出了 9 针对 9 针串行口的空 Modem 连接方式。

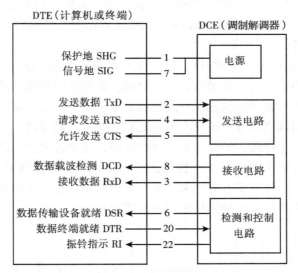

图 3-5　异步通信 DTE-DCE 连接方式

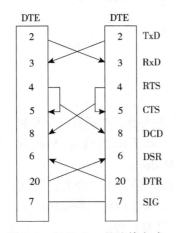

图 3-6　空 Modem 的连接方式

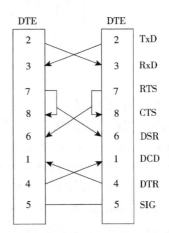

图 3-7　DB-9 对 DB-9 空
Modem 连接方式

4. RS-232C 的过程特性

RS-232C 的工作过程是在各条控制线的状态（"ON" 为逻辑 "0"，"OFF" 为逻辑 "1"）有序地配合下进行的。在 DTE-DCE 连接的情况下，只有当 DTR 和 DSR 均为 ON 状态时，才具备操作的基本条件。若 DTE 要发送数据，则首先将 RTS 置为 ON 状态，等待 CTS 应答信号为 ON 状态后，才能在 TD 上发送数据。

3.2.3　调制解调器（Modem）

1. Modem 概述

Modem 是为数据通信的数字信号在具有有限带宽的模拟信道上进行远距离传输而设计

的，它是 DCE 的主要设备。Modem 的功能主要是进行信号的调制和解调，在 DTE 和模拟传输线路之间起到数字信号与模拟信号之间的转换作用。另外，现在的大多数 Modem 产品具有发送传真 FAX 和语音服务，即计算机通过 Modem 可以发送传真以及提供电话录音留言和全双工的免持听筒服务。

Modem 一般由基带处理、调制解调、信号放大和滤波、均衡等几部分组成，如图 3-8 所示。基带处理是在调制之前对信号进行的一些处理，消除码间干扰和适应不同调制方式的需要。调制是将数字信号与音频载波组合，产生适合于电话线路上传输的音频调制信号，在接收端经过解调，从音频调制信号中还原出原来的数字信号。信号放大的作用是提升调制信号电平，以便在电话线路上传输，另外还要对音频调制信号进行滤波，限制送往电话线路的频率，使其符合电信标准规定的范围（一般为 300～3300Hz），在接收端 Modem 的滤波作用是保留有用频谱并过滤由于噪声引入的外来频率。均衡的作用是用于消除因信道特性不理想而造成的失真。取样判决器用于正确恢复出原来的数据信号。

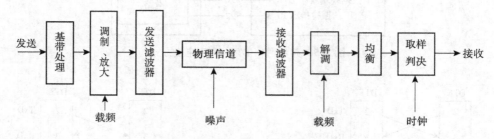

图 3-8　Modem 的组成

2. Modem 的分类

Modem 根据其应用场合、工作方式、速度等可分成许多类型。主要有以下几种：

（1）按 Modem 的速度分类　传输速率在 1200bit/s 以下的为低速 Modem，1200～9600bit/s 之间的为中速 Modem，9600bit/s 以上的为高速 Modem。

（2）按调制方式分类　一般 Modem 产品的调制方式有频移键控（FSK）调制、差分相移键控（Differential Phase Shift Keying, DPSK）调制、正交幅度调制（Quadrature Amplitude Modulation, QAM）、格码调制（Trellis Coded Modulation, TCM）等。

（3）按 Modem 内部控制方式分类　分为智能 Modem 和非智能 Modem 两类。智能 Modem 的内部控制逻辑由微处理器实现，它能够接收一系列 Modem 控制命令（如 Hayes 公司的 AT 命令集）来完成通信过程的控制，并具有自动拨号、重复拨号、选择传输速率等功能。一般现在市场上的 Modem 产品大多数都是智能型的。

（4）按通信方式分类　有异步或同步工作方式的半双工和全双工之分。

（5）按 Modem 与计算机的连接方式分类　主要是按 Modem 的外形以及和计算机的连接方式可以分为外置式和内置式的区别。外置式 Modem 是一独立的设备，其本身带有电源、按键及状态指示等，它通过 RS232-C 串行口与计算机相连。内置式 Modem 是一个插在计算机扩充槽内的 OEM 卡。通常外置式 Modem 的功能要比内置式 Modem 强，并且价格也相对较高。

3. Modem 的通信过程

在计算机网络中所使用的 Modem 大多都是智能型的，具有自动拨号和应答的功能。当通信双方准备传输数据时，一方处于拨号状态，另一方处于应答状态，线路一旦接通，无论 Modem 处于何种状态都能接收和发送数据。在自动拨号过程中计算机完成下述任务。

1）用 Modem 命令（AT 命令）设置 Modem 的工作方式、数据传输率、拨号方式（双音频或脉冲方式）等。

2）发送被呼叫对方的电话号码。

3）通知 Modem 启动拨号。

Modem 完成的工作如下：

1）按被呼叫对方的电话号码形成拨号脉冲发送到线路上。

2）在接收到被呼叫对方的摘机应答信号（Modem 载波信号）后，向计算机发出载波检测信号 DCD，以示线路接通。

在自动应答过程中，计算机应设置 Modem 进入自动应答状态；Modem 收到交换机送来的振铃信号以后要向计算机振铃指示信号 RI，计算机收到此信号后进入数据通信状态。

4. Modem 标准

有关 Modem 的标准主要是按 CCITT V 系列建议的 Modem 标准，该标准规定了从低速到高速、宽带 Modem 的线路形式、通信方式、调制方式、通信速率等多方面的内容。

3.3 数据链路层

数据链路层是 OSI/RM 的第二层，它通过物理层提供位流服务，在相邻节点之间建立链路传送以帧（Frame）为单位的数据信息，并且对传输中可能出现的差错进行检错和纠错，向网络层提供无差错的透明传输。数据链路层的有关协议和软件是计算机网络中基本的部分，在任何网络中数据链路层是必不可少的层次，相对高层而言，它所有的服务的协议都比较成熟。在这一节里主要了解数据链路层的主要工作、有关协议、流量控制技术等。

3.3.1 数据链路层的功能及其提供的服务

1. 数据链路层的功能

数据链路层的主要功能是在发送节点和接收节点之间进行可靠地、透明地数据传输，具体主要包括以下内容。

1）在物理连接的基础上，当有数据传输时，建立数据链路连接；在结束数据传输后，及时释放数据链路连接。

2）将要发送的数据组织成一定大小的数据块——帧，以此作为数据传输单元进行数据的发送、接收、应答和校验。

3）在接收端要对收到的数据帧进行差错检验，若发现差错，则必须重新发送出错的数据帧，这个功能叫做差错控制。

4）对发送数据帧的速率必须进行控制，以免发送的数据帧太多，接收端来不及处理而丢失数据，此功能叫做流量控制。

2. 数据链路层提供的服务

数据链路层可以向网络层提供各种服务。根据数据链路层向网络层提供的服务质量、应用环境以及是否有连接可分为如下 3 种服务：

（1）无应答无连接服务（Unacknowledged connectionless service）　在这种服务下，源主机可在任何时候发送信息帧，而勿须事先建立数据链路连接；接收主机的数据链路层将收到的数据直接送到网络层，并且不进行差错控制和流量控制，对于接收的有关情况也不做应答处理。此种服务的质量较低，适合于线路误码率很低以及传送实时性要求较高的信息（如话音等）。大多数局域网的数据链路层采用这种服务。

（2）有应答无连接服务（Acknowledged connectionless service）　这种服务和无应答无连接服务相比较在接收端要对接收的数据帧进行差错检验，并向发送端给出接收情况的应答；发送端收到应答或在发出数据后的一段规定时间内没有收到应答信息时，根据情况作出相应的处理（如重发等）。此种服务适合于传输不可靠（误码率高）的信道，例如无线电通信信道。

（3）面向连接的服务（Acknowledged connection-oriented service）　这种服务的质量最好，是 OSI/RM 的主要服务方式。在这种服务下，一次数据传输的过程由 3 个阶段组成：第一阶段是建立数据链路的连接，通过询问和应答使通信双方都同意并做好传送数据和接收数据的准备；第二阶段是进行数据传输，在双方之间发送、接收数据，进行差错控制并作出相应的应答；第三阶段是数据链路的拆除，数据传输完毕后，由任意一方发出传输结束信号，经双方确认后，拆除连接，这一过程总是动态进行的。为了实现上述过程，可通过网络层和数据链路层之间接口对话来完成，从概念上是通过调用一些原语来实现。以连接为例，可有四个原语：连接请求（CONNECT request）、连接指示（CONNECT indication）、连接响应（CONNECT response）和连接确认（CONNECT confirm）。对应数据交换阶段和拆除链路阶段的原语有：数据（Data）请求、数据指示、数据响应、数据确认以及拆除连接（Disconnect）请求、拆除连接指示、拆除连接确认。

3.3.2　数据链路层协议

数据链路层向网络层提供的服务是通过数据链路层和网络层之间的接口来实现的。原语的作用就是用来调用这些服务。服务的执行是由已连接系统的两个对等数据链路层实体共同协作完成的，而这种协作保证了服务的提供。

数据链路层协议是最早被确认的通信协议之一。随着通信技术的发展，数据链路层协议也在不断地改进和完善，时至今日已基本形成了完整的协议集。数据链路层协议由最初的异步终端协议发展到同步的面向字符协议，后来又出现了同步的面向位协议，这也是现在最常用的数据链路层协议。

1. 面向字符协议

面向字符协议是利用已定义好的一种代码字符集的一个子集来执行通信控制功能，如用"STX"字符代表正文开始等。可用的字符集有 ASCII 码和 EBCDIC 码等，面向字符的典型协议有 ISO 1745——数据通信系统的基本型控制规程等。另外还有广泛应用的面向字符协议是 IBM 的二进制同步通信（Binary Synchronous Communication，BSC）协议。

面向字符协议常用的控制字符和功能如表 3-3 所示。

面向字符协议的报文有数据报文和控制报文，它们的格式如图 3-9 所示。在数据报文中的 SYN 为同步字符，接收端至少收到两个 SYN 才能开始接收。报头字段是选项，它从 SOH 字符开始，报头内容由用户自行定义，如存放地址、路由信息、发送日期等。正文字段由

STX 字符开始，其长度未作规定，如果正文太长，要分成几块传输，则每块用 ETB 结束正文字段，当全部正文传输结束后，用 ETX 结束正文字段。BCC 是校验字段。

表 3-3 面向字符协议的控制字符

控制字符	ASCII 码 （十六进制）	功　能	英文全称
SOH	01	表示报头开始	Start of Head
STX	02	表示正文开始	start of Text
ETX	03	表示正文结束	End of Text
EOT	04	通知对方，传输结束	End of Transmission
ENQ	05	询问对方，并要求回答	Enquiry
ACK	06	肯定应答	Acknowledge
NAK	15	否定应答	Negative Acknowledge
DLE	10	转义字符，它与后继字符一起组成控制功能	Data Link Escape
SYN	16	同步字符	Synchronous Idle
ETB	17	正文信息组（块）结束	End of Transmission Block

控制报文主要用于通信双方的应答，以确保数据报文正常、可靠地传输。控制报文也是作为一个完整的报文发送和接收的，它没有正文字段和校验字段。常用的控制报文如图 3-9b 所示。

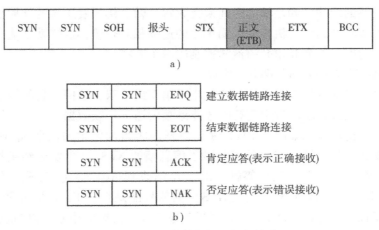

图 3-9 面向字符协议的报文格式

a）数据报文格式　b）控制报文格式

面向字符协议曾经是传统的数据链路协议，至今在某些场合仍被使用，但它一直存在许多问题，例如：

1）面向字符协议与通信双方所选用的字符集有密切的关系，这给通信带来了不便。

2）必须区分报文中的数据字符和控制字符，增加了硬件和软件实现时的负担。

3）使用了一些控制字符，减少了可用传输的信息。

4）数据报文的结构或字符代码的透明性较差，需要采用复杂的转义（DLE）技术。

　　透明性（Transparency）是指链路控制与传输的信息代码结构完全无关。面向字符协议的透明性不好主要是传输的信息内容与字符代码有关，正文信息中可能会出现控制字符，为此在控制字符上都要加上转义字符 DLE，形成双字符序列，以便与数据字符相区别。

2. 面向位协议

　　随着通信技术的发展和通信量的增加，面向字符协议由于它的这些缺点已不能适应应用的要求，于是在 20 世纪 60 年代末出现了面向位协议，并成为数据链路层的主要协议。它比面向字符协议有更大的灵活性更高的效率。其特点是以位置来定位各个字段，而不是用控制字符，各字段内均由位的各种组合组成，并以帧为统一的传输单位。

　　最早的面向位协议是 IBM 公司研制的同步数据链路控制规程（Synchronous Data Link Control，SDLC）协议，用作 IBM SNA 网的数据链路层协议。后来几个国际标准化组织作了少量修改，发展为多个版本的面向位协议。如美国国家标准化协会（American National Standards Institute，ANSI）对 SDLC 作了修改后，称为（Advanced Data Communication Control Procedure，ADCCP）协议；ISO 对此作了修改后，称为（High-level Data Link Control，HDLC）协议；CCITT 对 HDLC 作了修改后，称为（Link Access Procedure，LAP）协议（X. 25 公用数据网标准的一部分），LAP 的新版本为 LAPB。这些协议都是以 SDLC 协议为基础作了少量修改补充而命名的，所以它们的基本内容是相同的。高级数据链路控制协议 HDLC 协议在第 9 章中将作具体的介绍。

3. 3. 3　流量控制

　　流量控制是在通信双方传送信息时，使发送和接收数据的速度保持一致，以使接收端在接收数据前有足够的缓冲区和足够的时间来接收每一帧。例如发送端的计算机配置优良，发送速度较快，而接收端的计算机较差因而接收的速度相对较慢，这样就会造成接收端来不及接收而丢失帧的情况。下面简单介绍流量控制的两个方案。

1. 应答式停-等（Stop-and-Wait）协议

　　这是一种最简单的流量控制技术，它使用于单工或半双工通信。它的特点是发送端发送一帧后，要等待收到接收端的肯定应答时才能继续发送下一帧数据。

　　无差错的正常传输情况如图 3-10a 所示。发送时将缓冲区中的数据 A_0 送到信息帧的信息字段，并将发送序号变量 $V(S)$ 的值 0 赋予信息帧的 $N(S)$，再发送到接收站 B，然后等待回答。B 站正确接收后发肯定应答帧 ACK，A 站收到 ACK 后将 $V(S)$ 的值加 1 赋予 $N(S)$，再接着发送下一批数据 A_1。这里 $N(S)$ 的值只能是 0 和 1，以区分前后发送的两帧。接收端也设置接收序号变量 $V(S)$，以表明当前应该收到的帧的序号，以防止重发。

　　在异常情况下，如接收到的帧经过校验发现错误或因为帧丢失而未收到，则发送端不发应答。发送端在发送一帧后启动一定时器，每收到一帧应答，就将该定时器复位，若当定时器时间到后（Time-out），即超过规定时间 T 后，仍未收到应答，则认为前面所发出的帧出错或丢失，这时应重发此信息帧，如图 3-10b 所示。

　　如果信息帧传送正确，但由于应答帧丢失，发送端定时器超时后没有收到应答，而重发此信息帧。这时接收端会出现重复接收同一帧的情况，如图 3-10c 所示。对于这种情况，接收端会丢弃重复帧。在接收端判断是否重复帧是通过比较所接收信息帧中 $N(S)$ 的值是否与接收序号变量 $V(R)$ 的值相等，若相等则接收，否则认为是重复帧，丢弃之。

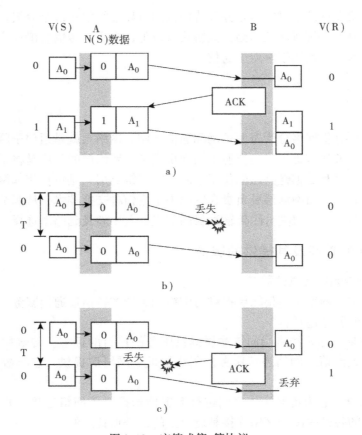

图 3-10 应答式停-等协议

a) 无差错的正常传输 b) 数据帧丢失 c) 应答帧丢失

2. 滑动窗口 (Sliding Window) 协议

应答式停-等协议的主要问题是链路上只有一个帧在传输，帧的发送序号 $N(S)$ 只有 0 和 1 两种编号，传输效率低，浪费了线路带宽，因此引入了滑动窗口协议。

滑动窗口协议的主要思想是允许连续发送多个帧而无需等待应答。假设 A、B 两个通信站通过全双工链路连接，发送端和接收端分别发送窗口和接收窗口的长度，发送窗口用来对发送端进行流量控制，发送窗口的大小代表在还没有收到对方确认信息的情况下发送端最多可以发送多少个数据帧。接收端只有当收到的数据帧的发送序号落入接收窗口内才允许将该数据帧收下。假设 $N(S)$ 和 $N(R)$ 分别是发送窗口和接收窗口加在帧编号序列上的窗口，随着数据传输的进行，$N(S)$ 和 $N(R)$ 也在不断地变化，就像发送窗口和接收窗口在不断地向前滑动，因而称之为滑动窗口协议。

如果规定可连续发送帧数目的最大限度，则这一限度称为发送窗口的尺寸。当窗口的尺寸为 1 时，即发送端一次只能发送一帧，这就相当于前面介绍的停-等协议，只不过通信方式是全双工的。一般窗口的尺寸大于 1，连续发送帧的个数由窗口的尺寸来决定，通过控制窗口上、下沿的滑动来实现流量控制。

滑动窗口的重要特征：只有在接收窗口向前滑动时（与此同时也发送了确认），发送窗口才有可能向前滑动。

滑动窗口协议允许发送方在停止并等待确认前可以连续发送多个分组。由于发送方不必每发一个分组就停下来等待确认，因此该协议可以加速数据的传输。滑动窗口协议是比较完善的流量控制技术，它适用于全双工通信。

3.4　网络层

广域网中将计算机网络分为资源子网和通信子网。网络层就是通信子网的最高层，它在数据链路层提供服务的基础上，向资源子网提供服务。网络层的作用是将报文分组从源节点传输到目的节点。这和数据链路层的作用不同，数据链路层只是负责相邻两节点之间链路管理及帧的传输等问题。而网络层要负责在网络中采用何种交换技术，从源节点出发选择一条通路通过中间的节点，将报文分组传输到目的节点，其中涉及到路由选择、拥挤控制等。

3.4.1　网络层的功能及其提供的服务

1. 网络层向传输层提供的服务

在通信子网中，网络层向传输层提供与网络无关的逻辑信道通信服务，即提供透明的数据传输。其提供的服务包括：

（1）网络地址　它是网络层向传输层提供服务的接口的标志，传输层实体就是通过网络地址向网络层提出请求网络连接服务。网络地址由网络层提供，它与数据链路层的寻址无关。

（2）网络连接　它为传输实体之间进行数据传送提供了网络连接，并为此连接提供建立、维持和释放的各种手段。网络连接是逻辑上的，是点到点的。

（3）其他服务　提供交换方式、路由选择、顺序控制、流量控制等。

2. 网络层的功能

网络层的功能是在数据链路层提供的若干相邻节点间数据链路连接的基础上，支持网络连接的实现并向传输层提供各种服务，具体实现包括有如下功能：

1）路由选择和中继功能。利用路由选择从源节点通过具有中继功能的中间节点到目的节点建立网络连接。

2）对数据传输过程实施流量控制、差错控制、顺序控制、多路复用。

3）对于非正常情况的恢复处理，如网络逻辑连接的重新设置、复位等。

3.4.2　虚电路和数据报

网络层向传输层提供的服务是由网络层和传输层之间的接口来实现的，而接口的性质是由通信子网的性质所决定的。在通信子网中除了数据链路层错误（由数据链路层解决）以外，还有其他类型的错误，如通信子网内部节点的硬件或软件故障所引起的报文分组丢失或重复。所以能否对通信子网的差错进行校验，以及能否向传输层提供报文分组按顺序到达目的节点的服务是通信子网的两个不同性质，也是网络层向传输层提供的两类不同性质的服务。这两类不同性质的服务就是网络层向传输层提供的虚电路和数据报服务。

1. 虚电路（Virtual Circuit）服务

在虚电路服务中，网络层向传输层提供一条无差错且按顺序传输的较理想的信道。在报文分组交换方式中，全部数据均构成离散的报文分组，按照附加的报文分组头（包括路由选择等控制信息）上的信息通过存储—转发方式选择路径，使它迅速而准确地穿过通信子网传递到数据的目的节点，其示意图如图 3-11a 所示。对于用户来说，他们是看不见通信子网中复杂的路由选择、缓冲以及差错校验等操作的。在线路交换中总是在两用户之间提供一条实际的电路把它们直接连通。而在报文分组交换方式中，仅当报文分组通过传输机构时，随传输而临时分配连接，故具有逻辑的或"虚的"连接特性，因此称为虚电路。

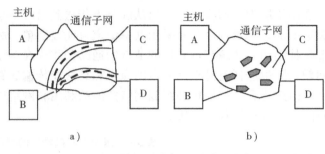

图 3-11　虚电路与数据报的示意图
a）虚电路　b）数据报

虚电路是网络内一对 DTE 之间的逻辑连接，允许数据同时双向交换，而且通过逻辑连接的全部数据传输均采用报文分组（Packet）的形式。由于在一条虚电路上传输报文分组的时间是很短暂的，所以可采用统计多路复用允许 DTE 在一条实际线路上建立多条与多个 DTE 相连的并发虚电路，亦即一个 DTE 可在一条实际线路上与多个 DTE 同时建立通信关系，这样可有效地利用线路资源。

　　虚电路可分为两类，即永久虚电路和呼叫虚电路。永久虚电路是在两个 DTE 之间建立的一条固定的连接，就好像一条点-点专用线路。在这种连接存在期间，任何时候都可以通信，而且不需要建立连接和释放连接这两个阶段。永久虚电路适用于对信息流量的控制较好且不拥挤的场合。呼叫虚电路是在两个 DTE 之间建立的临时连接，要由 DTE 向网络发出呼叫才能建立连接。每当 DTE 想通过通信子网同另一个 DTE 进行通信时，就可发出一个呼叫（称为虚呼叫），呼叫的结果就在这两个 DTE 之间建立起一条双向的、无差错的连接。虚电路服务很像公共电话系统，用户通话时必须先拨号（建立虚电路），然后通话（传输数据），最后挂断电话（释放虚电路）。虽然这一过程在电话系统内部十分复杂，但通话双方却觉得他们在使用一条点-点专线一样。

2. 数据报（Datagram）**服务**

　　在数据报服务中，网络层接到传输层来的信息后，将该信息分成一个个报文分组并作为孤立的信息单元独立传输至目的节点，再递交给目的主机，其示意图如图 3-11b 所示。传输过程中，通信子网不对信息作差错处理和顺序控制，即允许信息丢失和不按原顺序递交主机。因此，通信子网提供数据报服务时，主机传输层就必须进行差错的检测和恢复，并对收到的报文分组进行再排序。数据报服务没有建立连接和释放连接的过程，报文分组仍采用存储—转发传输方式，只要存储它的转发节点有空闲的输出线，即可转发，直至目的节点。这时每个报文分组头上含有完整的目的地址，所以开销较大。数据报服务类似于邮政系统中的信件投递，信件是一封封单独发出和投递的，丢失与否，邮政局也是无法知道的，收件人得到信件的次序也不一定和发信的次序相同。

　　网络层向传输层提供虚电路服务还是数据报服务，或者是两者兼有，一般由通信子网与主机接口（即网络层与传输层的接口）决定。当通信子网提供相对简单的数据报服务时，传输层则要增加对报文分组的差错控制和顺序控制功能，以便给高层的用户进程提供虚电路服务。虚电路和数据报的特点比较如表 3-4 所示。

3.4.3　网络层的路由选择

在网络层中如何将报文分组从源节点传送到目的节点，其中选择一条合适的传输路径是至关重要的。局域网由于多采用共享信道且比较简单，故不需要路由选择。一般广域网多为网形拓扑结构，从源节点到目的节点的通路往往存在多条冗余路由，因此存在选择最佳路由的问题。路由选择就是根据一定的原则和算法在传输通路中选出一条通向目的节点的最佳路由，路由选择算法的好坏关系到网络资源的利用和网络性能的高低，如网络吞吐量、平均延迟时间、资源有效利用率等。

表 3-4　虚电路和数据报的特点比较

特　点	虚　电　路	数　据　报
目的地址	开始建立时需要	每个信息包都要
错误处理	对主机透明(由通信子网负责)	由主机负责
端—端流量控制	由通信子网负责	不由通信子网负责
报文分组顺序	按发送顺序递交主机	按到达顺序(与发送顺序无关)交给主机
建立和释放连接	需要	不需要
其他	若节点损坏，则虚电路被破坏,适合传送较长信息	节点的影响小,适合传送较短的信息

3.4.4　网络层的流量控制

在数据链路层中介绍过流量控制，同样在网络层也存在流量控制问题。只不过在数据链路层中的流量控制是在两相邻节点之间进行的，而在网络层是完成报文分组从源节点传送到目的节点过程中的流量控制。网络层向传输层提供何种服务也关系到是否进行流量控制。若通信子网采用虚电路工作方式，那么就由网络层进行流量控制，并且任务也相对比较轻松。因为一般虚电路工作方式要求有一定的缓冲区、报文分组沿着建立的虚电路传送，又有滑动窗口流量控制，报文分组的顺序也有保证。如果通信子网采用数据报工作方式，向上层提供数据报服务，那么流量控制的主要任务则交由传输层来完成。

3.4.5　网络层的拥挤控制

通信子网内由于出现过量的报文分组而引起网络性能下降的现象称为拥挤。为了避免拥挤现象出现，要采用能防止拥挤的一系列算法，对子网进行拥挤控制。拥挤控制算法主要解决的问题是如何获取网络中发生拥挤的信息，从而利用这些信息进行控制来避免由于拥挤而出现报文分组的丢失以及严重拥挤而产生网络死锁的现象。

3.4.6　X.25 协议

X.25 协议是 CCITT 于 20 世纪 70 年代推出的，并在后来进行了几十次的修改和完善，被广泛应用于分组交换公用数据网中。X.25 定义了用户主机（也称为 DTE）和报文分组网通信设备（也称为 DCE）之间交换数据的过程。它的正式标题是"在公用数据网（Public

Data Network，PDN）上以报文分组方式工作的 DTE 和 DCE 之间的接口"。实际上它是 3 个对等协议的组合，即 DTE 和 DCE 物理实体之间对等层协议，DTE 和 DCE 数据链路层实体之间的对等层协议以及 DTE 和 DCE 分组网络层实体之间对等层协议。具体地说，X.25 定义了物理层、数据链路层和网络层在 DTE 和 DCE 之间交换信息的格式和意义。图 3-12 给出了它和 OSI/RM 的对应关系，图中的 DSE 是通信子网的节点，称为数据交换设备（Data Switching Equipment）。X.25 分为 3 个协议层，即物理层、链路层和分组层。

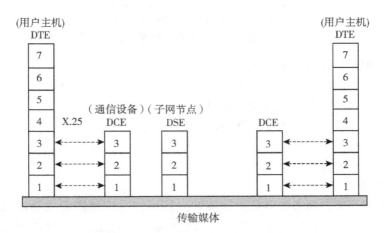

图 3-12 X.25 与 OSI/RM 的对应关系

3.5 传输层

传输层是资源子网与通信子网的界面和桥梁，它完成资源子网中两节点间的直接逻辑通信，实现通信子网端到端的可靠传输。传输层的下面 3 层（物理层、数据链路层和网络层）属于通信子网，完成有关的通信处理，向传输层提供网络服务；传输层的上面 3 层（会话层、表示层和应用层）完成面向数据处理的功能，并为用户提供与网络之间提供接口。为此，它在 7 层网络模型的中间起到承上启下的作用，是整个网络体系结构中的关键部分。

由于通信子网向传输层提供通信服务的可靠性有差异（例如可靠的虚电路服务或不可靠的数据报服务），所以无论通信子网提供的服务可靠性如何，经传输层处理后都应向上层提交可靠的、透明的数据传输。为此，传输层协议要复杂得多，以适应可靠性和残留错误率不同的通信子网。也就是说，如果通信子网的功能完善、可靠性高，那么传输层的任务就比较简单，但若是通信子网提供的质量很差，那么传输层的任务就复杂，以填补会话层所要求的服务质量和网络层所能提供的服务质量之间的差别，如图 3-13 所示。

3.5.1 传输层的主要功能和服务

1. 传输层的主要功能

传输层提供可靠的端到端的通信，屏蔽了通信子网有关数据通信的具体实现，向会话层提供透明的数据传送，它的主要功能有：

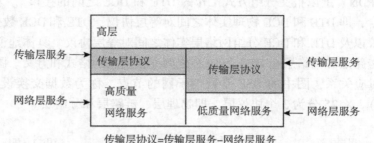

传输层协议=传输层服务–网络层服务

图 3-13　传输层协议对网络服务的依赖关系

- 建立、维护和拆除传输层连接。
- 传输层地址到网络层地址的映射。
- 多个传输层连接对网络层连接的复用。
- 在单一连接上端到端的顺序控制和流量控制。
- 端到端的差错控制及恢复。
- 传输层的其他服务。

2. 传输层的服务

传输层在网络层提供服务的基础上，通常向其用户（应用进程或会话层实体）提供面向连接的服务，这种服务提供传输层用户之间逻辑连接的建立、维护和拆除，是具有流量控制、差错控制和顺序控制的可靠服务。另外，还有不太可靠的无连接服务。例如，它不能保证传输的信息按发送顺序提交用户，但在某些场合这些缺点显得不太重要时，为了通信效率，可以提供无连接服务。

3.5.2　传输层协议的分类及实现机制

1. 传输层协议的分类

ISO 将网络服务分为 A、B、C 这 3 种类型：

A 型——网络连接具有可接受的残留差错率和可接受的失效通知率。

B 型——网络连接具有可接受的残留差错率和不可接受的失效通知率。

C 型——网络连接具有不可接受的残留差错率。

这里的残留差错是指经过差错控制后仍然存在的传送数据丢失、重复或畸变发生等错误，而失效通知是指网络协议检测到了差错，但不能恢复而通知传输实体。

A 型网络服务是可靠的网络服务，如虚电路服务；C 型网络服务的质量最差，单纯提供无连接（如数据报）服务的广域网或无线电分组交换网均属此类；B 型网络服务介于二者之间，广域网多是提供 B 型网络服务。

根据网络层提供的服务质量类型的不同，OSI/RM 将传输层协议分为 5 类，如表 3-5 所示。0 类最简单，也是功能最低的一类，它仅具有连接建立、数据传输及差错报告等功能，适用于 A 型网络服务。1 类除了具有 0 类的功能外，还增加了基本错误恢复功能，提供流控制、加快数据传输、拆除连接等功能，可用于 B 型网络服务。2 类则在 1 类的基础上，还增加了多路复用功能，但不提供错误检测与恢复功能，适用于 A 型网络服务。3 类作为 2 类的功能增强级，具有差错恢复功能，可用于 B 型网络服务。4 类最复杂，可用于 C 型网络服务，具有超时机构与校验机构，增加了重复与顺序错检验等功能。

表 3-5　传输层协议分类

协　议　类	网络类型	名　　称
0	A	简单类
1	B	基本错误恢复类
2	A	多路复用类
3	B	差错恢复与多路复用类
4	C	差错检测和恢复类

2. 传输层协议的实现机制

传输层的复杂程度取决于网络层提供的服务质量，对于可靠的服务，即 A 型网络服务，只需基本的传输层协议来实现。对于 C 型网络服务，则传输层协议比较复杂。所谓可靠的网络服务是指通信子网提供的虚电路服务，这时传输层协议最简单。下面就基本的传输层协议的实现机制作简单介绍。

（1）寻址　寻址功能关系到用户如何在网络通信环境中标识自己并且如何获得对方的名字或地址，无论对于哪一种传输层协议寻址功能都是必备的。对于寻址问题，传输层定义了一组传输地址或称套接字（Sockets），为每个用户进程都分配一个传输地址。这些传输地址共同形成了网络环境的名字空间，每个传输地址在此地址空间中是唯一的，并以此类识别传输服务用户进程，并使用户进程彼此之间能相互访问。

（2）多路复用　由于网络连接通常是按照连接时间收费的，所以在单个网络连接提供足够带宽的情况下，将多个传输连接复用到一条网络连接上，以充分利用网络连接的传输效率节约通信费用，这种多路复用称为向上的多路复用。而向下的多路复用是将一个传输连接分配到多个网络连接（如多条虚电路）上，这样可以满足通信流量大的情况，从而获得足够大的吞吐量。

（3）连接的建立和释放　传输层不论采用何种协议，只要它用于面向连接的服务，都有建立传输连接、维护这种连接进行数据传输和释放连接的过程。

1）传输连接的建立：传输连接建立的过程比较复杂，首先要在两传输服务用户之间建立传输连接，然后才能在该连接上进行实质性的数据交换。此传输连接应由双方的传输地址和套接字构成。在连接建立过程中，根据用户对服务质量的要求，相互磋商服务的功能与参数，如选择合适的网络服务，磋商传输协议数据单元（Transport Protocol Data Unit，TPDU）的大小，确定是否使用多路复用功能和有关的流控制、错误检测功能等。经过多次交换磋商，意见取得一致后，才算建立了连接。

2）数据交换：在连接建立后，用户进程双方都应按建立连接时所磋商好的一致意见，在该连接上进行进程间的数据交换，即进行进程间的数据发送与接收。

3）传输连接的拆除：按传输服务要求，当用户进程间完成了通信任务后，就要关闭相应的连接。或者，在相互通信过程中，如出现异常原因，任意一方传输服务用户都可主动关闭该连接。这时，双方可通过交换信息将该连接拆除。

（4）流量控制　传输层需要解决的是端到端的流量控制问题，即对发送端传送实体发向接收端传送实体的数据流要实施控制，使其不超出接收端所能承受的接收能力。

　　传输层的流量控制，在很多方面与数据链路层相似，因此都是基于滑动窗口或其他机制，以防止一个快的发送端数据超过了慢的接收端的接收限度。与数据链路层不同的是，在通信子网中各相邻 DCE 之间有相对少的连线，而两端的主机间可能有大量的连接，从而要求主机备有大量的缓冲区，这使得在传输层中采用数据链路层缓冲策略变得不现实。在传输层，一般是采用动态窗口管理和动态缓冲分配的策略。

3.5.3　TCP 和 UDP

　　TCP（Transmission Control Protocol）传输控制协议是 TCP/IP 体系结构中传输层采用的一种协议。它从上层实体接收任意长度的报文，并为上层用户提供面向连接的、可靠的全双工数据传输服务。TCP 能自动纠正诸如分组丢失、损坏、重复、延迟和乱序等差错。TCP 能支持多种高层协议，如 TELNET、FTP、SMTP 等。由于 TCP 是一种面向连接的协议，故要在一对高层协议之间提供建立连接和释放连接的功能，其连接方法是利用套接字（Socket）使一个高层实体主动发起与另一个高层实体之间的逻辑关系。TCP 为了保证可靠的端到端通信还具有流量控制、差错控制、多路复用等功能，它可适用于各种可靠的或不可靠的网络。

　　UDP 是一种无连接的传输层协议，提供面向事务的简单不可靠信息传送服务。UDP 不提供数据包分组、组装，不能对数据包进行排序。UDP 用来支持那些需要在计算机之间传输数据的网络应用，包括网络视频会议系统在内的众多的客户/服务器模式的网络应用都需要使用 UDP。

3.6　高层协议

　　OSI/RM 中的上 3 层，即会话层、表示层和应用层一般称为 OSI/RM 的高层，具有面向数据处理的功能，并作为用户与网络之间的接口。这些层的协议都是端到端的协议，只有通信的主机才实现这些层的功能，通信子网设备不具备这些功能。

3.6.1　会话层

　　在 OSI 参考模型中，会话层位于第 5 层，介于传输层和表示层之间。会话层是利用传输层提供的端到端的服务，向表示层或会话用户提供会话服务。这种服务主要是向会话服务用户（表示层实体或用户进程）提供建立连接并在连接上有序地传送数据，这种连接就叫做会话。会话实体通过会话协议组织和同步它们的会话，以管理它们的数据交换。所谓会话协议就是在传输连接的基础上会话层实体之间建立会话连接的服务，并且支持有序交换数据的交互的一整套机制。

1. 会话层内的功能

　　会话层内的功能就是会话实体为了提供会话服务应执行的那些功能，这些功能必须由会话实体来完成。

　　1）会话连接到传输连接的映射。一条会话连接同某条传输连接在特定时间间隔内应有一对一的映射关系。但是由于两个连接的持续时间不相同，故要分两种情况：一条传输连接支持若干条连续不断的会话连接；或者，若干条连续不断的传输连接支持一条会话连接。

　　2）会话连接的流程控制。

3）加速数据传送。

4）会话连接恢复。当一条连接报告故障时，会话层可以重建一条传输连接来支持会话连接所需要的功能。

5）会话连接释放。

6）会话连接管理。会话层协议涉及该层的一些管理活动，例如激活和差错控制。

2. 会话层向表示层提供的服务

通常会话层向表示层提供的服务有会话连接的建立与释放、数据交换、同步、活动管理和异常报告等。

（1）会话连接的建立与释放　一个会话要经历 3 个阶段：建立、使用和释放，这和传输层连接一样。会话连接建立是指在两个表示层实体之间建立一条会话连接，并利用会话地址来识别表示实体。会话建立阶段也像传输连接建立阶段那样，包含有对等实体之间协商设置各种参数的过程。

会话连接的释放有两种方式：有序释放和异常释放。有序释放使用完全的握手过程，包括请求、指示、响应和确认。它允许表示实体按顺序而又不丢失数据的情况下，任何一方的表示实体都可以请求释放连接、拆除会话连接，如果对方不同意释放，则对话可以继续进行。异常释放可以由会话的任何一方发出，一旦发出异常释放，就不可以再将数据递交给该连接了。

（2）数据交换　表示实体通过会话连接交换的数据类别有：常规数据、加速数据、特权数据和能力数据。特权数据用于高层控制报文和网络管理，能力数据用于会话本身的控制。会话的数据交换一般采用半双工方式，这种方式适合于人对话的习惯。会话层协议把维持轮番讲话的方式并强制实施的过程叫做会话管理。

常规数据服务是通过使用数据令牌来实现的。通信双方协商确定谁先获得令牌，只有持有令牌的用户才可以传送数据，而同时另一方必须保持沉默。当令牌持有者完成数据传送后，将令牌转让给它的通信伙伴。如果不持有令牌的用户想要发送数据，则它可以请求令牌。令牌持有者或者同意转让令牌，或者拒绝转让。

加速数据交换对快速的会话服务数据单元的传送进行快速处理。传送加速数据不需要令牌。如果会话建立时选定全双工操作方式，则数据传送不需要令牌。

（3）会话的同步　在会话服务用户组织的一个活动中，有时要传送大量的信息，如将一个文件连续发送给对方，为了使发送的数据更加结构化，可在用户发送的数据中设置同步点，这些同步点要使双方用户都能了解，以便记录发送过程的状态。一旦出现高层软件错误或不符合协议的事件使会话发生中断，这时可使会话实体回到前面的同步点处继续进行，而不必从文件的开头恢复会话，以提高传送的效率。

实现会话的办法是会话用户可把报文分解成若干个数据单元，并在相邻的两个单元之间插入同步点，并给同步点编号。同步点又可以分为主同步点和次同步点。主同步点就是在数据流中标出对话单元。一个主同步点表示前一个对话单元的结束和下一个对话单元的开始。在一个对话单元内部即两个主同步点之间可以设置次同步点，用于对话单元数据的结构化。这里主次同步点虽然都是为了出错时重新取得同步，但是又有所区别。第一个差别在于它们对数据交换过程的影响不同。当会话用户发出一个主同步点请求时，在发送实体收到对这个主同步点的确认之前不能再发出协议数据单元（PDU）。与此相反，次同步点不等待确认，可以继续发出 PDU，直到受下层流量控制的限制而不得不暂停发送。它们的第二个差别是对回退过程的影响不同，发送方决不会退回到最近确认过的主同步点之前，而对次同步点就没有这个限制，后退一个不行，就再后退一个，直到重新取得同步。

（4）活动管理　　活动管理的实质是让用户把报文流分成称为"活动"（Activity）的逻辑单元。每一个活动完全独立于任何其他的活动，无论这些活动是在它之前或之后发生。活动是由用户来确定的，而不是由会话层确定的。活动可以被中断，并在以后重新执行时不会丢失信息。活动管理是构成一个会话的主要方式。

（5）异常报告　　如果用户遇到麻烦，那么这个麻烦可以用会话用户异常报告来通知对等实体。

3.6.2　表示层

表示层处理的是 OSI 系统之间用户信息的表示问题。表示层不像 OSI/RM 的低五层只关心将信息可靠地从一端传输到另外一端，它主要涉及被传输信息的语法和语义。在 OSI 环境中，语义主要涉及到数据的内容和意义，主要由应用层处理，表示层也负责部分语义的处理；而语法则涉及到数据的表示形式，如文字、图形、声音的表示，数据压缩、数据加密等，由表示层负责处理。由于通信双方表示数据的内部方法往往是不一样的，例如，IBM 370 系列计算机使用 EBCDIC 码表示字符，而大多数其他计算机使用 ASCII 码，所以需要转换和协定来保证通信双方可以彼此理解。表示层还要处理如数据加密与解密和数据压缩与解压缩等与数据表示及传送有关的问题。

1. 表示层的功能

为了向应用层提供服务，表示层内部应有如下的功能：

1）表示实体之间的连接建立、释放。

2）数据语法和图像语法的表示和转换。

3）传送语法的选择。

4）数据变换的特殊处理，如代码压缩、密码转换等。

2. 表示层向应用层提供的服务

表示层的作用是为用户进程提供服务，主要有以下几方面：

（1）数据变换　　指代码和字符组的变换，即把应用层送入的各种字符变换为相应的代码，以便在机器中使用。

（2）数据格式化　　把输入的数据按照一定的格式加以组织和改变。

（3）语法选择　　语法选择包括开始时对变换格式的选择，以及在后来的工作过程中对变换格式所进行的修改等。语法包括数据语法和图像语法两种。

3. 1 号抽象语法标记

1 号抽象语法标记简写为 ASN.1，它定义了数据结构的表示、编码、传送和解码的标准。ASN.1 由 ISO 推出，后缀 1 是指这是第一个标准表示法。ASN.1 标记法在国际标准 8824 中描述。为了传送，把 ASN.1 数据结构编码成位流的规则在国际标准 8825 中给出。

ASN.1 的基本思想是定义每个应用所需的全部数据结构类型，并将其组装在一个模块或库中。当某应用要传送一个数据结构时，可将此数据结构及其 ASN.1 名字传给表示层。本地表示实体根据该 ASN.1 的定义即可知道数据的类型和长度，并知道如何将其编码，以便传送。在连接的另一端，接收方表示层查看数据结构的 ASN.1 标识（在头一个或头几个字节中编码），可以知道有多少位属于第一个字段、有多少位属于第二个字段以及它们的类型等。由于有这样的信息，表示层可以轻而易举地把用于传输线路上的外部格式转换为接收方计算机使用的内部格式。

ASN.1 所要解决的具体数据结构问题有反码与补码表示、ASCII 与 EBCDIC 之间的转换、字节次序调整等。

4. 数据压缩技术

数据压缩是表示层要实现的一项重要服务。由于通信数据的多媒体化，要占用大量的存储空间以及大量的通信带宽，所以数据压缩是必须的；另外，数据压缩也有加密的含义。数据压缩的方法可以分为有损压缩和无损压缩。无损压缩有 3 类：符号有限集合编码及替换、依赖于符号使用的相对频度或符号出现的上下文的编码。下面简要介绍前两种。

（1）**符号有限集合编码及替换方法**　在实际应用中，报文是从有限集合中引用的。绝大多数内容是由英文短语组成的，都可以用编码来表示，例如，成品库里的物品名称目录，一般而言，名称平均长度为 10 个字符，占 80 位。如果对库内的物品进行编号，用编号代替物品名称，便可以大大压缩物品名称所占的位数。如有一万件物品，用 14 位二进制编码就能够表示它们了，14 位长要比 80 位大大地压缩了。另一方面，在本地终端事先存放好物品目录表，线路上就可以仅仅传送二进制编码压缩后的信息，到达目的终端后，再根据目录表把具体物品名称替换出来就可以了。

（2）**依赖于符号使用频度的编码**　在实际使用中，各字符出现的概率是不相同的。假设在只由 4 个字符 A、B、C、D 组成的文本中，出现的概率分别是 0.6、0.25、0.1、0.05。如果以 2 位分别对字符 A、B、C、D 编码为：00、01、10、11，则每个字符平均也要占用 2 位。依赖于频度的编码的基本思想是按照字符出现的概率高低确定编码长短，出现概率高的字符编码短，否则编码长。如果分别对字符 A、B、C、D 编码为：0、10、110、111，则每个字符平均要占用的位数为 $1 \times 0.6 + 2 \times 0.25 + 3 \times 0.1 + 3 \times 0.05 = 1.55$。结果表明，它比固定长编码好，缩短了将近 1/4。这种编码方法的典型代表是赫夫曼（Huffman）编码。

赫夫曼编码的主要思想是利用概率统计原理，先统计出各个符号出现的频度，把概率高、使用频繁的符号分配为短码，概率低、使用少的符号分配为长码，则平均码长为最短。

5. 数据加密技术

计算机网络中数据的安全问题是一个重要的研究课题。建立计算机网络的目的在于资源共享，当某些重要的资源或数据要保护起来而不让所有的用户所使用时，可以通过数据加密方法来实现。实际上，从物理层到应用层，每一层都可以进行加密。加密可以用软件方法，也可以用硬件的方法。

传统的加密方法可以分成两类：替换密码（Substitution Ciphers）和转置密码（Transposition Ciphers）。在替换密码中，一个字母或一组字母被另一个字母或一组字母代替，以隐藏明文。有代表性的例子是凯撒密码（Caesar Cipher）。在这种方法中，a 变成 D，b 变成 E，c 变成 F，……，z 变成 C，如 abcde 变成 DEFGH。在转置密码中，把明文的字符或数据当作一个矩阵进行转置运算，这样对明文字母作重新排序，从而起到加密的作用。

在现代数据加密方法中，有使用广泛的数据加密标准 DES 和通用的公开密钥加密 RSA 等。

3.6.3　应用层

应用层是 OSI/RM 的最高层，又是计算机网络与最终用户间的界面，它包含系统管理员管理网络服务涉及的所有问题和基本功能。它在 OSI/RM 下面 6 层提供的数据传输和数据表示等各种服务的基础上，为网络用户或应用程序提供完成特定网络服务功能所需的各种应用协议。但要注意，应用层并不包括用户软件包本身，如 MS-Word、MS-Excel 等，它仅包含允许用户软件使用网络服务的技术。

常用的网络服务包括文件服务、电子邮件（E-mail）服务、打印服务、集成通信服务、目录服务、网络管理服务、安全服务、多协议路由与路由互连服务、分布式数据库服务、虚拟终端服务等。网络服务由相应的应用层协议来实现。不同的网络操作系统提供网络服务在功能、性能、易用性、用户界面、实现技术、硬件平台支持、开发应用软件所需的应用程序接口 API 等方面均存在较大差异，所采纳的应用层协议也各具特色，所以需要应用层协议标准化。下面介绍几个主要的应用层协议和服务。

1. 文件传输协议

文件传输协议（File Transfer Protocol，FTP）是 TCP/IP 网络上两台计算机传送文件的协议，是在 TCP/IP 网络和 Internet 上最早使用的协议之一。FTP 客户机可以给服务器发出命令来下载文件、上载文件、创建或改变服务器上的目录。

FTP 协议是应用层的协议，它基于传输层，为用户服务，负责进行文件的传输。FTP 协议是一个 8 位的客户端-服务器协议，能操作任何类型的文件而不需要进一步处理，就像 MIME 或 Unencode 一样。但是 FTP 协议有着极高的延时，这意味着，从开始请求到第一次接收需求数据之间的时间会非常长，并且不时地必需执行一些冗长的登录进程。

FTP 服务一般运行在 20 和 21 两个端口上。端口 20 用于在客户端和服务器之间传输数据流，而端口 21 用于传输控制流，并且是命令通向 FTP 服务器的进口。当数据通过数据流传输时，控制流处于空闲状态。

2. 电子邮件协议

当前常用的电子邮件协议有 SMTP 和 POP3 等，它们都隶属于 TCP/IP 协议簇。默认状态下，分别通过 TCP 端口 25 和 110 建立连接。下面分别对其进行简单介绍。

（1）SMTP 协议　SMTP 的全称是 "Simple Mail Transfer Protocol"，即简单邮件传输协议。它是一组用于从源地址到目的地址传输邮件的规范，通过它来控制邮件的中转方式。SMTP 协议帮助每台计算机在发送或中转信件时找到下一个目的地。SMTP 服务器就是遵循SMTP 协议的发送邮件服务器。SMTP 认证，简单地说就是要求必须在提供了账户名和密码之后才可以登录 SMTP 服务器，这就使得那些垃圾邮件的散播者无可乘之机。增加 SMTP 认证的目的是为了使用户避免受到垃圾邮件的侵扰。

SMTP 目前已是事实上的 E-mail 传输的标准。

（2）POP 协议　POP3 协议（Post Office Protocol 3）即邮局协议的第 3 个版本，是因特网电子邮件的第一个离线协议标准。

POP 邮局协议负责从邮件服务器中检索电子邮件。它要求邮件服务器完成下面几种任务之一：从邮件服务器中检索邮件并从服务器中删除这个邮件；从邮件服务器中检索邮件但不删除它；不检索邮件，只是询问是否有新邮件到达。POP 支持多用户互联网邮件扩展，后者允许用户在电子邮件上附带二进制文件，如文字处理文件和电子表格文件等，实际上这样就可以传输任何格式的文件了，包括图片和声音文件等。在用户阅读邮件时，POP 命令所有的邮件信息立即下载到用户的计算机上，不在服务器上保留。

Internet 上传送电子邮件是通过一套称为邮件服务器的程序进行硬件管理并储存的。与个人计算机不同，这些邮件服务器及其程序必须每天 24 小时不停地运行，否则就无法收发邮件。简单邮件传输协议 SMTP 和邮局协议 POP 是负责用客户机/服务器模式发送和检索电子邮件的协议。用户计算机上运行的电子邮件客户机程序请求邮件服务器进行邮件传输，邮件服务器采用简单邮件传输协议标准。很多邮件传输工具，如 Outlook Express、Foxmail 等，都遵守 SMTP 标准并用这个协议向邮件服务器发送邮件。SMTP 协议规定了邮件信息的具体格式和邮件的管理方式。

3. 远程登录协议

Telnet 是位于 OSI 模型的第 7 层——应用层的一种协议，是 Internet 远程登录服务的标准协议和主要方式。它通过创建虚拟终端提供连接到远程主机终端仿真，通过用户名和密码进行认证，为用户提供了在本地计算机上完成远程主机工作的能力。在终端使用者的计算机上使用 Telnet 程序，用它连接到服务器。终端使用者可以在 Telnet 程序中输入命令，这些命令会在服务器上运行，就像直接在服务器的控制台上输入一样，从而可以在本地就能控制服务器。要开始一个 Telnet 会话，必须输入用户名和密码来登录服务器。Telnet 是常用的远程控制 Web 服务器的方法。

4. 网络管理

（1）网络管理的概念　随着计算机网络的发展，网络的结构变得越来越复杂，为了保持和增加网络的可用性，减少故障发生，人们亟需对网络本身进行管理，由此而引入网络管理（简称网管）的概念。但由于网络日趋庞大复杂，单靠人力是无法胜任这一工作的，必须依靠有关的网络管理工具来自动管理网络。目前，国际市场上许多厂家推出有关网络产品的同时还推出了相应的网络管理产品。

网络管理是以提高整个网络系统的工作效率、管理水平和维护水平为目的的，主要是对一个网络系统的活动及资源进行监测、分析、控制和规划的系统。它的任务主要包括：配置管理、性能管理、故障管理、安全管理和计费管理等。

在网络管理中谁来进行监控和管理，这涉及到网管系统中管理进程所扮演的角色及其相互关系。通常管理进程可扮演 3 种角色：管理者（Manager）、代理（Agent）和委托代理（Proxy Agent）。管理者是网管中心网络管理员的代表，负责向远程代理发网管请求命令。代理是网络资源的代表，它接收来自管理者的网管请求命令，并对管理资源实施操作，然后返回操作结果。通常，网络管理建立在一个管理者和若干个代理之间进行交互式会话方式的基础之上的。

（2）简单网络管理协议（SNMP）　简单网络管理协议（Simple Network Management Protocol，SNMP）是由 Internet 活动委员会（Internet Activities Board，IAB）制定的，被采纳为基于 TCP/IP 的各种互连网络的管理标准。由于它满足了人们长久以来对通用网络管理标准的需求，而且它本身简单明了，实现起来比较容易，占用的系统资源少，所以得到了众多网络产品厂家的支持，成为实际上的工业标准。基于它的网络管理产品在市场上占有统治地位。1993 年它的更新版本 SNMP Version 2（SNMP V2）又被推出了，改进了 SNMP V1 的不少缺陷。

  SNMP 管理的核心思想是在每个网络节点上存放一个管理信息库（Management Information Base，MIB），由节点上的代理（Agent）负责维护，管理者（Manager）通过应用层协议对这些信息库进行管理。它的最大特点就是其简单性，它的设计原则是尽量减少网络管理所带来的对系统资源的需求，尽量减少代理的复杂性。它的整个管理策略和体系结构都体现了这一原则。

  SNMP 标准主要由 3 部分组成：简单网络管理协议（SNMP）、管理信息结构（Structure of Management Information，SMI）和管理信息库（MIB）。SNMP 主要涉及通信报文的操作处理，协议规定管理者如何与代理通信，定义了它们之间交换报文的格式和含义，以及每种报文和该怎样处理等。SMI 和 MIB 两个协议是关于管理信息的标准，它们规定了被管理的网络对象的定义格式，MIB 中都包含了哪些对象，以及怎样访问这些对象等。SMI 协议规定了定义和标识变量的一组原则，它规定所有的 MIB 变量必须用 ASN.1 来定义。

习　题

1. 什么是网络协议？它在网络中的作用是什么？
2. 网络层次结构的主要特点是什么？
3. 举例说明开放系统互连参考模型 OSI/RM，其中"开放"的含义是什么？
4. OSI/RM 中各层的功能是什么？
5. 简述物理层在 OSI/RM 中的地位和作用。
6. 简述 Modem 的工作原理。
7. 链路控制应包括哪些功能？
8. 数据链路层协议中面向字符协议和面向位协议各自的特点是什么？它们有哪些具体的协议？
9. 数据链路层的流量控制的作用是什么？
10. 网络层提供的服务有哪些内容？
11. 虚电路和数据报服务各自的特点是什么？
12. 传输层的主要作用是什么？它在 OSI/RM 中处于什么样的地位？
13. 在会话层对于会话活动的管理，设立同步点和令牌的作用什么？
14. 简述电子邮件的发送原理。
15. 何谓网管？在哪些场合下需要网管？了解当前网管有哪些产品？

第 4 章　局域网技术

局域网（LAN）在计算机网络中占有非常重要的地位，特别是为了适应办公室自动化的需要，各机关、团体和企业部门众多的微型计算机、工作站都通过 LAN 连接起来，以达到资源共享、信息传递和远程数据通信的目的。因此，对于微型计算机用户来讲接触更多的是 LAN，掌握和了解 LAN 也显得更加实用和重要。

4.1　局域网概述

LAN 是在广域网的基础之上发展起来的。它的研究始于 20 世纪 70 年代。当时，国际上推出了个人计算机（PC）并逐渐使其走入市场，PC 在计算机中所占比例越来越大，由此也推动了 LAN 的发展。1974 年英国剑桥大学研制的剑桥环形网（Cambridge Ring）和 1975 年美国 Xerox 公司推出的实验性以太网（Ethernet）成为最初 LAN 的典型代表。20 世纪 80 年代以后，随着网络技术、通信技术和微型机的发展，LAN 技术得到了迅速地发展和完善，一些标准化组织也致力于研究 LAN 的有关标准和协议。到 20 世纪 80 年代后期，LAN 的产品进入了专业化生产和商品化的成熟阶段。在这个期间，LAN 的典型产品有美国 DEC、Intel 和 Xerox 3 家公司联合研制并推出的 3COM Ethernet 系列产品、IBM 令牌环以及后来成为网络最佳产品的由 NOVELL 公司设计并生产的 Netware 系列产品。到了 20 世纪 90 年代，LAN 已经渗透到各行各业，在速度、带宽等指标方面有了很大进展。例如，Ethernet 产品从传输率为 10Mbit/s 的 Ethernet 发展到 100Mbit/s 的高速以太网，以及称为以太网第三次浪潮的千兆（1000Mbit/s）以太网。在 LAN 的访问、服务、管理、安全和保密等方面都有了进一步的改善。例如，在 LAN 中传输多媒体数字信号、LAN 之间的互连并接入广域网等有关技术都有了长足进展。20 世纪 90 年代，LAN 产品的热点是 Microsoft 公司的 Windows NT，它的出现使微型机在 Windows 环境下实现连网，并且它支持对等（Peer-to-Peer）网功能、点-点通信、文件复制、电子邮件和设备共享功能，它也可以和现有的许多 LAN 实现互连。此后，在 Windows NT 的功能基础上，Microsoft 提供了更多的 Windows 2000 以上各种版本，其网络功能更加强大。本章主要介绍 LAN 的组成、标准化及工作原理，并介绍几种先进的 LAN 技术。

4.1.1　局域网的特点

概括地说，局域网有下面这些特点：

1）LAN 覆盖的地理范围小，通常分布在一座办公大楼或集中的建筑群内，如在一个校园内。一般在几公里范围之内，至多不超过 25km。

2）LAN 的传输率高并且误码率低。传输率一般在 10Mbit/s 到几百 Mbit/s 之间，支持高速数据通信，目前已达到 1000Mbit/s；传输方式通常为基带传输，并且传输距离短，所以误码率低，一般在 $10^{-11} \sim 10^{-8}$ 范围内。

3）LAN 主要以微型机为建网对象，通常没有中央主机系统，而带有一些共享的各种外设。

4）根据不同的需要，为获得最佳的性能价格比，可选用价格低廉的双绞线电缆、同轴电缆或价格较贵的光纤，以及无线电 LAN。

5）LAN 通常属于某一个单位所有，被一个单位或部门控制、管理和应用。

6）LAN 便于安装、维护和扩充，建网成本低、周期短。

LAN 与远程网相比，在拓扑结构、采用的传输媒体、媒体访问控制方法以及应用方面都有其特有技术特征，如表 4-1 所示。

表 4-1　LAN 的技术特征

拓扑结构	总线型、环形、星形	
传输媒体	双绞线电缆、光纤、无线电通信	
	同轴电缆	基带同轴电缆：50Ω 的粗缆、50Ω 的细缆
		宽带同轴电缆：75Ω CATV 同轴电缆
媒体访问控制	CSMA/CD，Token Ring，Token Bus，FDDI	
LAN 标准化组织	ISO，IEEE 802 委员会，NBS，EIA，ECMA	
应用领域	办公室自动化、工厂自动化，校园、医院等	

4.1.2　局域网的拓扑结构

在局域网中，主要拓扑结构有总线型、环形和星形 3 种。

1. 总线型拓扑结构

在总线型拓扑结构中，局域网的各个节点都连接到一个单一连续的物理线路上。由于各个节点之间通过电缆直接相连，因此，总线型拓扑结构中所需要的电缆长度是最小的。但是，由于所有节点都在同一线路上进行通信，任何一处故障都会导致所有的节点无法完成数据的发送和接收。

常见使用总线型拓扑结构的局域网有 Ethernet、ARCnet 和 Token Bus。

总线型拓扑结构的一个重要特征就是可以在网中广播信息。网络中的每个站几乎可以同时"收到"每一条信息。这与下面要讲到的环形网络形成了鲜明的对比。

总线型拓扑结构最大的优点是价格低廉，用户站点入网灵活；另外一个优点是某个站点失效不会影响到其他站点。但它的缺点也是明显的，由于共用一条传输信道，任一时刻只能有一个站点发送数据，而且介质访问控制也比较复杂。总线型网是一种针对具有网络需求的小型办公环境的成熟而又经济的解决方案。

2. 环形拓扑结构

环形拓扑结构中，连接网络中各节点的电缆构成一个封闭的环。信息在环中必须沿每个节点传输。因此，环中任何一段的故障都会使各站之间的通信受阻。所以在某些环形拓扑结构中，如 FDDI，在各站点之间还连接了一个备用环，当主环发生故障时，由备用环继续工作。

环形拓扑结构并不常见于小型办公环境中。这与总线型拓扑结构不同。因为总线型结构中所使用的网卡较便宜而且管理简单，而环形拓扑结构中的网卡等通信部件比较昂贵且管理要复杂得多。环形拓扑结构在以下两种场合比较常见：一是工厂环境中，因为环形网的抗干扰能力比较强；二是有许多大型机的场合，采用环形拓扑结构易于将局域网用于大型机网络中。

3. 星形拓扑结构

在星形拓扑结构中，网络中的各节点都连接到一个中心设备上，由该中心设备向目的节点传送信息。星形拓扑结构的优点在于方便了对大型网络的维护和调试，对电缆的安装和检验也相对容易。由于所有工作站都与中心节点相连，所以，在星形拓扑结构中移动某个工作站十分简单。

星形拓扑结构的最大缺点在于中心节点的失效会导致全网无法工作，而且星形拓扑结构需要更加可靠的电缆。

星形拓扑结构网主要有两类，一类是利用单位内部的专用小交换机组成局域网，在本单位内为综合语音和数据的工作站交换信息提供信道，还可以提供语音信箱和电话会议等业务，是局域网的一个重要分支；另一类是利用交换机连接工作站的网，这是建立办公局域网的常用方法。

4.2　局域网层次结构及标准化模型

由于 LAN 是在广域网的基础上发展起来的，所以 LAN 的研究机构、标准化组织和制造商一开始就注重 LAN 的标准化问题。LAN 的发展非常迅速，各种 LAN 产品和数量急剧增加，其传输形式、媒体访问方法和数据链路控制都各具特色。因此，国际上许多标准化组织都积极致力于 LAN 的标准化工作，以便使 LAN 的产品降低成本，适应各种型号和生产厂家不同的微型机组网的要求，并使得 LAN 产品之间有更好的兼容性。开展 LAN 标准化工作的机构主要有：ISO、美国的电气与电子工程师学会（Institute of Electrical and Electronics Engineers，IEEE）802 委员会（该委员会于 1980 年 2 月成立，专门制定 LAN 标准，简称 IEEE 802 委员会）、欧洲计算机制造厂商协会（European Computer Manufacturers Association，ECMA）、美国国家标准局（National Bureau of Standards，NBS）、美国电子工业协会 EIA、美国国家标准化协会 ANSI 等。

4.2.1　局域网的层次结构

1. LAN 层次划分

LAN 是一个通信网，只涉及到有关的通信功能，即 LAN 主要涉及 OSI/RM 中下 3 层（即物理层、数据链路层和网络层）的通信功能。同时，LAN 多采用共享信道的技术，所以常常不设立单独的网络层。因此，LAN 的层次结构如图 4-1 所示，它仅相应于 OSI/RM 的物理层和数据链路层。LAN 的高层尚待定义其标准，目前由具体的 LAN 操作系统实现。

2. 物理层和链路层

1）物理层和 OSI/RM 物理层的的功能一样，主要处理物理链路上传输的位流，实现位的传输与接收、同步前序的产生和删除等，建立、维护、撤销物理连接，处理机械的、电气和过程的特性。该层规定了所使用的信号、编码、传输媒体、拓扑结构和传输速率。例如，信号编码采用曼彻斯特编码；传输媒体多为双绞线、同轴电缆和光缆；拓扑结构多采用总线型、树形和环形；传输率主要为 10Mbit/s、100Mbit/s 等，目前正在推出千兆 Ethernet 的标准。

2）数据链路层分为逻辑链路控制（Logical Link Control，LLC）和媒体访问控制（Medium Access Control，MAC）两个功能子层。这种功能分解的目的主要是为了使数据链路功能中涉及硬件的部分和与硬件无关的部分分开，便于设计并使得 IEEE 802 标准具有可扩充性，有利于将来接纳新的媒体访问控制方法。

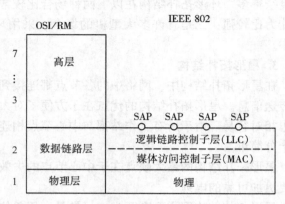

图 4-1　LAN 的层次结构图

3. LLC 子层和 MAC 子层功能

LAN 的 LLC 子层和 MAC 子层共同完成类似于 OSI/RM 数据链路层的功能：将数据组成帧进行传输，并对数据帧进行顺序控制、差错控制和流量控制，使不可靠的链路变为可靠的链路。但是 LAN 是共享信道，帧的传输没有中间交换节点，所以与传统链路的区别在于：LAN 链路支持多重访问，支持成组地址和广播式的帧传输；支持 MAC 层链路访问功能；提供某种网络层功能。

LLC 子层向高层提供一个或多个逻辑接口或称为服务访问点（Service Access Point，SAP）逻辑接口，它具有帧接收和发送功能。发送时将要发送的数据加上地址和循环冗余校验 CRC 字段等构成 LLC 帧；接收时把帧拆封，执行地址识别和 CRC 校验功能，并具有帧顺序、差错控制和流量控制等功能。该子层还包括某种网络层功能，如数据报、虚电路和多路复用。LLC 子层提供了两种链路服务：一是无连接 LLC（类型 1），二是面向连接 LLC（类型 2）。无连接 LLC 是一种数据报服务，信息帧在 LLC 实体间进行交换时，无需在对等层之间事先建立逻辑链路，对这种 LLC 帧既不确认，也无任何流量控制和差错恢复，支持点—点、多点和广播通信。面向连接的 LLC 提供服务访问点之间的虚电路服务，在任何信息帧交换前，在一对 LLC 实体间必须建立逻辑链路，在数据传输过程中，信息帧依次发送，并提供差错恢复和流量控制功能。

MAC 子层的主要功能是控制对传输媒体的访问，负责管理多个源链路和多个目的链路。IEEE 802 标准制定了几种媒体访问控制方法，同一个 LLC 子层能与其中任何一种媒体访问方法（如 CSMA/CD、Token Ring、Token Bus 等）接口。

4.2.2　局域网标准

1. IEEE 802 标准

IEEE 802 委员会于 1980 年开始研究局域网标准，1985 年公布了 IEEE 802 标准的五项标准文本，同年为 ANSI 所采纳作为美国国家标准，ISO 也将其作为局域网的国际标准系列，称为 ISO 8802 系列标准。IEEE 802 系列标准之间的关系如图 4-2 所示，从图中可以看出数据链路层中与媒体无关的部分都集中在 LLC 子层中，而涉及媒体访问的有关部分则根据具体网络的媒体访问控制方法分别进行处理。

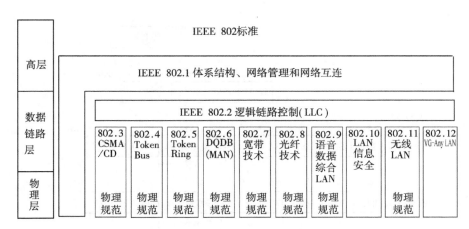

图 4-2　IEEE 802 系列标准之间的关系

IEEE 802 系列标准分别为：

（1）IEEE 802.1A　概述和体系结构。

（2）IEEE 802.1B　寻址、网络管理和网络互连。

（3）IEEE 802.2　逻辑链路控制（LLC）协议。

（4）IEEE 802.3　CSMA/CD 总线访问控制方法及物理层技术规范。

（5）IEEE 802.4　令牌总线（Token Bus）访问控制方法及物理层技术规范。

（6）IEEE 802.5　令牌环（Token Ring）访问控制方法及物理层技术规范。

（7）IEEE 802.6　城域网分布式双总线队列（DQDB）访问控制方法及物理层技术规范。

（8）IEEE 802.7　宽带时隙环媒体访问控制方法及物理层技术规范。

（9）IEEE 802.8　光纤网媒体访问控制方法及物理层技术规范。

（10）IEEE 802.9　综合声音、数据网媒体访问控制方法及物理层技术规范。

（11）IEEE 802.10　局域网信息安全技术。

（12）IEEE 802.11　无线 LAN 媒体访问控制方法及物理层技术规范。

（13）IEEE 802.12　100Mbit/s VG-AnyLAN 访问控制方法及物理层技术规范。

2. IEEE 802 标准的帧格式

IEEE 802 标准定义了 LLC 子层帧格式和 MAC 子层帧格式，如图 4-3 所示。在发送信息过程中，LLC 将从高层接收到的报文分组封装成 LLC 帧，即把报文分组作为 LLC 的信息字段，加上 LLC 层目的服务访问点（DSAP）、源服务访问点（SSAP）和一些控制信息构成 LLC 帧。LLC 帧传递给 MAC 子层后，作为 MAC 子层的数据字段嵌入到 MAC 帧中，MAC 子层再加上源地址（SA）、目的地址（DA，即 MAC 服务访问点）、帧校验序列以及某些 MAC 控制信息从而构成为 MAC 帧。MAC 帧将传递给物理层进行位流传输。

IEEE 802 标准支持 802.3 CSMA/CD、802.4 令牌总线（Token Bus）和 802.5 令牌环（Token Ring）3 种基本帧格式。这里以 802.3 定义的 MAC 帧格式为例，说明各字段的含义：

前序由 7 个字节的代码组成，用来作为位同步信号。

起始帧分界符（SFD）为"10101011"的 1 字节代码，用作接收端对帧的首位进行定

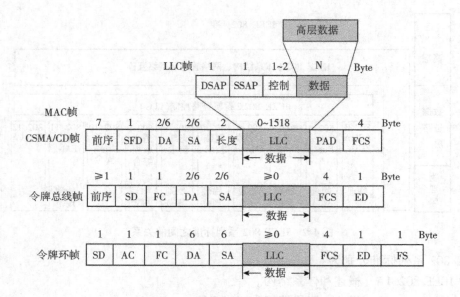

图 4-3　IEEE 802 标准的帧格式

DSAP—目的服务访问点　SSAP—源服务访问点　SFD—起始帧分界符

DA—目的地址　SA—源地址　LLC—LLC 帧作为 MAC 帧的数据字段

PAD—填充字段　FCS—帧校验序列　SD—起始分界符　FC—帧控制字符

ED—结束分界符　AC—访问控制　FS—帧状态

位，指示一帧的开始。

目的地址（DA）为 2 或 6 个字节组成，用以指示该帧发往目的站的地址，它可以是单个的站地址，也可以是组地址或广播地址；源地址（SA）的长度必须与 DA 的长度相同，它表示发送端的站地址。

长度字段为 2 个字节，用来指示作为 MAC 帧数据字段的 LLC 帧的长度。

数据字段用来存放上层 LLC 的信息，其长度小于 1518B。

填充字段（PAD）是当该帧长度小于 CSMA/CD 所要求的最小帧长（64 字节）限制时，加上填充字段以达到最小帧长；帧校验序列（FCS）是 32 位的 CRC 校验码。

从图 4-3 中可以看出，LLC 帧的格式与具体的网络无关，只有到 MAC 子层才根据所连接 LAN 所采用的媒体访问控制方法（如总线 CAMS/CD 或令牌环等），其 MAC 帧格式有所不同，802 标准也对 MAC 帧格式作了详细地规定。

IEEE 802.3 标准定义的 LLC 帧格式和 HDLC 的帧格式相似，特别是 LLC 帧的控制字段是效仿 HDLC 平衡模式制定的，具有相似的格式和功能。LLC 帧也分为信息帧、监控帧和无编号帧三类，如图 4-4 所示。其中，信息帧主要用来传送数据信息，监控帧主要用于流量的控制，无编号帧是用来在 LLC 子层传送控制信号以建立逻辑链路和释放链路。LLC 帧的分类取决于控制字段的第 1、2 位，对于信息帧和监控帧，其控制字段为 2 字节长，而无编号帧的控制字段为 1 个字节。监控帧控制字段的 5 ~ 8 位中 "X" 为保留位，且设置为 0，控制字段中其他位的含义与 HDLC 帧控制字段的含义相同。

LLC 的链路只有异步平衡方式，而不用正常响应方式或异步响应方式，也就是说，节点

	1	2	3	4	5	6	7	8	9	10	11	12	13	14	15	16
信息帧	0		N(S)						P/F		N(R)					
监控帧	1	0	S	S		X	X	X	X	P/F		N(R)				
无编号帧	1	1	M	M	P/F		M	M	M							

图 4-4　LLC 帧的控制字段

没有主站和从站之分，它们既可以作为主站发送命令，又可以作为从站响应命令。

4.3　IEEE 802.3 标准

IEEE 802.3 标准协议规定了总线型网的 CSMA/CD 访问方法和物理层技术规范。采用 IEEE 802.3 标准协议的最典型的网络是以太网。以太网是 1975 年由美国 Xerox 公司研制成功，它采用无源电缆作为总线传输信息，并以历史上表示传播电磁波的以太（Ether）命名。以太网采用的媒体访问控制方法就是后来成为 IEEE 802.3 标准的载波侦听多路访问/冲突检测 CSMA/CD 技术。

4.3.1　总线型网的结构

总线型拓扑结构的特点是所有节点都共享一条总线，任何一个站点所发出的信息都沿媒体传输，并且总线上的所有站点都能接收到该信息。图 4-5 给出了总线型拓扑结构的两种形式。其中图 4-5b 带有中继器（Repeater）的总线型拓扑结构，是总线型的扩展形式，通过中继器形成规模较大的总线 LAN。中继器是网络物理层的一种媒体连接装置，它实际上是由 2 个收发器组成，连接两条同轴电缆段，使数字信号能在两段电缆之间双向传递，对信号起到放大和再生的作用，负责将信号从一段电缆传送到另外一段电缆上。

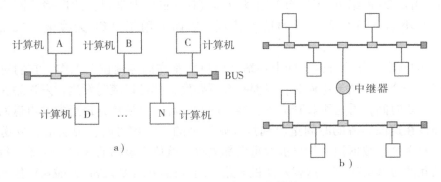

图 4-5　几种总线型拓扑结构
a）总线型拓扑结构　b）带有中继器的总线型拓扑结构

计算机与总线的连接是通过计算机内部的网络适配器（网卡）上引出的同轴电缆再与总线上的 BNC 连接器（T 形头）相连接。另外，为了防止总线上的信号反射，总线的两端采用终接器，吸收信号。

4.3.2　总线竞争型媒体访问控制方法

由于总线型 LAN 是一种多点共享式网络，最早的多点共享式网络都采用集中式控制的探询（Poll）方式。这种方法由网络上的中心控制站依次向各通信站发探询信号，只有被探询到的站才有发送数据的机会。这种通信协议带有主从关系的特征，比较适合于主计算机和终端之间的通信。后来发展的总线型网媒体访问控制方法都带有分布式控制的特点。

总线型 LAN 将所有的设备都直接连到同一条物理信道上，该信道负责任何两个设备之间的全部数据传送。因此称信道是以多路访问方式进行操作的。网上任意一个站点以帧的形式发送数据到总线上，所有连接在信道上的站点都能检测到该帧。当目的站点检测到该帧的目的地址为本站地址时，就继续接收该帧中包含的数据，并按规定链路协议给源站点返回一个响应。用这种操作方法，在信道上可能有两个或更多的设备在同一瞬间都发送帧，从而在信道上造成了帧的重叠而出现差错，这种现象称为冲突，如图 4-6 所示。

总线型网常采用的是 CSMA/CD 协议，即带有冲突检测的载体帧听多路访问协议。它是一种采用随机访问技术的竞争型媒体访问控制方法，它起源于 ALOHA 协议。

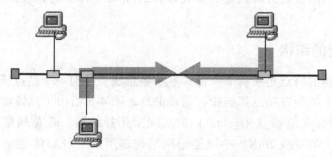

图 4-6　总线型访问产生的冲突

1. ALOHA 协议

ALOHA 网是 20 世纪 70 年代初美国夏威夷（Hawaii）大学建立的广播式网络。由于该校分布在 4 个小岛上且分隔较远的地理特点，因而采用了分组-无线电（Packet-Radio）技术。

ALOHA 的基本工作原理是：网中各站（用户）都在同等地位上工作，它们对信道有同等的访问权。一个用户站无论何时，只要有数据要发，都可以随时发送。发送站在发送信息后，要等待一段时间，看是否收到应答，等待的时间等于电波传到最远的站再返回本站所需的时间。如果在这段等待的时间里收到接收站发来的应答信号时，说明信息发送成功。否则，就重新发送这个数据帧。如果多次重发都失败，就放弃该帧的发送。因此，每个用户站无需任何相互的协调或约束，这就是随机多路访问（Random Multiple Access）技术。接收站对接收到的数据帧进行校验，如果正确无误，则立即发出应答信号。有时收到的数据帧可能不正确，比如有噪声干扰，或别的站同时也在发送信息，破坏了这个数据帧（即发生了冲突或碰撞），在这种情况下，接收端对该数据帧不予接收，也不发应答信号。这样发送站在规定时间内收不到应答就会自动重发。这种方式十分简单，但是性能并不理想，称为纯 ALOHA。随着通信负载的增加，碰撞机会也急剧增加，以至于可能没有一个数据帧能完整到达接收站。因此，信道的最高吞吐率大约只有 18%。这里，信道的吞吐率是指发送成功的分组数与实际发送分组数之比。

一种改进的方案称为分槽 ALOHA。在这种协议中信道的使用划分为等长的时间片或称为时间槽（Slot）。时间片的长度等于每个站所发出的数据帧到达目的地的最大时延。该协议采用集中同步的方式，使所有的站都在同一时钟下工作。要发送数据帧的站只有在各个时间片的起始时刻方可发送。这样改进后，如果两个站都要发送信息，它们将在同一瞬间开始，即它们的数据帧只会整个地碰撞。这就避免了两个帧部分碰撞的情况，也就是说，减少了数据帧碰撞的概率。这种分槽 ALOHA 可将信道吞吐率提高到 37%，即为纯 ALOHA 的 2 倍。

纯 ALOHA 和分槽 ALOHA 的信道利用率低的一个重要原因是站点之间传输延迟比帧发送时间大，因此，冲突的概率增加。由于在 LAN 中覆盖范围小，站点之间的传输延迟比帧发送时间要小，当一个站发出一帧后，其他站就很快能检测到，因此，冲突的概率大大降低。由于 ALOHA 网采用的争用技术从而引出了用于 LAN 的下面的载体侦听多路访问/冲突检测媒体访问控制方法。

2. 载体侦听多路访问/冲突检测（CSMA/CD）协议

载体侦听多路访问/冲突检测（Carrier Sense Multiple Access with Collision Detection，CSMA/CD）协议是 Xerox 公司吸取了 ALOHA 技术的思想，研制出的一种竞争型媒体访问控制方法。该方法被广泛应用于总线型 LAN 中，后来成为 IEEE 802 标准之一，即 MAC 子层的 IEEE 802.3 标准。下面来介绍 CSMA/CD 的物理含义以及发送和接收的过程。

（1）CSMA/CD 的物理含义 CSMA/CD 协议的载体侦听的含义是：由于整个系统不是采用集中式控制的，总线上每个站点发送信息时自行控制，所以各站点在发送信息之前，首先要侦听总线上是否有信息在传送。若总线中有信息，则其他各站点不发送信息，以免破坏这种传送；若侦听到总线没有信息传送，则可以发送信息到总线上。

多路访问（或称为多重访问、多址访问）是指当一个站点占用总线发送信息时，所有连接到总线上的站点通过各自的接收器收听（相当于听电台广播）。若报文的目的地址是"广播地址"，则总线上的所有站点都将接收信息并存放在各自的缓冲区内以便处理；若目的地址指定的是一个站点，则被指定的目的站点将接收信息，其他站点则不接收该信息；若目的地址指定的是一个组地址，则指定的一组站点都要接收信息，其余站点则不接收。

冲突检测的含义是当一个站点占用总线发送信息时，要一边发送一边检测总线，看是否有冲突产生。冲突产生的原因是两个站点同时侦听到线路"空闲"，又同时发送信息而产生冲突，使数据传送失效；另外一个原因是：如图 4-7 所示，A 站刚刚发送信息，还没有传送到 B 站，而 B 站此时检测到线路"空闲"发送数据到总线上，结果引起了冲突。发送站检测到冲突产生后，就立即停止发送信息，然后采用某种算法等待一段时间后再重新侦听线路，

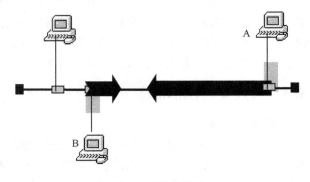

图 4-7 冲突检测

准备重新发送该信息。

（2）CSMA/CD 协议的发送过程 综上所述，CSMA/CD 具体发送的工作过程如下：

1）发送站侦听总线，若总线"忙"，则推迟发送，继续侦听。

2）发送站侦听总线，若总线"空闲"，则立即发送信息。

3）开始发送信息后，一边发送，一边检测总线是否有冲突产生。

4）若有检测到有冲突发生，则立即停止发送信息，并随即发送一强化冲突的 32 位长的阻塞信号（JAM），以使所有的站点都能检测到冲突。

5）发送阻塞信号以后，为了减少再次冲突的概率，需要等待一个随机时间，然后再回到上述第一步重新发送。为了决定这个随机时间，通常采用的退避算法是二进制指数退避算法。该算法的基本思想是随着冲突次数的增多，等待的随机时间将成倍增加，从而使各发送站有冲突发生时，有不同的等待随机时间，以减少冲突再次发生的概率。

6）当因产生冲突而发送失败时，记录重发的次数，若重发次数大于某一规定次数（如 16 次）时，则认为可能是网络故障而放弃发送，并向上层报告。

图 4-8a 给出了 MAC 子层采用 CSMA/CD 协议时，发送过程的流程图。

（3）CSMA/CD 协议的接收过程 CSMA/CD 协议在接收发送站发送来的信息帧时，首先检测是否有信息到来，若有信息，则置本站载体侦听信号为"ON"，禁止发送任何信息，以免和发送来的帧产生冲突，为接收帧作好准备；当获得帧前序字段的帧同步信号后，一边接收帧，一边将接收到的曼彻斯特编码信号由硬件电路转换为原来的二进制位流。对接收到的信息进行处理时，首先将前序和起始帧分界符 SFD 丢弃，处理目的地址字段，判断该帧是否为发往本站的信息，如果是发给本站的信息，则将该帧的目的地址、源地址、数据字段的内容存入本站的缓冲区，等候处理；接收帧校验序列字段 FCS 后，对刚才存入缓冲区的数据进行 CRC 校验，若校验正确，则将数据字段交上层处理，否则丢弃这些数据。该接收过程的流程图如图 4-8b 所示。

（4）CSMA/CD 协议的帧格式 CSMA/CD 协议的帧格式可参照前面的图 4-3，其中有关字段的含义已在 IEEE 802 标准帧格式中作了说明，这里只对填充字段的作用加以说明：CSMA/CD 协议对于帧的最小长度有一定的要求，原因是为了使最远距离的站点也能检测到冲突，要求整个帧的传输时间至少不小于信号在最远两站之间传输延迟的 2 倍，因此限制了帧的最小长度为 512 位（64B），当帧长小于 512 位时，需要在填充字段以字节为单位进行填充，以满足最小信息帧长度的要求。

（5）CSMA/CD 协议的特点 CSMA/CD 协议采用竞争的方法强占对媒体的访问权利。它的优点是：结构简单，网络维护方便，增删节点容易，网络在轻负载的情况下效率较高；其缺点是：随着网络中传递信息量的增加，即重载时，冲突概率增加，性能就会明显下降，另外，为了满足最小帧长的要求，额外增加的填充字段也浪费了信道容量的开销。

4.3.3 以太网（Ethernet）

1. 以太网标准

以太网（Ethernet）的雏形是由 Xerox 公司 1975 年研制的实验性 Ethernet，到 1980 年由 DEC、Intel 和 Xerox 3 家公司联合设计了 Ethernet 技术规范，又简称 DIX 规范。

以太网有关产品也很多，有上述 3 家公司推出的 3Com EtherSeries 以太网软件、Ether-

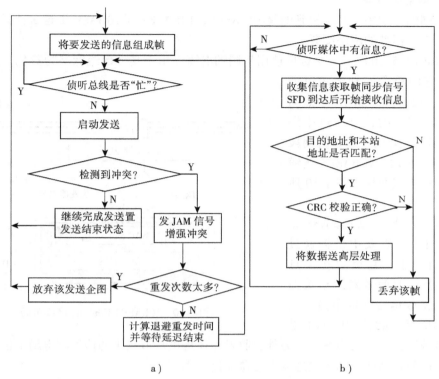

图 4-8　MAC 子层 CSMA/CD 的工作流程

a）发送过程　b）接收过程

Link 网络适配器系列产品等。其中，1984 年推出细同轴电缆的以太网产品，以后又陆续推出粗同轴电缆、双绞线、CATV 宽带同轴电缆、光缆和多种媒体的混合以太网产品，以及发展到千兆以太网。以太网具有传输速率高、网络软件丰富、系统功能强、安装连接简单和使用维护方便等优点，为目前国际上最流行的网络技术之一。

以太网是以 CSMA/CD 方式工作的典型 LAN，它与 IEEE 802.3 兼容。以太网和 IEEE 802.3 标准有很多相似之处，但也存在一定的差别。以太网提供的服务对应于 OSI/RM 的物理层和数据链路层，而 IEEE 802.3 提供的服务对应于 OSI/RM 的物理层和数据链路层的媒体访问部分（即 MAC 子层）。

2. 以太网的帧格式

以太网的帧格式和 IEEE 802.3 的帧格式有所不同，如图 4-9 所示。和图 4-3 中 IEEE 802.3 的帧格式比较，可以看出：以太网的前序由 8 个字节组成，还包括一个与 IEEE 802.3 帧的起始帧分界符 SFD 等价的字节；另外，以太网用类型字段代替了 IEEE 802.3 的长度字段。其他字段和 IEEE 802.3 相同，数据字段包含了填充字段。

8	6	6	2	46 ~ 1500	4字节
前序	DA	SA	类型	数据	FCS

图 4-9　以太网的帧格式

3. 以太网的硬件配置

在以太网的标准中，必须提到的是 10BASE5、10BASE2 和 10BASE-T 这 3 种标准，下面简单介绍这 3 种标准的网络配置。

（1）10BASE5 Ethernet　该标准使用粗同轴电缆（由于其外部绝缘层为黄色，故通常称为黄缆），它的单段同轴电缆电缆的最大段长为 500m。当用户节点间的距离超过 500m 时，可通过中继器将几个网段连接在一起，但网段的数量最多为 5 段。10BASE5 黄缆与网卡之间的连接布局如图 4-10 所示。其中：

外部收发器（Transceiver unit）——网络节点以及中继器通过它连接到黄缆上，它负责将节点（DTE 或微机）的信号发送至黄缆或从黄缆上接收信号送回节点。它包含有逻辑电路，能检测电缆上是

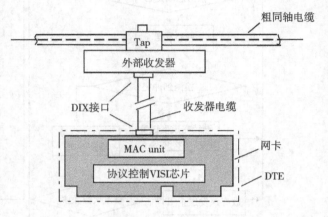

图 4-10　10BASE5 Ethernet 接口布局

否有信号传输以及是否发生冲突。另外，收发器还提供从节点来的信号与电缆上信号之间的接地隔离，以防止因两个局部接地的电压差而进入噪声。

DIX 接口——它是一对 15 针的 D 形插头座，收发器电缆通过 DIX 插头与网卡上 DIX 插座相连接，表 4-2 给出了 DIX 接口有连线引脚的功能。

收发器电缆——包括 4 信号电缆对，用于收发器与网卡间的连接，以传输数据和控制信号，并对收发器提供电源。

表 4-2　DIX 接口引脚功能表

引脚号	功能	引脚号	功能
1	屏蔽层(机壳地)	9	碰撞 －
2	碰撞 ＋	10	发送 －
3	发送 ＋	12	接收 －
5	接收 ＋	13	＋ 12 V
6	电源地		

10BASE5 标准的技术特性如下：

- 可连接网段的最大数：5。
- 单段同轴电缆的最大长度：500m。
- 单段电缆可连接最大节点数：100。
- 网络可连接最大节点数：1024。
- 节点间最大距离：2500m。
- 节点间最小距离：2.5m。
- 收发器电缆最大长度：50m。

（2）10BASE2 Ethernet　使用 RG58A/U50Ω 细同轴电缆的 10BASE2 也称为便宜以太网

或细缆以太网，它不需要外部收发器与电缆连接，而是直接将细缆通过 BNC 接头（通常称为 T 形接头，相当于螺母）连接到网卡中的内部收发器上，网卡配有圆柱形的 BNC 接头（相当于螺栓）可与 T 形接头相连接。与 10BASE5 Ethernet 相比较，其优点是价格便宜、结构简单、安装方便，因此其应用比较广泛；其缺点是连接可靠性较差、传输距离短、每个电缆段能安装的节点少。

10BASE2 标准的技术特性如下：
- 可连接网段的最大数：5。
- 单段同轴电缆的最大长度：185m。
- 单段电缆可连接最大节点数：30。
- 网络可连接最大节点数：150。
- 节点间最大距离：925m。
- 节点间最小距离：0.5m。

为了综合利用粗同轴电缆传输距离长和细同轴电缆便宜的优点，以最大限度地提高网络的性能价格比，可以将粗、细同轴电缆混合组成以太网。这种混合的单个网段的长度在 185～500m 之间，小于 185m 的网段可单独由细缆组成。混合网段中粗、细同轴电缆的长度可按下面公式 $t = (500 - L)/3.28$ 来计算。其中，t 为所用细缆的最大长度，L 为需组建的混合网段的最大长度（185m≤L≤500m）。在混合的单个网段中粗、细同轴电缆之间的连接可通过 BNC 接头和 DIX 的 D 形插头之间的转换器来连接。

（3）10BASE-T Ethernet　采用无屏蔽双绞线的 10BASE-T Ethernet 也称为双绞线以太网，它的拓扑结构为星形或为 HUB 树形，如图 4-11 所示。

10BASE-T Ethernet 组网的关键设备是集线器（HUB），它有多个（有 8、12、16 或 32）双绞线接口，一般可分为有源 HUB、无源 HUB 和智能 HUB，可连接网络上的工作站和服务器。每一个端口支持一个来自网络站点的连接，当一个以太网报文分组从一个站发送到 HUB 上时，它就被中继或者是被复制到 HUB 中的其他所有端口。在这种方式下，所有站都"看到"每一个报文分组，就像它们在总线型网络上所做的一样，所以尽管每一个站都是通过自己专用的双绞线电缆连接到 HUB 上的，但基于 HUB 的星形网络仍然是采用 CSMA/CD 协议的共享信道的 LAN。10BASE-T Ethernet 也可以通过双绞线接口连接另外的 HUB 用级连的方式组建 LAN。

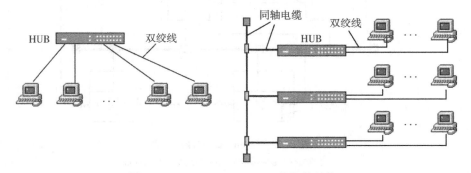

图 4-11　10BASE-T Ethernet 的拓扑结构

HUB 和双绞线的连接是通过 8 针的 RJ45 标准插头座，网卡上也有一个用以连接双绞线的 RJ45 插座，表 4-3 给出了 RJ45 的引脚功能。

表 4-3　RJ45 的引脚功能

引脚号	功能	引脚号	功能
1	数据发送 +	5	未用
2	数据发送 −	6	数据接收 −
3	数据接收 +	7	未用
4	未用	8	未用

10BASE-T 标准的技术特性如下：

- HUB 与网卡之间的最大距离：100m。
- HUB 与 HUB 之间的最大距离：100m。
- 网络可连接最大节点数：250。
- 节点间最大距离：2800m。

4.4　IEEE 802.4 标准

前面介绍的媒体访问控制方法采用总线竞争方式，具有结构简单，在轻载情况下延迟小等优点，但随着负载的增加，冲突概率增加，性能明显下降。令牌总线媒体访问控制是利用令牌技术，避免冲突以提高信道的利用效率。IEEE 802.4 标准就是令牌总线的媒体访问控制方法。

4.4.1　令牌总线操作原理

令牌总线媒体访问的控制方法是利用在物理总线上建立一个逻辑环，在物理结构上它是一种总线型结构的 LAN，网络上的站点共享的传输媒体为总线，但在逻辑结构上则形成了一种环形结构的 LAN。网络中每一个站都被赋予一个顺序的逻辑位置，首尾相连形成一个逻辑环路，站点的顺序的逻辑位置与其在总线上的位置无关，如图 4-12 所示。

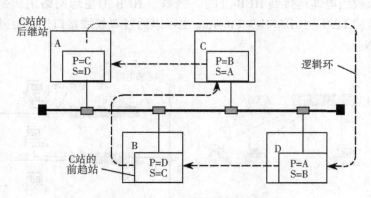

图 4-12　Token Bus 的操作原理

P—前趋站（Predecessor）　S—后继站（Successor）

网络中的站点只有取得令牌时才能使用总线发送信息或询问其他站，没有获得令牌的站不允许发送数据，只能侦听信道、接收信息或响应询问，令牌在逻辑环路上依次传递。为了形成逻辑环路，在逻辑环上的每个站都有一个动态的连接表，其中记录了本站地址、前趋（Predecessor，即上一站）站地址和后继站（Successor，即下一站）地址，如图 4-12 中的 P、S 分别表示前趋站和后继站的逻辑地址或序号，例如在 A 站中，P = C 表示它的前趋站是 C 站，S = D 表示它的后继站（即下一站）是 D 站。

在操作过程中，当 A 站获得令牌，做完发送信息的工作或占用信道超时，将包括有 D 站地址（即目的站地址）的令牌帧，直接传送到它的后继站 D 站，于是 D 站获得令牌得到了信息的发送权，数据传送完毕后，在将令牌帧送到下一站 B，由此可见令牌的传递顺序是 A→D→B→C→A，很明显这于总线上的各站的物理位置 A→B→C→D 没有任何的关系。实际上令牌帧在传送时，是将带有目的地址的令牌帧广播到总线上所有的站，当目的站识别出符合它的地址时，即接收该令牌帧。

4.4.2　令牌总线的特点

（1）各站对媒体有公平的访问权　获得令牌的站点有信息要发送时即可发送，发送完毕后，将令牌传递给下一个站点。如果获得令牌的站点没有信息发送，则立即把令牌传递到下一个站点。由于站点接收到令牌过程是顺序依次进行的，因此对逻辑环上的所有站点都有相等的信息发送机会，使得它们有公平的访问权。

（2）信道访问延迟具有确定值　站点有信息发送时必须等待获得令牌才能发送信息，这个等待时间称为访问延迟。一个站的最大信道访问延迟可假定如下：它等于当所有站都有报文发送时，在循环一周中所有令牌传递时间与报文传递时间之和。由于规定各站发送帧的最大长度及每次发送的帧数不能超过某一最大值（有所允许的发送时间控制），因而令牌总线的最大媒体访问时间是有确定值的，这是它优于 CSMA/CD 总线型网之处。这一性质为它用以实时响应环境提供了可能性。

（3）无冲突产生且无最小帧长度的限制　由于只有获得令牌帧的节点才能发送信息，因此，无需通过竞争即可得到信息的发送权，这与 CSMA/CD 方式不同，不会产生冲突。另外，它也不像 CSMA/CD 协议那样受帧最小长度的限制，令牌总线可根据需要确定所传输的信息帧的长度，例如：一些用于控制的监控帧的长度可以设置得很短，以减少开销。

（4）提供多级优先服务　令牌总线协议设定 4 级访问优先权，分别为 0、2、4 和 6 级，以第 6 级为最高优先，0 级为最低。在 MAC 数据帧的控制字段 FC 中，6 ~ 8 位用来指定优先权。它的值与优先级的对应关系如表 4-4 所示。任意一个站点都可发送一种或多种优先级数据。优先功能的目的是将网络带宽分配给优先权较高的帧，仅当有充分的带宽时，才允许发送优先权比较低的帧。

表 4-4　MAC 帧控制字段优先级的定义

第 6、7、8 位	优先级	第 6、7、8 位	优先级
000 或 001	0 级	100 或 101	4 级
010 或 011	2 级	110 或 111	6 级

（5）重负载下信道效率不会下降　由于令牌总线协议提供对媒体访问的公平性，在传输时不会发生冲突，并且有一定的访问延迟时间，所以即使在信道的传输量增加时，也不会引起信道效率的下降。

4.4.3　令牌总线的帧格式及类型

IEEE 802.4 令牌总线帧格式见前面的图 4-3，其中前序字段用来建立信号接收的位同步和对所接收帧的首位进行定位，其长度为字节的整数倍，可取一个或多个字节。为了让一帧的结束符 ED 至下一帧的起始符 SD 之间有足够的时间间隔，以保证在下一帧到达之前，接收站点有足够的时间来处理接收到的帧，规定该间隔的最短长度为 $2\mu s$。数据字段的内容由逻辑链路控制 LLC 子层提供，它含有主机（或高层）的数据，用户可在该字段中定义所需的结构及有关含义，如可定义主机级协议或多路复用字段等。最大帧长（由 SD 至 ED 字段）为 8192B。

帧控制字段 FC 为 1B，其中第 1、2 位定义该帧是控制帧还是数据帧，见表 4-5 所示。若该两位为 00，则该帧为 MAC 控制帧，这时，该字节的第 3~8 位用于定义 MAC 控制帧类型与协议操作。

表 4-5　控制字段定义的帧类型

FC 的第 1、2 位	帧类型	FC 的第 1、2 位	帧类型
0 0	MAC 控制帧	1 0	站管理数据帧
0 1	LLC 数据帧	1 1	特殊用途数据帧

当控制字段的第 1、2 位为非零时，指出该帧为数据帧。这时该字段的第 3~5 位用来定义 MAC 操作，该 3 位为 000 时，表示无响应请求；第 6~8 位定义优先权。

4.4.4　令牌总线的管理

为了使令牌总线维持正常的工作，必须对其逻辑环及时加以维护，而维护工作比较复杂，它包括逻辑环初始化、站点的入环和移出以及故障管理（包括令牌维护和站点故障处理）等。

（1）逻辑环的初始化　在网络启动时，或发生令牌丢失故障时，都要进行逻辑环的初始化，以形成逻辑环路。每个节点都设有计时器，当任意一个站点在规定的时间内，未能监听到媒体上有信号传输，计时器超时，即认为令牌丢失，就要进行初始化。这时可发送一个 Claim-Token 控制帧，用来产生并获得令牌，但若有多个站发出 Claim-Token 控制帧时，就通过竞争方式来获得令牌。一般根据某种算法，参加竞争的站中，只有一个站竞争成功并负责初始化工作而获得令牌，其他各站用站插入算法加入逻辑环。在初始化时，当某站获得令牌后，接下来的工作就是接纳站点入环，从而建立逻辑环路。

（2）站点的入环　逻辑环上的每个站都应周期性地使新的站有机会加入逻辑环，当同时有几个站要插入时，可以采用带有窗口的争用算法插入环。

（3）站点撤出环路　站点可以在任何时刻、不采取任何动作撤出环路，这时由传送令牌的站点负责修改逻辑环上由高到低的站点地址；另外，希望撤出环路的站点也可以在指定时刻退出环路，这时该站点在收到令牌之后，发出一个控制帧，将其后继站地址告诉前趋站，并将令牌传送出去后，撤出环路。

（4）多令牌处理　任何持有令牌的站，如果检测到信道中有其他站在发送，就说明出现了多个令牌，就立即放弃本站的令牌。这样虽然有可能会造成网络令牌丢失，但由于总线一段时间不活动，从而进入初始化又创建新的令牌。

4.5　IEEE 802.5 标准

IEEE 802.5 标准定义了令牌环形网的规范。环形网的研究与应用已有多年的历史，由于它的结构简单、传输率高，可以使用多种传输媒体，对媒体的适应性好，所以在 LAN 中得到了广泛地应用。另外由于它的实时性比较好，许多用于工业控制的 LAN 也多采用环形 LAN。环形网按媒体访问控制方法有多种类型，如令牌环形网、IBM 令牌环、分槽式的剑桥环、分布式的寄存器插入环等。

4.5.1　环形网的拓扑结构和传输媒体

环形（Ring）网的拓扑结构如图 4-13 所示。环形网上的所有节点通过环接口装置连接到媒体上，其物理信道是由各环接口装置之间的点到点链路所形成的封闭环路。环形网中的信息传递是单方向的绕环而行，因此，各链路中信息的传递也是单方向的。环路的维护和控制一般是集中管理，由环中的一个站点来兼任监控站，但有些环形网则将该管理功能分散在各个环接口装置中。

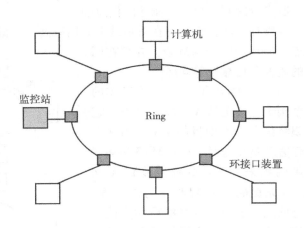

图 4-13　环形网的拓扑结构

环形网的环接口装置也称为环中继器（Repeater），它的作用是负责信号的发送和接收、对经过它的信号进行再生放大和转发，并参与管理环的维护。

环形网由于其传输方向是单方向的，特别适用光纤作为传输媒体，可以获得很高的传输率。但环形网的可靠性较差，如果环中任意一个站点发生故障会引起全网故障，并且可扩展性较差。

用于环形网的传输媒体有双绞线、同轴电缆、光纤等。低速通信时，可采用阻抗 150Ω 的屏蔽双绞线，高速时可采用同轴电缆或光纤。信号编码多采用差分曼彻斯特编码方式。

4.5.2　令牌环媒体访问控制

令牌环（Token Ring）媒体访问控制技术最早于 1969 年在贝尔实验室研制的 Newhall 环上采用。后来经过不断发展出现了许多令牌环 LAN 的产品，如 IBM 公司的 IBM 令牌环、Apollo 公司的 DOMIAN 等就是采用令牌技术的典型环形网络。其中，IBM 令牌环的设计思想成为制定 IEEE 802.5 标准的主要基础，也可以认为 IBM 令牌环是 IEEE 802.5 标准的一种实现。

1. 令牌环的工作原理

令牌环形网和令牌总线型网有所相似，在环中有一个特殊标记的信息为令牌（Token），并且保证环上只有一个 Token 在环上运行。环上的站点只有获得令牌才能发送信息帧。令牌有"空"（如为 01111111）和"忙"（如为 01111110）两种状态，空令牌表示没有被占用，否则表示令牌正在携带信息发送。在一个站点占有令牌期间，其他站点只能处于接收状态。

在网络工作的过程中，令牌沿环传送，从环路上的一个站点传到下一个站点（实际上，令牌是从一个站点的环接口装置通过它们之间的链路传递到另一个环接口装置）。当空令牌传送至正待发送信息的站点时，该站点将其改为忙令牌，并将要发送的信息帧附在忙令牌的后面，送入环路中传输。由于令牌是忙状态，所以其他站不能发送信息帧。信息帧到达目的站点后，由目的站点将其复制下来。然后在帧格式的结束分界符 ED 字段中标注上正确接收 ACK 信号，或经校验发现信息出错则标注 NAK 信号（此时放弃复制的信息）。接下来再将该信息帧送到环上继续传送。中间站点（非源、目的站点）不对信息帧做任何处理，只是接通环接口让信息帧继续向前传送。当信息帧绕环一周回到源站点后，由源站点从环上撤出该帧放到缓冲区中并释放令牌，然后检查该帧中目的站点的应答信号，若为 NAK，则等到下一次空令牌到来再重发刚才的信息帧。

令牌环访问控制具有在重负载下利用率高、传输的距离不会影响其性能以及公平访问的优点。但环形网结构复杂，并存在网络的监控和可靠性等问题。

图 4-14 给出了令牌环的工作的一个例子。假定站 A 为发送节点，它希望将信息发送到目的站 C。当站点 A 有信息要发送时，检测环路等待空令牌的到来，一旦令牌传输到 A 站后，A 站就将空令牌改变为忙令牌，并将信息附加在忙令牌的后面，送入通信环路，按预先设置好的方向沿环传送。信息传送到 B 站时，由于 B 站没有信息要发送并且它也不是信息的目的站点，因而 B 站作为中间节点只是让信息继续沿环传送下去，中间节点的延迟很小，只有一个 bit 的延迟时间。当信息帧传送到 C 站时，由于帧的目的地址和 C 站的地址相同，则 C 站将环上的信息接收下来，对接收的帧内容进行 CRC 校验，根据检验结果在帧的尾部作以标志，然后让其继续传送。经过中间节点 D，信息绕行一周回到源始发站 A，这时站 A 检测出该信息是由它本身发出的且已经绕环一周时，则将信息帧从环中清除并释放令牌（即将忙令牌变为空令

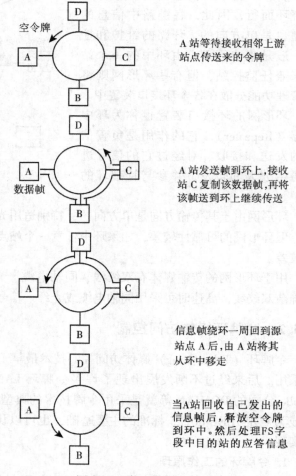

A 站等待接收相邻上游站点传送来的令牌

A 站发送帧到环上，接收站 C 复制该数据帧，再将该帧送到环上继续传送

信息帧绕环一周回到源站点 A 后，由 A 站将其从环中移走

当 A 站回收自己发出的信息帧后，释放空令牌到环中。然后处理 FS 字段中目的站的应答信息

图 4-14　令牌环的工作原理

牌，然后送入环路），同时，要检查信息帧中的目的站 C 加上去的应答标志，若是正确接收标志 ACK，则清除存放在缓冲区中的该信息帧的副本，若是错误接收标志 NAK，则保留该帧的副本，等到下次空令牌到来再重新发送该帧。

2. 令牌环的硬件配置

下面以典型的令牌环形网——IBM 令牌环形网为例来说明令牌环形网的硬件配置。IBM 令牌环形网的结构如图 4-15 所示。其中主干线路的传输媒体采用双绞线电缆，环接口装置称为干线连接器（Trunk Coupling Unit，TCU）。图中的 DTE 设备（如 C1、C2、C3）可以通过线集中器（Wiring Concentrator）直接连接到主干环路上，这些 DTE 设备和线集中器之间的连接称为落点连接（Drop Connections），它可以采用建筑物中的一般的电线。

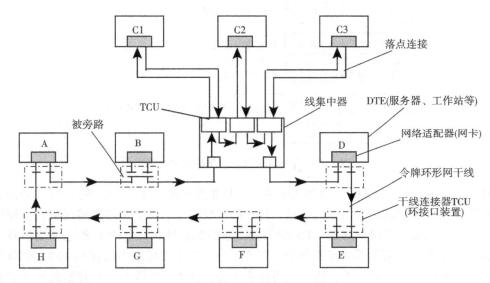

图 4-15　令牌环形网的结构

线集中器提供连接节点的端口，起到连接 DTE 设备到网络干线上的作用，它一般安置在一个房间网络干线的出口和入口处，以连接办公室中的有关设备。

环接口装置在这里为 TCU，它是作为传输媒体的物理接口包括一个继电器和收发器。在收发器出现故障可能导致网络不能正常工作时，可断开继电器旁路故障。如图 4-15 中的 B 站被旁路，而环中的信息传输仍然正常进行。环接口除了具有发送器和接收器的功能以外，还包括地址识别、空/忙令牌检测、CRC 校验等功能。环接口还有一个功能就是采用位填充技术，以避免在数据帧中出现和令牌相同的位组合而产生混乱。环接口装置一般都包括在网卡中，如图 4-15 中的虚框实际上是在网卡中。

3. 令牌环的帧格式

令牌环标准 IEEE 802.5 的令牌格式、帧格式和各字段的含义如图 4-16 所示。其中令牌的格式是 24 位模式，由起始分界符 SD、访问控制 AC 和结束分界符 ED 3 个字段组成。帧格式中帧头和帧尾的 3 个字段 SD、AC、ED 和令牌的 3 个字段相同，下面来介绍各字段的具体含义。

SD 和 ED 字段是长度为 1 个字节的特定的位组合，用来实现定界作用，完成透明的数

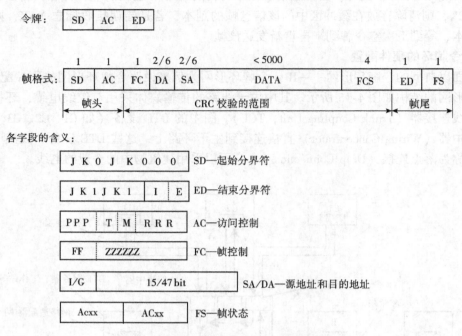

图 4-16　令牌环形网的令牌格式和帧格式

据传输。在数据传输中，除了 SD 和 ED 中的一些非数据位（如 J、K 等），所有的信息位在媒体上都以差分曼彻斯特编码进行传输，J 和 K 非数据位不同于一般的编码规则，而用恒定的电平来表示完整的位码元周期。J 和它前面信息位的极性相同，而 K 和它前面信息位的极性相反。用这种方法接收器在接收每个令牌或帧时，不用考虑它的内容和长度，就能够可靠地识别令牌或帧的起始和结束位置。值得注意的是，在 ED 字段中只有开始的 6 个非数据位（即 J K 1 J K 1）被用于指示一个实际的帧的结束，而另外两个非数据位 I 和 E 则有其他的作用：

1）在令牌中 I 和 E 都为 0。

2）在一般的帧格式中，I 被用来指示该帧在信息帧序列中是第一帧（或中间的帧）还是最后一帧，前者 I 为 1，后者 I 为 0。

3）E 为差错检验位，在信息帧被发送时，源节点将 E 置为 0，若某个节点在接收或转发信息帧时，检测到错误（如 CRC 校验错等），则将 E 置为 1，以便让源节点知道信息帧出错。

访问控制（AC）字段包括优先级位（P）、令牌标识位（T）、监视位（M）和预定优先级位（R）。前 3 位 PPP 和最后的 3 位 RRR 分别表示本帧优先级别和预定的优先级别，其物理意义后面将加以解释。T 用来区别对应的帧是令牌还是普通的数据帧，T = 0 表示令牌，T = 1 表示数据帧。监视位（M）用来监视信息帧是否绕环超过一周，当源节点发送帧时，将 M 位置为 0，该帧通过环路中的监控器或监控节点时，就将 M 位置 1，若监控器发现该位变为 1 时，就认为源节点出错没有将绕环一周的信息帧从环路中清除，这时由监控器负责将该帧清除，并发出空令牌。

帧控制（FC）字段的前两位 FF，定义了帧的类型（媒体访问控制 MAC 帧或信息帧），FC 的后面 6 位 ZZZZZZ 起到特定的控制作用。当 FF = 00 时，表示为 MAC 帧，后面 4 位（4~8 位）ZZZZ 表示不同性质的 MAC 帧，3、4 位无意义。当 FF = 01 时，为信息帧，控制位由标注在目的地址中的各站点予以解释。

源地址（SA）和目的地址（DA）字段的长度为 16 位或 48 位（在任何一个 LAN 中，所有节点的地址长度都是相同的）。DA 的最前面一位（第 0 位）为 0 则表示该地址是单个（I，Individual）站地址，否则是成组（G，Group）站地址，当 DA 的各位全为 1 时，表示该地址为广播地址。SA 总是表示发送节点的地址。

信息帧的数据字段（DATA）是上层来的 LLC 帧，用来携带用户的数据。MAC 帧的 DA-TA 字段包括环路的管理信息。虽然信息帧对数据字段的长度没有加以限制，但实际上受到传输信息时拥有令牌的时间限制，典型的最大值为 5000B。

帧校验序列（FCS）为 32 位，对除了帧头和帧尾的信息进行 CRC 校验。

帧状态（FS）字段由两部分组成：地址确认位 A 和帧复制位 C。由于 FS 字段不在 CRC 校验的范围内，为了提高可靠性，A 和 C 位在后半个字节中被重复。A 和 C 位在源节点发送信息时，被设置为 0。接收站检测到帧内的目的地址符合本站地址时，将 A 置为 1，将该帧复制到自己的缓冲区后，把 C 置为 1。这样，源节点可以对 A 和 C 的值进行分析，来确定由目的地址所指出的节点接收帧的情况：不存在或被关机、存在但不能接收帧、存在并且复制了该帧。

4. 令牌环 MAC 子层的操作过程

在令牌环形网传输信息时，首先要获得令牌才能发送数据帧，但有的站点不能等待到前面站点的信息发送完毕后，再将空令牌按顺序地传递到本站，而需要立即把信息发送出去。这时可利用设置优先级的方法，例如将本站的优先级设置得比其他站高，从而达到优先发送信息的目的。设置优先级的是通过设置令牌或帧格式中的访问控制（AC）字段的前 3 位本帧优先级 PPP 和后 3 位预定优先级 RRR 来实现的。

令牌环形网的接收和获得令牌发送的过程如图 4-17 所示。

在每个节点都有一个优先级别寄存器 Pm，用来存放当前准备要发送帧的优先级别。当节点有数据帧要发送时，首先将要发送的数据按照帧的标准格式进行封装，进行必要的预约（如检测到非令牌帧），然后等待空令牌的到来。获得令牌后，比较获得空令牌的优先级 P（即 AC 的前 3 位）是否小于或等于待发帧的优先级 Pm，若 P≤Pm，则表示待发帧的优先级高，将 AC 中的 T 位置为 1（表示该帧为数据帧），发送数据帧，并用当前帧的优先级 Pm 替换 P，R 置为 0。

若是 Pm < P，则表示本帧优先级别较低，已有其他的节点预约定了令牌，这时再比较 AC 字段中的预定优先级 R 是否小于当前帧的优先级，若 R < Pm，则用 Pm 代替 R，约定优先级，否则转发令牌不作任何处理。

在发送数据帧时，首先将空令牌中 AC 字段的 T 位置为 1，实际上就是转换令牌的 SD 字段为信息帧的 SD 字段。在 SD 和 AC 字段的后面，发送已经封装好的帧内容，在发送帧结束符 ED 之前，将发送数据的 CRC 校验结果放在帧校验序列 FCS 中。

在发送节点回收数据帧以后，检查 FS 字段中 A 和 C 位的状态，确定该帧是否被正确复制或被拒绝接收，并将结果报告 LLC 子层，然后释放令牌（即产生一个新的空令牌）送入

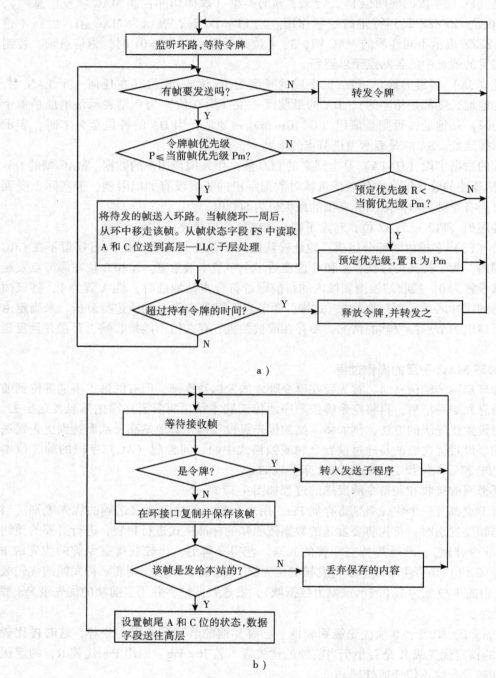

图 4-17　令牌环形网 MAC 子层的操作

a）获得令牌发送帧的流程图　b）接收帧的流程图

环路中。一个节点也可能连续发送更多的待发帧，但必须满足两点：第一，待发帧的优先级必须大于或等于令牌的优先级，即 Pm ≥ R；第二，发送待发帧所需的时间在限定的令牌持有时间（缺省值为 10ms）范围之内。

另外，当帧待发的节点，有数据帧经过时，接收该数据帧，分析帧中的目的地址，若是发往本站的数据帧，则转接收帧的子程序。否则，比较 Pm 和 R，若 Pm≤R，表示已有其他优先级较高的节点预约，则不作任何处理转发数据帧；若 Pm＞R，表示没有其他节点预约，或预约的优先级较低，则置 P 为 Pm 进行预约，然后转发该帧。

接收帧的过程是：接收节点在环接口复制进来的 bit 流，检测起始分界符 SD，接收该帧。检查 FC 字段中等前两位 FF，判断该帧是 MAC 控制帧还是信息帧。若是 MAC 帧，则拷贝该帧，且根据 FC 字段的 Z 位的具体内容执行相应的操作。若是信息帧，则检查目的地址 DA 与本站的地址是否匹配，若是，则将帧内容存放在缓冲区中，并置帧状态字节中的有关位（如 ED 字段中的差错应答位以及 FS 字段中的 A、C 位），再将该帧送入环路继续传送。

4.5.3　3 种局域网的比较

前面已详细介绍了 3 种最常用的局域网，它们各具特色、各有适用的条件和范围。

1. 总线型网

总线型网是一种使用最为广泛的局域网，它的特点如下：

（1）竞争型媒体访问控制方法　在 IEEE 802.3 协议中，总线上的各站点自主平等、无主次之分，它们是通过竞争来发送信息的，且没有设置有关媒体访问的优先权操作。

（2）总线型结构简单　媒体接入方便，网络易于实现，且价格低廉。但由于每个站检测冲突的收发器是模拟器件，所以站间的最大距离受到限制。即使使用转发器，电缆的最大长度也只有 2.5km。还规定一个网上的最大站数为 1024，实际上达不到这个数字。

（3）广播式通信　由于总线型网上的任何一站都通过公用总线发送数据，其他所有站都可以接收，所以可方便地实现点到点、组播和广播通信。

（4）轻负载时总线型网非常有效　在轻负载时，由于每个站可以随时发送信息，所以网络基本上没有时延，有较高的网络吞吐量。但在重负载时，由于冲突的增加，传输时延急剧增加，从而使网络吞吐量明显下降。

（5）发送和响应时延都具有随机性　由于是争用总线，存在冲突，每个工作站的发送和响应时延都不确定，所以实时性差，较难适用于实时性要求较高的场合。

（6）数据帧的最小长度受限制　一旦发生冲突，冲突站就必须立即停止发送数据，因此在总线上会出现一些短的无效帧。为了将有用的数据帧与无效帧区分开，协议规定数据帧的最小长度为 64B。当终端仅发送 1～2 个字节的数据时，必须填充内容使数据帧的长度等于 64B，这样就增大了开销。

（7）不适合用光缆作为传输媒体　这主要是因为使用光缆时，站点与总线的连接不方便。

2. 令牌环形网

令牌环形网的主要特点如下：

（1）无冲突的媒体访问控制方法　在 IEEE 802.5 协议中，环路上只设置一个令牌，并采用令牌传递的方式控制信息的发送权，因此令牌环不存在冲突。

（2）可设置优先级　在 IEEE 802.5 协议中，可以设置媒体访问的优先级，使具有较高优先级的站优先获得令牌。另外，还允许发送很短的帧，但对帧的最大长度有限制。

（3）重负载时效率高　随着网络负载的增加，令牌环形网的效率和吞吐量都会提高。在很重的负载下其效率可达到100%。但在轻负载时，由于发送数据的站要等待令牌，所以会产生附加的时延。

（4）实时性好　在令牌环形网中传输信息时，其平均传输时间与正在环路中传输的信息的流量多少无关。这就是说，令牌环的传输时延具有确定性，所以实时性好。

（5）用数字技术实现很容易　因为令牌环形网是由一段一段点到点链路串联而成的，所以很容易用数字技术实现，而且用双绞线、电缆及光纤都可以，但当某个站点出现故障时，有可能导致整个环形网失效，所以可靠性差。

（6）令牌采用集中管理　在令牌环中令牌的管理和维护由监控站负责，这是令牌环形网的主要缺点。当监控站出现故障时，尽管按照协议可以再产生一个新的监控站，但仍然造成了一些麻烦。

3. 令牌总线型网

令牌总线型网的主要特点如下：

（1）无冲突的访问方式　与令牌环形网一样，令牌总线型网也设置了一个令牌，采用令牌传递的方式来控制信息的发送权，因此不存在冲突。但两者是有区别的，令牌总线型网为逻辑环形网、采用广播式传输，而令牌环形网为物理环形网、采用点到点传输。

（2）物理上是总线型网，逻辑上是环形网　这一特点使得令牌总线型网既有总线型网的连接简单，又有环形网的传输时延的确定性和可设置优先级的优点。

（3）重负载时效率高

（4）IEEE 802.4协议复杂　令牌总线型网的协议比较复杂，其复杂程度大于令牌环形网，必须设置监控站。监控站负责逻辑环的初始化、分配逻辑顺序、插入新站、删除退出环的站、故障恢复等监控任务。

4.6　高速局域网

随着局域网标准IEEE 802的制定，局域网技术得到了迅速的发展和普及，像10BASE-T这样一些传输率为10Mbit/s的网络技术成为组建LAN的主流。但是随着计算机技术的发展，PC的运算速度越来越快，处理和传输的文件也越来越大，使用网络的复杂程度和信息传输量急剧增加。另外，随着信息高速公路的建设和使用，特别是通过网络互连技术，越来越多的LAN都连接到Internet网上，在网络中图像、视频等多媒体信息的高层应用对LAN的传输速率提出了更高的要求。例如视频会议的应用是一个实时交换的过程，如果网络延迟超过200ms时，图像就会变得跳跃和不清楚。因此，传统的10Mbit/s的LAN技术已不能适应人们对高带宽的要求。

为了适应信息时代对网络的要求，先后出现了高速LAN产品，如较早一些的100Mbit/s的光纤分布式数字接口（FDDI），目前广泛采用的100Mbit/s的快速以太网，还有分布式队列双总线（DQDB）、以155Mbit/s的异步传输模式（ATM）为技术基础的宽带综合业务数据网（B-ISDN）等。1997年又推出了1000Mbit/s的千兆位以太网。下面将介绍几种典型的快速局域网。

4.6.1　光纤分布式数字接口（FDDI）

1. 概述

光纤分布式数字接口（Fiber Distributed Data Interface，FDDI）是一种以光纤作为传输媒体的高速令牌环形网，它是 1982 年由美国国家标准化协会（ANSI）X3T9.5 委员会制定的高速环形局域网标准。该标准和令牌环形网媒体访问控制标准 IEEE 802.5 十分相似，但由于 FDDI 采用光纤作为传输媒体，故可以获得较高的数据传输率。它和 IEEE 802.5 的特点比较如表 4-6 所示。

表 4-6　FDDI 和 IEEE 802.5 的特点比较

特 性	FDDI	IEEE 802.5
拓扑结构	双环结构	单环结构
媒体类型	多模、单模光纤	屏蔽双绞线
数据传输率	100Mbit/s	4Mbit/s 或 16Mbit/s
编码方式	4B/5B 编码	差分曼彻斯特编码
时钟	分布式时钟	集中式时钟
信道分配	令牌循环时间	优先级和保留位
环上帧数	可有多个	一个

FDDI 可以用于高速局域网或城域网中，它的拓扑结构采用双环连接，环的周长可达 100km，环上最多可容纳 500 个节点，若使用多模光纤连接距离可达 2000m，使用单模光纤连接距离可达 5000m，环上数据速率为 100Mbit/s。FDDI 可作为高速局域网在小范围内互连各种高速的计算机系统和外设，或者可作为城域网互连小型 LAN，它也多应用于如校园网规模的 LAN，作为主干网来互连一些主机系统、交换器、路由器等以及一些小型 LAN，也可桥接局域网和广域网，如图 4-18 所示。

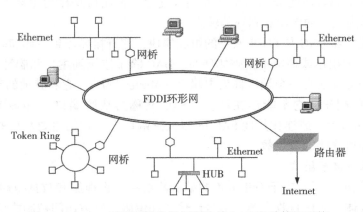

图 4-18　FDDI 环形网作为骨干网连接 LAN 和计算机系统

FDDI 的拓扑结构是双向环形结构，其中一个是主环，另一个是副环。主环负责正常时的数据传输工作，副环是为了容错而准备的备用环路，以保证在出现主环故障或节点故障时，环路仍然能正常工作。ANSI 在对 FDDI 制定标准时，也不排除把副环用于减轻网络的负载。FDDI 的拓扑结构如图 4-19 所示。FDDI 的站共有 4 种：双向连接集中器（Dual Attachment Concentrator，DAC）、单向连接集中器（Single Attachment Concentrator，SAC）、双向连接站（Dual Attachment Station，DAS）和单向连接站（Single Attachment Station，SAS）。

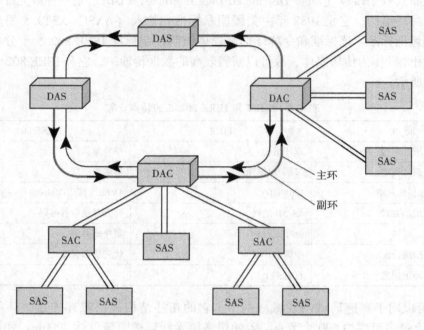

图 4-19　FDDI 的拓扑结构

单向连接站 SAS 只能通过集中器连接到主环上，这种连接方式的主要优点是当 SAS 与主环的连接中断或掉电后，对环路没有任何影响。

双向连接站 DAS 有两个端口，分别称为端口 A 和端口 B，它们把 DAS 连接到 FDDI 的双环上，而且每个端口都能分别与主环和副环连接。A 端口是作为主环的输入和副环的输出，B 端口是作为主环的输出和副环的输入。

双向连接集中器 DAC 是 FDDI 网络的组成模块，它直接连接到主环和副环上，以保证任何单连接站 SAS 的出错或掉电不会破坏环路。DAC 除了连接到主环和副环上的 A 和 B 两个端口以外，另外至少还有一个端口称为主端口（Master Port），它和其他的节点相连。

SAC 和 DAC 相比，它不能连在环上。SAC 又称为从属端口（Slave Port），它连接在 DAC 的 Master 端口上，或连在其他 SAC 的 Master 端口上。它的主要功能是增加 FDDI 树的层次，从而增加可连接的节点数。

2. FDDI 基本体系结构

FDDI 标准只描述了对应于 OSI/RM 的最低两层——物理层和数据链路层的功能，它规定了光纤传输媒体、光信号收发器、信号传输率和编码、媒体访问控制协议、帧格式、分布式管理协议和允许采用的网络拓扑结构等规范。

FDDI 标准如图 4-20 所示。它对应了 OSI/RM 的下面两层，其中物理层定义了两个子层，分别是物理协议子层 PHY 和物理媒体相关子层 PMD，PMD 又包含了 PDM、SMF-PMD 和 SPM 3 个子标准。数据链路层定义了 HRC 和 P-MAC 两个子标准，另外还定义了一个跨越物理层和数据链路层的 SMT 子标准。这些标准所定义的工作是：

PHY（Physical Layer Protocol）物理协议子层——定义了传输编码、解码、时钟以及数据帧的标准。FDDI 采用了一种新的编码技术，称为 4B/5B。在这种编码技术中，每次对 4 位数据进行编码，每 4 位数据编码成 5 位的符号，用光的是否存在来代表 5 位符号中每一位是 1 还是 0。与曼彻斯特编码相比，这种编码技术使效率提高 80%，对 100Mbit/s 的光纤网只需 125MHz 的元件就可实现。这个效率的提高十分可观，可以大大节省元件的费用。

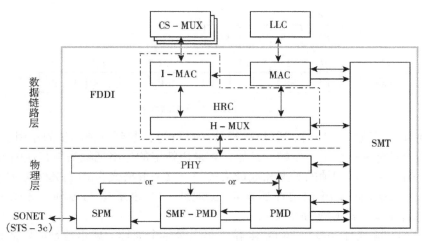

图 4-20　FDDI 标准

PMD（Physical Layer Medium Dependent）物理媒体相关子层——定义了光纤链路及其接口和相关光学元件的特性，以及可靠性规范，包括 I/O 变换、光的接收和发送、光纤链路长度等。

SMF-PMD（Single Mode Fiber Version of PMD）单模光纤物理媒体相关子层——它提供了除了基本 PDM 外的另一种选择，把两个节点间的光纤链路从 2km 延伸到 60km。

SPM（SONET Physical Layer Mapping）SONET 物理层映像——定义了和 SONET 网的物理接口，这里 SONET（Synchronous Optical NETwork）是一个 ANSI 标准的高速宽带光纤网络。

HRC（Hybrid Ring Control）混合环控制——它加入了电路交换服务功能，使 FDDI 成为一个合成服务 LAN。FDDI 是为分组交换数据，特别是为异步通信而设计的，它不适合于同步通信（数字化声音和视频图像），HRC 就是 FDDI-Ⅱ为解决这个问题而开发的。为了传送电路交换数据，100Mbit/s 的带宽被分成 16 个宽带频道，每个宽带频道可以用来传送电路交换或分组交换数据。HRC 包含了两部分：一部分是面向同步通信的媒体访问控制（Isochronous-Media Access Control，I-MAC），它用来控制同步通信；另一部分是混合多路复用器（Hybrid-Media Access Control，H-MAC），用于将物理层得到的数据流分成电路交换和分组交换数据（发送时则相反）。

P-MAC（Media Access Control for Packet Oriented Traffic）面向分组通信的媒体访问控制——它提供了完成令牌传递控制所需的一切功能，包括对媒体的访问、寻址、数据核实以及帧的生成和接收发送。

SMT（Station Management）站管理——它定义了 FDDI 站点的配置、环的配置以及环的控制特性，包括站点的插入和移出、站点的初始化、错误的隔离和恢复、统计数字的收集和编排功能。

3. FDDI 的帧格式

FDDI 令牌和帧的格式如图 4-21 所示。FDDI 的帧格式和令牌环的帧格式相仿。各个字段的含义如下：

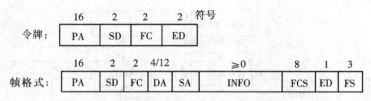

图 4-21　FDDI 令牌和帧格式

PA 前导符——通常为 16 个线路空闲符号（11111），起到时钟同步的作用。

SD 起始分界符——表示一个帧的开始，它采用特定的位串把帧头与其他内容隔开。

FC 帧控制符——识别帧的类型和地址格式等。其一般格式为 CLFFZZZZ，C 表示同步帧还是异步帧，L 表示使用 16 位地址还是 48 位地址，FF 表示是 LLC 帧、MAC 控制帧还是 SMT 站管理帧，ZZZZ 表示帧的类型。

DA/SA 目的/源地址——为 16 或 48 位，可以是单个地址、成组地址或广播地址。

INFO 信息字段——可以是上层 LLC 送来的信息（LLC 帧）、站管理信息（SMT 帧）和一般控制信息（MAC 帧）。

FCS 帧校验序列——包括对 FC、DA、SA、INFO 字段进行 CRC 校验。

ED 结束分界符——对令牌是 2 个符号，对帧是 1 个符号。

FS 帧状态——由接收站根据帧的接收情况置该字段的某些状态位，以便源发送站得到帧的接收情况。这些状态位是：E—传输错误、A—地址识别、C—帧是否被复制等。

4. FDDI 的工作原理

FDDI 和令牌环形网的工作原理十分相似。站点必须获得令牌才能发送信息，当站点获得令牌后，才可以发送信息。在令牌的释放和产生这一点上两者有所不同：令牌环中只有持有令牌的帧绕环一周回到源节点后才释放令牌，即产生一个新令牌送到环路上，在环路中永远只保持一个令牌在环路中传送。而 FDDI 规定发送站将信息全部发送到环路上以后，立即发送一个新的令牌到环路上，这样在环路上就可以同时有几个帧在环中传输，从而大大提高了环路的利用率。

在接收信息时，各站点从上游邻接站点接收帧并发送到下游相邻站点。如果帧的目的地址与站 MAC 的地址匹配并且没有发现错误，则该帧就被复制到缓冲区中再作处理，并且根据接收帧的情况置该帧 FS 字段中的有关状态位。帧绕环一周回到源发送站后，检查帧状态 FS 字段内容，就得知此次发送是否成功。源节点负责回收发送的信息帧，并将其从环中清除。

4.6.2　快速以太网

在 20 世纪 80 年代初期至 90 年代初大约 10 多年的过程中，10Mbit/s Ethernet 在 LAN 的产品中占有很大的优势，特别是以 10BASE-T 标准组建的网络十分广泛。但这些网络的最大数据传输率只有 10Mbit/s，为了获得更高的带宽，1992 年 IEEE 802.3 委员会提出了针对更快的 LAN 的建议：一种建议是保留 IEEE 802.3，但只是传输率快一些；另外一种建议是完全重新设计更快的 LAN，使之具有新的特性，如实时传输、数字化语音，但考虑市场因素仍然保留原有的名字。后来经过争论，该委员会决定采用前一种建议，即保留 IEEE 802.3 标准，只是让它快一些。而一些计算机制造商则主张后一种观点，从而形成了他们自己的委员会和局域网（LAN anyway）标准，也就是后来的 IEEE 802.12 标准。

　　802.3 委员会决定提高 802.3 LAN 性能的主要理由是：需要和现有众多的 LAN 相兼容，避免因新协议的出现而产生不可预料的问题，并希望尽快做完这项工作。标准的制定工作很快就做完了，1995 年 6 月由 IEEE 正式通过，并发布了称之为 IEEE 802.3u 的标准。在技术上 802.3u 并不是新的标准，而只是现有 802.3 的延伸（强调了它向后的兼容性），人们称之为快速以太网，它和 10BASE-T 的比较如表 4-7 所示。

表 4-7　10BASE-T 和快速以太网的比较

	10BASE-T	快速以太网
速度	10Mbit/s	100Mbit/s
标准	IEEE 802.3	IEEE 802.3u
MAC 协议	CSMA/CD	CSMA/CD
拓扑结构	总线型/星形	星形
传输媒体	同轴电缆, UTP 或光纤	UTP 或光纤
与物理层接口	AUI	MII
HUB 到节点的最大距离	100m	100/2000m

　　快速以太网的最大优点是简单、实用、价格便宜并易于普及。它和 FDDI 相比具有结构简单、成本低的优点，虽然它没有 FDDI 的容错措施与链路控制，但这对于小型网络显得并不重要。快速以太网的这些优点使其成为小型 LAN 增加带宽的最佳方案。

1. 快速以太网特点

　　快速以太网的概念很简单：它在物理层上与 IEEE 802.3 都是一样的，只是在 MAC 和 LLC 子层上与传统的 IEEE 802.3 略有不同，即保持所有 802.3 的帧格式、接口以及软件算法上的规则，但只是降低位的传输延迟时间，从 100ns 降低到 10ns。从技术上它模仿了 10BASE5 和 10BASE2 并及时检测冲突而将最大传输距离减少到原来的 1/10。然而，10BASE-T 的接线方式具有明显的优点，以至于快速以太网是完全基于 10BASE-T 而设计的，快速以太网使用 HUB，而不使用 BNC 连接器。

　　由于 802.3 的 MAC 协议 CSMA/CD 与信号传输速度无关，因而快速以太网和 10BASE-T 相比在功能上没有改变，所以快速以太网的帧格式、长度和差错控制等都和 10BASE-T 相同，这就保证了数据在快速以太网和 10BASE-T 之间传输时无需转换协议。

　　快速以太网的主要特点如下：

　　1）快速以太网继承了 IEEE 802.3 标准的 CSMA/CD 访问控制技术、帧格式和拓扑结构。

　　2）快速以太网可利用 10BASE-T 用户现有的电缆设施、集线器等网络设备，且连接集线器的数目没有限制。

3）基于 CSMA/CD 的以太网可以从 10Mbit/s 过渡到 100Mbit/s 的快速以太网。

以太网工作模式有两种，一种是全双工工作模式，一种是半双工工作模式。众所周知，全双工模式下可以在同一条链路上完成同时发送和接收数据，半双工模式可以在同一条链路上发送和接收数据，但不能同时完成。对于 CSMA/CD 冲突检测机制而言，交换机和集线器的侦听对象是不同的。在集线器中，每一个端口都在同一个冲突域中，CSMA/CD 检测整个同处一个冲突域的每一个端口的每一个状态，它既侦听网络中正在发送的数据包，也侦听正在接收的数据包，因为它只有一条通道。而交换机则不太相同，它的每一个端口都是一个独立的冲突域，在全双工工作模式下不会产生冲突，不需要使用 CSMA/CD 冲突检测机制。但在交换机的半双工工作模式下，一个端口上的发送和接收可能发生冲突，此时 CSMA/CD 冲突检测机制将侦听这个端口上是否有数据正在被接收而占用。因此，在交换机半双工工作模式下，网卡将会启用 CSMA/CD 冲突检测机制来避免冲突的发生。所以，在快速以太网中，网卡将自动与交换机进行协商来判断什么时候使用 CSMA/CD 冲突检测机制。

2. 快速以太网采用的传输媒体及相应的标准

100BASE-T 是快速以太网标准，它采用非屏蔽双绞线（UTP）或屏蔽双绞线（STP）电缆，它包括 100BASE-TX 和 100BASE-T4。其中，100BASE-T4 采用 3 类 UTP，如图 4-22 所示。该方案在西方国家应用较多，因为在这些国家的大多数办公室中都有至少 4 对 3 类 UTP，用于办公室和电话交换机之间的连接，其距离大多在 100m 之内。因此，使用 3 类 UTP 连接办公室中的桌面计算机组成快速以太网是一种切合实际的方案，这样不用重新布线。

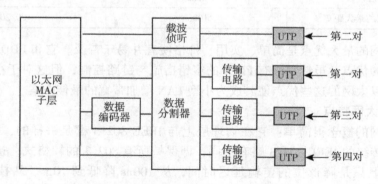

图 4-22　100BASE-T4 的 4 对 UTP

但 3 类 UTP 的主要缺点是它不可能以 200M 波特（即 100Mbit/s 的曼彻斯特编码）的运载信号达 100m（这是 10BASE-T 网络中计算机到 HUB 之间的最大距离），而 5 类非屏蔽双绞线则可以用同样的速率很容易地达到 100m，光纤则更远。因而采用折衷方案，容许采用这些传输媒体，相应的标准为 100BASE-TX 和 100BASE-FX，如表 4-8 所示。

100BASE-TX 只使用 4 对双绞线里的 2 对，按常用的 EIA/TIA-568A/B 的接线方法来说就是 1、2、3、6 这 4 根线，其余的 4 根线常用于为电话线保留。所以，100Mbit/s 网络这里只用了 2 对 5 类双绞线，一对发送另一对接收，使用 4B/5B 编码，全双工方式。100Base-T4 标准采用 4T + 的信令方式，可以在 5 类双绞线上达到 100Mbit/s 的速率，但是需要全部 4 对绞线，如图 4-22 所示。其中，3 对线用于传输数据，一对线用于作冲突检测，采用 8B/6T

编码，半双工，主要用于使用了布线较差的工程。

表 4-8　快速以太网的电缆

名　称	电　缆	最大网段长度	特　点
100BASE-T4	3、4 或 5 类 4 对 UTP	100m	可利用现有的 3 类 UTP
100BASE-TX	2 对 5 类 UTP 或 STP	100m	100Mbit/s 全双工
100BASE-F	62.5/125 2 束多模光纤	400m	100Mbit/s 全双工，传输距离远

对于 5 类 UTP，由于它可以处理 125MHz 或更高频率的信号，所以比较简单，只使用 2 对 UTP，接收和发送各一对。它和 FDDI 的物理层上是兼容的，在 125MHz 的时钟频率下使用 4B/5B 编码方案，即 5 个时钟周期为一组，发送 4 个比特，给出一些冗余位以提供足够的传输位进行简单的时钟同步，为帧的定界建立特定的模式。100BASE-TX 通过这种编码方式，从而使各个站点以 100Mbit/s 的传输率进行全双工的数据通信，它也支持 1 类和 2 类屏蔽双绞线（STP）。

100BASE-FX 使用 2 股多模光纤，两个传输方向各一股，以 100Mbit/s 的传输率进行全双工的数据通信，最大网段长度（即两个 DTE 之间的最大距离）为 400m。

3. 快速以太网的网络硬件设备

快速以太网采用的媒体独立接口（Media Independent Interface，MII）和 10BASE-T 的连接单元接口 AUI 一样，提供单一接口，能支持用于任何快速以太网媒体标准的外部收发器。即 MII 规定了 MAC 子层和任何一种媒体之间的接口标准。MII 有一个 40 针的插头和 0.5m 的电缆。

媒体相关接口（Medium Dependent Interface，MDI）是传输媒体与物理层之间的机械和电气接口。100BASE-T4 和 100BASE-TX 都采用 RJ45 连接器。

快速以太网的物理层设备（PHY）提供 10Mbit/s 或 100Mbit/s 操作，它可以是以太网网卡上的一组 VISI 芯片，或者是带有 MII 电缆的外部设备。MII 电缆可以插到 100BASE-T 设备（类似于 10Mbit/s 的以太网收发器）。

100BASE-T4 和 100BASE-TX 可以采用共享式 HUB 和交换式 HUB。在共享式 HUB 中，所有的进线（包括到达网卡的线）在逻辑上是连接在一起的，形成了信号的冲突域。所有的标准规则，包括二进制后退算法，和传统的 802.3 标准一样。实际上，在某一时刻只有一个站可以传输信息。

在交换式 HUB 中，每一个进来的帧在网卡中被缓冲，尽管这样会使得 HUB 比较贵，但这意味着所有的站能同时传输（和接收）信息，从而大大地提高了总的系统带宽。对于一般的以太网冲突算法来说，100BASE-FX 的光缆太长，不能及时检测到冲突的发生，因此它们必须连接到带有缓冲的交换式 HUB 上，从而形成自己的冲突域。

实际上每一个交换器都可以处理 10Mbit/s 以太网和 100Mbit/s 以太网混接的情况，从而使得 10Mbit/s 的以太网升级比较容易，图 4-23 给出了 10Mbit/s 以太网和 100Mbit/s 快速以太网连接的结构图。

4.6.3　IEEE 802.12 标准——100VG-AnyLAN

1. 100VG-AnyLAN 概述

100VG-AnyLAN 高速局域网与快速以太网一样，也是为了适应提高网络性能和扩大连网

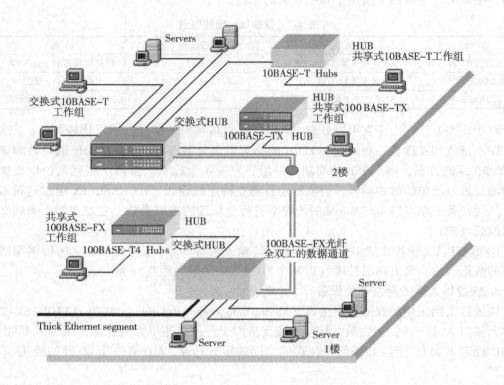

图 4-23　10Mbit/s 以太网和 100Mbit/s 快速以太网连接结构图

的一种新型的 100Mbit/s 高速局域网技术。它融合了现有的以太网和令牌环形网的标准规范，并由 HP 公司开发，1995 年被确定为 IEEE 802.12 标准。它以 100Mbit/s 的速率传送以太网和令牌环的帧格式，能在 3 类、4 类、5 类非屏蔽双绞线、屏蔽双绞线和光纤电缆上传输信息，也支持 10BASE-T 和令牌环形网的所有网络设计规则和拓扑，并能支持多媒体、视频会议、实时性等新型应用。因此，现有的 10BASE-T 和令牌环形网可以移植或升级到 100VG-AnyLAN 上，还可以通过路由器连至 FDDI、ATM 和广域网上。

100VG-AnyLAN 有以下特点：

1）100VG-AnyLAN 的 MAC 协议不采用 CSMA/CD，而是采用优先访问控制协议。

2）使用 3 类 UTP（4 对）时，站点到 HUB 的最大距离为 100m，5 类（2 对）UTP 为 150m。

3）100VG-AnyLAN 的 HUB 按层次结构连接，每个 HUB 至少有一个上线端口和若干个下线端口；HUB 最多可分成 3 层，两个相邻 HUB 间的最大距离为 100m（3 类 UTP）或 150m（5 类 UTP）。

4）端到端的网络最大距离为 600m（3 类 UTP）或 900m（5 类 UTP）；同一条线上的 HUB 之间的最大距离为 200m（3 类 UTP）或 300m（5 类 UTP）。

2. 100VG-AnyLAN 的工作原理

100VG-AnyLAN 的网络结构如图 4-24 所示。100VG-AnyLAN 采用优先访问控制（Demand Priority）方法解决冲突问题，由 HUB 控制对网络的访问。

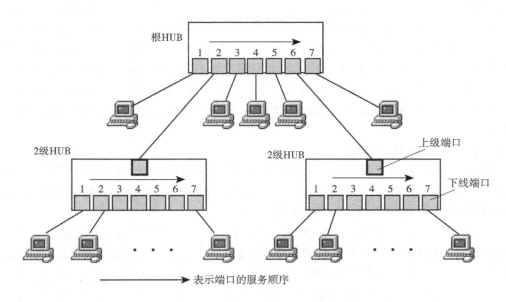

图 4-24　100VG-AnyLAN 的结构

在 100VG-AnyLAN 中,第一级 HUB 或中继器称为根 HUB 或根中继器,它控制优先域的工作。在星形拓扑中,HUB 可分成 3 级,互连的 HUB 可以看做一个大的中继器,根 HUB 按顺序轮流询问端口。

在 100VG-AnyLAN 的优先控制操作中,如果某一节点想发送信息,则必须先给 HUB (或交换器)发送一个请求信号。如果网络空闲,则 HUB 立即响应,该节点就可发送一个分组给 HUB。如果多个节点同时发出请求,则 HUB 采用轮询技术顺序响应。高优先级的请求(如多媒体会议系统)比一般优先级的请求先得到响应。为了对所有站点公平,在一次轮询中,HUB 赋予任一端口的优先访问权不会超过两次。

4.6.4　千兆以太网

1. 概述

千兆以太网是 IEEE 802.3 标准的扩展,在保持以太网和快速以太网设备兼容的同时,它提供了 1000Mbit/s 的数据传输率。千兆以太网为交换机到交换机和交换机到节点工作站的连接提供了新的全双工操作模式,还为采用中继器和 CSMA/CD 媒体访问控制方法的网络共享连接提供了半双工操作模式。千兆以太网与 IEEE 802.3 标准具有同样的帧格式、大小以及管理方式。它最初要求光纤电缆,但现在在 5 类非屏蔽双绞线和同轴电缆系统中也能很好的实现。

千兆以太网联盟由 Compaq、SUN、Microsystem、3Com 等一百多家公司组成,他们联合推出的千兆以太网被称之为以太网的第三次浪潮。该联盟旨在促进企业在开发过程中相互合作,并支持 IEEE 802.3 工作组进行的千兆以太网标准化活动,而且对其提供技术信息,以帮助汇集技术规范并达成一致意见。另外,该联盟还提供资源,以便建立和演示产品的互操作性,促进千兆以太网的潜在供应商与用户之间的相互交流。

IEEE 802.3 工作组建立了 802.3z 千兆以太网小组,其任务是开发适应不同需求的千兆以太网标准。该标准支持全双工和半双工 1000Mbit/s。半双工操作采用 CSMA/CD 媒体访问控制方法，并通过载波扩展和小型数据帧合并的办法达到 1000Mbit/s 的速率；而全双工操作不使用 CSMA/CD 媒体访问控制方法，工作站在不同的线对上发送和接收数据，因此在发送数据前不需要等待。千兆以太网具有与现有 10BASE-T 和 100BASE-T 的向后兼容性。此外，IEEE802.3z 标准将支持最大距离为 500m 的多模光纤、最大距离为 2000m 的单模光纤和最大距离为 25m 的同轴电缆。千兆以太网将填补 802.3 和 802.3u 标准的不足。

2. 千兆以太网的技术规范

千兆以太网的标准化目前只针对光纤信道和其他高速网络互连部件。最初的千兆以太网采用高速 780nm（短波长）光纤信道的光元件传输光信号，采用 8B/10B 的编码和解码方法实现光信号的串行化和复原。目前光纤信道技术的运行速率为 1.063Gbit/s，将来会提高到 1.250Gbit/s，使数据速率达到完整的 1000Mbit/s。对于更远的连接距离，将采用 1300nm（长波）的光元件。为了适应硅技术和数字信号处理技术的发展，应在 MAC 子层和物理层之间制定独立于媒体的逻辑接口，以使千兆以太网工作在非屏蔽双绞线电缆系统中。这一逻辑结构将适应于非屏蔽双绞线电缆系统的编码方法独立于光纤信道的编码方法。图 4-25 说明了千兆以太网的组成。

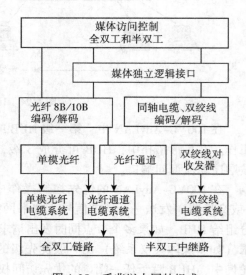

图 4-25　千兆以太网的组成

3. 向千兆以太网过渡

现有的以太网将逐渐向千兆以太网过渡，开始会在现有的 LAN 骨干网上进行，然后是服务器连接的升级，最终是工作站的升级。这些升级的内容包括：

（1）交换机到交换机链路的升级　快速以太网交换机或中继器之间 100Mbit/s 链路会被 1000Mbit/s 的链路所替代，以提高骨干网交换机之间的信息传输速度，并支持更多的交换式和共享式快速以太网网段。

（2）交换机到服务器链路的升级　快速以太网交换机和高性能服务器之间实现 1000Mbit/s 的连接。这种升级要求服务器安装千兆以太网网卡。

（3）快速以太网骨干网的升级　带有 10/100Mbit/s 开关的快速以太网交换机可以升级支持多路 100/1000Mbit/s 开关的千兆以太网交换机或路由器和集线器（具有千兆以太网接口和中继器）。这种升级允许服务器通过千兆以太网网卡直接连接到骨干网上，可增加用户的高带宽应用与服务器的流量。千兆以太网可以支持更多的网段和节点。

（4）共享式 FDDI 骨干网的升级　通过用千兆以太网交换机或中继器替代 FDDI 骨干网的中央控制器、集线器或以太网到 FDDI 的路由器，可以升级 FDDI 骨干网。这种升级的唯一要求是在路由器、交换机和中继器中安装新的千兆以太网接口。

（5）高性能工作站的升级　千兆以太网网卡可将高性能工作站计算机升级到千兆以太网。这些工作站计算机要连接到千兆以太网交换机或中继器上。

4.7　无线局域网

4.7.1　无线局域网概念

无线局域网（Wireless LAN，或简称 WLAN）正在获得越来越广泛的应用。无线局域网有两层含义，"无线"和"局域网"。首先无线是指去除了传统网络中的网络传输线缆，利用微波等无线技术进行信息传递。"局域网"是相对与"广域网"和"个人网"而言的，就其通信范围而言介于个人网和广域网之间。通常是指在一个特定的单位内部位于相同的 IP 地址网段、相互通信计算机组成的网络。无线局域网是 20 世纪 90 年代计算机网络与无线通信技术相结合的产物，它提供了使用无线多址信道的一种有效方法来支持计算机之间的通信，并为通信的移动化、个人化和多媒体应用提供了潜在的手段。

无线局域网设备在 20 世纪 90 年代初就已经出现，但是由于价格、性能、通用性等种种原因，没有得到广泛应用。IEEE 802.11 标准是 IEEE（电气和电子工程师协会）于 1997 年制定的一个无线局域网标准，主要用于解决办公室局域网和校园网中设备的无线接入，速率最高只能达到 2Mbit/s。由于 IEEE 802.11 标准在速率和传输距离上都不能满足人们的需要，1999 年 IEEE 小组又相继推出了 IEEE 802.11b 和 IEEE 802.11a 两个新标准。IEEE 80.11b 标准支持 5.5Mbit/s 和 11Mbit/s 两种物理层速率，可因环境而变化，在 11Mbit/s、5.5Mbit/s、2Mbit/s、1Mbit/s 之间切换。IEEE 802.11a 标准可支持高达 54Mbit/s 的物理层速率，可提供 5Mbit/s 的无线 ATM 接入和 10Mbit/s 的以太网无线接入以及其他比 IEEE 802.11b 标准优秀的特性。

无线技术给人们带来的影响是无可争议的。借助 IEEE 802.11b 无线局域网技术，人们在家庭、办公室、学校、宾馆、机场、会议中心等场合，都可以轻松接入互联网，随意地发电子邮件，获取档案及上网浏览，享受无线移动互联网带来的高效与自由沟通的便利。

目前局域网互联的传输介质往往是有线介质，这些有线介质在某些特定的场合均存在一定的问题。例如拨号线的传输速率较低，租用专线的速率虽然高一些，但是租金较贵；双绞线、同轴电缆、光纤则存在铺设费用高、施工周期长、移动困难、维护成本高、覆盖面积小等问题。

目前无线网络技术已相当成熟，广泛应用于各种军事、民用领域。现在，高速无线网络的传输速率已达到 11Mbit，完全能满足一般的网络传输要求，包括传输文字、声音、图像等，甚至可以实现多路声音、图像的并发传输。无线网络的最大传输距离也达到几十公里，甚至更远。它不受障碍物限制，速率较高，架设也很方便，组网迅速，并且可传输几十公里，将局域网扩大到整个城市，如城中隔几条街道，或跨十几公里的范围内的局域网互联，或作为 DDN 专线的替代与 Internet 相连；在小城镇，作为速率达 11Mbit 的高速线路与几十公里外的乡镇联网。

4.7.2　无线局域网的特点

一般来讲，凡是采用无线传输媒体的计算机网都可称为无线网。为区别于以往的低速网络，这里所指的无线网特指传输速率高于 1Mbit/s 的无线计算机网络。

1. 无线局域网的应用特点

与有线局域网相比较，无线局域网具有开发运营成本低、时间短，投资回报快，易扩展，受自然环境、地形及灾害影响小，组网灵活快捷等优点。可实现"任何人在任何时间、任何地点以任何方式与任何人通信"，弥补了传统有线局域网的不足。随着 IEEE 802.11 标准的制定和推行，无线局域网的产品将更加丰富，不同产品的兼容性将得到加强。现在无线网络的传输率已达到和超过了 10Mbit/s，并且还在不断变快。目前无线局域网除能传输语音信息外，还能顺利地进行图形、图像及数字影像等多种媒体的传输。而且随着 ATM 无线局域网的投入使用，其数据传输率将达到 20～25Mbit/s，可更好地满足用户的需求。另一方面无线局域网虽然以空气为介质，传输的信号可跨越很宽的频段，数据不容易被窃取，保证了网络传输的安全性。

2. 无线局域网的传输方式

传输方式涉及无线网采用的传输媒体、选择的频段及调制方式。

无线网采用的传输媒体主要有两种，即无线电波与红外线。在采用无线电波作为传输媒体的无线网根据调制方式不同，又可分为扩展频谱方式与窄带调制方式。

（1）扩展频谱方式　在扩展频谱方式中，数据基带信号的频谱被扩展至几倍、几十倍后再被搬移至射频发射出去。这一作法虽然牺牲了频带带宽，却提高了通信系统的抗干扰能力和安全性。由于单位频带内的功率降低，对其他电子设备的干扰也减小了。

采用扩展频谱方式的无线局域网一般选择所谓 ISM 频段，这里 ISM 分别取于 Industrial、Scientific 及 Medical 的第一个字母。许多工业、科研和医疗设备辐射的能量集中于该频段。

（2）窄带调制方式　在窄带调制方式中，数据基带信号的频谱不做任何扩展即被直接搬移到射频发射出去。

与扩展频谱方式相比，窄带调制方式占用频带少，频带利用率高。采用窄带调制方式的无线局域网一般选用专用频段，需要经过国家无线电管理部门的许可方可使用。当然，也可选用 ISM 频段，这样可免去向无线电管理部门申请。但带来的问题是，当邻近的仪器设备或通信设备也在使用这一频段时，会严重影响通信质量，通信的可靠性无法得到保障。

（3）红外线方式　基于红外线的传输技术最近几年有了很大发展。目前广泛使用的家电遥控器几乎都是采用红外线传输技术。作为无线局域网的传输方式，红外线的最大优点是这种传输方式不受无线电干扰，且红外线的使用不受国家无线电管理部门的限制。然而，红外线对非透明物体的透过性极差，这将导致传输距离受限。

3. 无线局域网的网络拓扑

无线局域网的拓扑结构可归结为两类：无中心或对等式（Peer to Peer）拓扑和有中心（HUB-Based）拓扑。

（1）无中心拓扑　无中心拓扑的网络要求网中任意两个站点均可直接通信。采用这种拓扑结构的网络一般是用公用广播信道，各站点都可竞争公用信道，而信道接入控制（MAC）协议大多采用 CSMA（载波监听多址接入）类型的多址接入协议。

这种结构的优点是网络抗毁性好、建网容易、且费用较低。但当网中用户数（站点数）过多时，信道竞争成为限制网络性能的要害。并且为了满足任意两个站点可直接通信，网络中站点布局受环境限制较大。因此，这种拓扑结构适用于用户相对较少的工作群网络规模。

（2）有中心拓扑　在中心拓扑结构中，要求一个无线站点充当中心站，所有站点对网络的访问均由其控制。这样，当网络业务量增大时网络吞吐性能及网络时延性能的下降并不快。由于每个站点只需在中心站覆盖范围之内就可与其他站点通信，所以网络中点站布局受环境限制较小。此外，中心站为接入有线主干网提供了一个逻辑接入点。

有中心网络拓扑结构的弱点是抗毁性差，中心点的故障容易导致整个网络瘫痪，并且中心站点的引入增加了网络成本。

在实际应用中，无线网往往与有线主干网络结合起来使用。这时，中心站点充当无线网与有线主干网的转接器。

4. 网络接口

这涉及无线网中站点从哪一层接入网络系统。一般来讲，网络接口可以选择在 OSI 参考模型的物理层或数据链路层。

所谓物理层接口指使用无线信道替代通常的有线信道，而物理层以上各层不变。这样做的最大优点是上层的网络操作系统及相应的驱动程序可不做任何修改。这种接口方式在使用时，一般用有线网的集线器和无线转发器以实现有线局域网间互连或扩大有线局域网的覆盖面积。

另一种接口方法是从数据链路层接入网络。这种接口方法并不沿用有线局域网的 MAC 协议，而采用更适合无线传输环境的 MAC 协议。在实现时，MAC 层及其以下层对上层是透明的，配置相应的驱动程序来完成对上层的接口，这样可保证现有的有线局域网操作系统或应用软件可在无线局域网上正常运转。

目前，大部分无线局域网厂商都采用数据链路层接口方法。

4.7.3　无线局域网的技术要求

无线局域网与以往的基于蜂窝电话网、专用分组交换网及其他技术的无线计算机通信相比，有许多本质上的区别。

无线局域网必须支持高速突发数据业务，在室内使用时要解决包括多径衰落、相邻子网间串扰等问题。下面列出无线局域网必须克服的技术难点。

(1) 可靠性　有线局域网的信道误位率达 10^{-9}，这样保证了通信系统的可靠性和稳定性。无线局域网的信道误位率应尽可能低，否则，当误位率过高而不能被纠错码纠正时，该错误分组将被安排重发。这样大量的重发分组会使网络的实际吞吐性能大打折扣。实验数据表明，如系统分组丢失率 $\leq 10^{-5}$，或信道误位率 $\leq 10^{-8}$，可以保证较满意的网络性能。

(2) 兼容性　对室内应用的无线局域网，应尽可能与现有有线局域网兼容，现有的网络操作系统和网络软件应能在无线局域网上不加修改地正常运行。

(3) 数据速率　为了满足局域网的业务环境，无线局域网至少应具备 1Mbit/s 以上的数据速率。

(4) 通信保密　由于无线局域网的数据经无线媒体发往空中，要求其有较高的通信保密能力。无线局域网可在不同层次采取措施来保证通信的安全性。首先，采取适当的传输措施。例如，采用扩展频谱技术，使盗听者难以从空中捕获到有用信号。其次，为防止不同局域网间干扰与数据泄露，需采取网络隔离或设置网络认证措施。最后，在同一网中，应设置严密的用户口令及认证措施，防止非法用户入网。还应设置用户可选的数据加密方案，即使信号被盗听也难于理解其中的数据内容。

（5）移动性　把无线局域网中的站分为全移动站与半移动站两类。全移动站指在网络覆盖范围内该站可在移动状态下保持与网络的通信。半移动站指在网络覆盖范围内网中的站可自由移动，但仅在静止状态下才能与网络通信。支持全移动站的网络称为全移动网络，而支持半移动站的网络称为半移动网络。

（6）节能管理　由于无线局域网要面向便携机使用，为节省便携机内电池的消耗，网络应具有节能管理功能，即当某站不处于数据收发状态时，应使机内收发机处于休眠状态，当要收发数据时，再激活收发机。

（7）小型化、低价格　这是无线局域网能够实用并普及的关键所在。这取决于大规模集成电路。

（8）电磁环境、无线电频段的使用范围　在室内使用的无线局域网，应考虑电磁波对人体健康的损害及其他电磁环境的影响。

4.7.4　无线局域网射频技术

扩展频谱技术又称为扩频技术，是近几年来发展很快的一种技术，不仅在军事通信中发挥出了不可取代的优势，而且广泛地渗透到了通信的各个方面，如无线局域网、卫星通信、移动通信、微波通信、无线定位系统、全球个人通信等。

所谓扩展频谱技术是指发送的信息带宽的一种技术。这样的系统就称之为扩展频谱系统或扩频系统。

扩展频谱技术包括以下几种方式：

- 直接序列扩展频谱，简称直扩，记为 DS（Direct Sequence）。
- 跳频，记为 FH（Frequency Hopping）。
- 跳时，记为 TH（Time Hopping）。
- 线性调频，记为 Chiep。

除以上4种基本扩频方式以外，还有这些扩频方式的组合方式，如 FH/DS、TH/DS、FH/TH 等。在通信中应用较多的主要是 DS/FH 和 FH/DS。

扩展频谱技术具有以下特点：

（1）很强的抗干扰能力　由于将信号扩展到很宽的频带上，所以在接收端对扩频信号进行相关处理即带宽压缩，恢复成窄带信号。对干扰信号而言，由于与扩频用的伪随机码不相关，则被扩展到一个很宽的频带上，使之进入信号通频带内的干扰功率大大降低，因此具有很强的抗干扰能力。其抗干扰能力与其频带的扩展倍数成正比，频谱扩展得越宽，抗干扰的能力越强。

（2）可进行多址通信　扩展频谱通信本身就是一种多址通信方式，称为扩频多址（Spread Spectrum Multiple Access，SSMA），实际上是码分多址（CDMA）的一种，用不同的扩频码组成不同的网。虽然扩展频谱系统占用了很宽的频带，但由于各网在同一时刻共用一个频段，其频段利用率甚至比单路单载波系统还要高。

（3）安全保密　由于扩频系统将传送的信息扩展到很宽的频带上去，其功率密度随频谱的展宽而降低，甚至可以将通信信号淹没在噪声中，所以其保密性很强，要截获或窃听、侦察这样的信号是非常困难的，除非采用与发送端所用的扩频码且与之同步后进行相关的检测，否则对扩频信号是无能为力的。

（4）抗多径干扰　在移动通信、室内通信等通信环境下，多径干扰是非常严重的，系统必须具有很强的抗干扰的能力，才能保证通信的畅通。扩展频谱技术具有很强的抗多径能力，它利用扩频所用的扩频码的相关特性来达到抗多径干扰，甚至可以利用多径能量来提高系统的性能。

直接序列扩展频谱技术是目前应用较广的一种扩频方式。直接序列扩展频谱系统是将要发送的信息用伪随机码（PN 码）扩展到一个很宽的频带上去，在接收端，用与发送端扩展用的相同的伪随机码对接收到的扩频信号进行相关处理，恢复出发送的信息。对干扰信号而言，由于与伪随机码不相关，在接收端被扩展，使落入信号通频带内的干扰信号功率大大降低，从而达到了抗干扰的目的。

扩频技术利用的是开放的 2.4GHz 频段。由于这是个公用频段，因此十分拥挤，微波噪声最大，采取何种发送和接收方法，会直接影响到微波传输的质量和速率。直接序列扩频技术同时使用整个频段，信号被扩展多次而无损耗；而跳频扩频技术是连续间断跳跃使用多个频点。当跳到某个频点时，判断是否有干扰，若无，则传输信号，若有，则依据算法跳至下一频段继续判断。正是由于利用了跳频技术，使得跳频的范围很宽，但是信息在每个频率上停留的时间很短（仅为 1/1000s 左右），不仅使得数据的抗干扰能力大大提高，而且传输更加稳定，提高了数据的安全性。

4.7.5　无线局域网的天线系统

无线局域网的天线系统重点是适合于无线局域网的方向性天线。

1. 天线的有关概念

（1）天线增益　它是将天线的方向图压缩到一个较窄的宽度内并且将能集中在一个方向上发射而获得的。

（2）极化方向　它指电磁波的振动方向，是天线的方向性。

2. 天线的类型

（1）全向天线　在所有水平方位上信号的发射和接收都相等。

（2）定向天线　在一个方向上发射和接收大部分的信号。

3. 天线位置选择因素

1）两点之间距离最短处。

2）水平高度最高处。

3）最佳可视效果处。

4）天线之间的分隔距离最大（选择分集接收器）。

4.7.6　无线局域网的网络安全性

无线局域网的数据保密性采取多重保护的方式。首先，每台计算机无线网卡均有一个全球唯一识别号 ESSID，网络通过此号码识别是否为本网络成员，如未经系统管理员的认可，外来计算机无法登录无线网络。其次，无线网络采用的直接序列扩展频谱技术将完整的数据分段，即使遭截获，也只是其中的一小段。最后，传输的数据都经过加密，非法用户得到的只是乱码。

4.7.7 无线局域网的标准

在无线 LAN 中，通信协议是指由 IEEE 提出 802.11 协议族，包括 802.11a 和 802.11b。1999 年无线网络国际标准的更新及完善，进一步规范了不同频点的产品及更高网络速率产品的开发和应用，除原 IEEE 802.11 的内容之外，增加了基于 SNMP（简单网络管理协议）协议的管理信息库（MIB），以取代原 OSI 协议的管理信息库。另外还增加了高速网络内容。所有这些协议都以 CSMA/CD 为介质共享策略。

IEEE 802.11e 及 IEEE 802.11g 是下一代无线 LAN 标准，被称为无线 LAN 标准方式 IEEE 802.11 的扩展标准，是在现有的 802.11b 及 802.11a 的 MAC 层追加了 QOS 功能及安全功能的标准。

1. IEEE 802.11 标准

802.11 标准是 IEEE 制定的无线局域网标准，主要是对网络的物理层（PH）和媒质访问控制层（MAC）进行了规定，其中对 MAC 层的规定是重点。各厂商的产品在同一物理层上可以互操作，逻辑链路控制层（LLC）是一致的，即 MAC 层以下对网络应用是透明的。这样就使得无线网的两种主要用途——"（同网段内）多点接入"和"多网段互连"易于质优价廉地实现。

IEEE 802.11 规定了开放式系统互联参考模型（OSI/RM）的物理层和 MAC 层，其 MAC 层利用载波监听多重访问/冲突避免（CSMA/CA）协议。在 MAC 层以下，IEEE 802.11 规定了 3 种发送及接收技术：扩频（SpreadSpectrum）技术、红外（Infrared）技术和窄带（NarrowBand）技术。而扩频又分为直接序列扩频技术和跳频扩频技术。直接序列扩频技术，通常又会结合码分多址 CDMA 技术。

2. IEEE 802.11a 和 IEEE 802.11b

IEEE 802.11a 规定的频点为 5GHz，采用的 OFDM 技术的最大的优势是其多途径回声反射，适合于室内及移动环境。传输速度为 1～2Mbit/s。

IEEE 802.11b 工作于 2.4GHz 频点，采用补偿码健控 CCK 调制技术。当工作站之间的距离过长或干扰过大，信噪比低于某个限值时，其传输速率可从 11Mbit/s 自动降至 5.5Mbit/s，或者再降至直接序列扩频技术的 2Mbit/s 及 1Mbit/s 速率。所以 IEEE 802.11b 无线局域网的带宽最高可达 11Mbit/s，可以根据实际情况采用 5.5Mbit/s、2 Mbit/s 和 1Mbit/s 带宽，实际的工作速度在 5Mbit/s 左右，与普通的 10Base-T 规格有线局域网几乎是处于同一水平。它既可作为对有线网络的补充，也可独立组网。

IEEE 802.11b 无线局域网 MAC 层同 IEEE 802.11 一样，采用 CSMA/CA 协议控制网络中信息的传送。使用信道空闲评估（CCA）算法来决定信道是否空闲，通过测试天线口能量和决定接收信号强度 RSSI 来完成。CSMA/CA 使用 RTS、CTS 和 ACK 帧减少冲突。一般来说，IEEE 802.11b 允许使用任何现有在有线网络上运行的应用程序或网络服务。

习　题

1. 简述局域网的主要特点。比较它与广域网的区别。

2. IEEE 802 LAN 标准化模型和 ISO 的 OSI/RM 有何异同？ IEEE 802 LAN 标准化模型有何特点？

3. 在局域网中，为什么要将数据链路层分为 MAC 和 LLC 两个子层？MAC 子层和 LLC 子层各有何功能？

4. 总线型 LAN 的特点是什么？

5. 简述载波监听多重访问/冲突检测（CSMA/CD）技术的工作原理。

6. 10Mbit/s 的 Ethernet 的标准有哪些？它们各有何特点？

7. 为什么 10BASE-T Ethernet 被广泛应用？它有何优点？HUB 在其中起到什么样的作用？

8. 令牌总线（Token Bus）是如何工作的？

9. 简述令牌环（Token Ring）的工作原理。

10. 令牌环形网帧格式中访问控制字段 AC 各位的含义是什么？它们起到什么样的作用？

11. FDDI 和 Token Ring 有何异同点？

12. FDDI 的连接站有哪几种？它们的作用是什么？

13. 快速以太网的主要特点是什么？它有哪些标准？有哪些硬件设备？

14. 简述无线局域网的特点。它与有线局域网相比，有何优势？

第 5 章   TCP/IP

TCP/IP 成功地解决了不同网络之间难以互联的问题,实现了异构网互联通信。Internet 是目前世界上规模最大的计算机互联网络,TCP/IP 是 Internet 的基础协议,并已演变为一个工业标准,得到相当广泛的实际应用。TCP/IP 具有完整的体系结构和协议标准。

5.1   TCP/IP 概述

TCP/IP 是 Transmission Control Protocol/Internet Protocol 的简写,中文译名为传输控制协议/因特网互联协议,又叫做网络通信协议。

TCP/IP 具有以下特点:

1)开放的协议标准,可以免费使用,并且独立于特定的计算机硬件与操作系统。

2)独立于特定的网络硬件,可以运行在局域网、广域网和互联网中。

3)统一的网络地址分配方案,使得整个 TCP/IP 设备在网络中都具有唯一的地址。

4)标准化的高层协议,可以提供多种可靠的用户服务。

5)TCP/IP 是一组用来把不同的物理网络联在一起构成互联网的协议。TCP/IP 连接独立的网络形成一个虚拟的网,在网内用来确认各种独立网络的不是物理网络地址,而是 IP 地址。

6)TCP/IP 使用多层体系结构,该结构清晰地定义了每个协议的责任。TCP 和 UDP 向网络应用程序提供了高层的数据传输服务,并都需要 IP 来传输数据报。IP 有责任为数据报到达目的地选择合适的路由。

7)在 Internet 主机上,两个运行着的应用程序之间传送要通过主机的 TCP/IP 堆栈上下移动。

TCP/IP 并不完全符合 OSI 的 7 层参考模型。OSI 参考模型是一种通信协议的 7 层抽象的参考模型,其中每一层执行某一特定任务,该模型的目的是使各种硬件在相同的层次上相互通信。而 TCP/IP 采用了 4 层的网络层次结构,每一层都呼叫它的下一层所提供的网络来完成自己的需求。从网络体系结构来看,TCP/IP 是 OSI 参考模型 7 层结构的简化。TCP/IP 的 4 层结构分别为:

1)应用层:应用程序间沟通的层,如简单电子邮件传输协议(SMTP)、文件传输协议(FTP)、网络远程登录协议(Telnet)等。

2)传输层:此层提供了节点间的数据传送,应用程序之间的通信服务,主要功能是数据格式化、数据确认和丢失重传等,如传输控制协议(TCP)、用户数据报协议(UDP)等。TCP 和 UDP 给数据报加入传输数据并把它传输到下一层中。传输层负责传送数据,并且确定数据已被送达并接收。

3)网络层:负责提供基本的数据封包传送功能,如网络协议(IP),IP 让每一个数据报都能够到达目的主机,但不检查是否被正确接收。

　　4) 网络接口层（主机-网络层）：接收 IP 数据报并进行传输，抽取 IP 数据报转交给下一层，是对实际的网络媒体的管理，定义如何使用实际网络来传送数据。

　　TCP/IP 实际就是在物理网络上的一组完整的网络协议，该协议组中的 TCP 提供传输层服务，负责数据的流量控制，并保证传输的正确性；而 IP 提供网络层服务，负责将数据从一处传送到另一处。

　　TCP 从上层实体接收任意长度的报文，并为上层用户提供面向连接的、可靠的全双工数据传输服务。TCP 能自动纠正诸如分组丢失、损坏、重复、延迟和乱序等差错。TCP 能支持多种高层协议，如 Telnet、FTP、SMTP 等。TCP 为了保证可靠的端到端通信，还具有流量控制、差错控制、多路复用等功能，它可适用于各种可靠的或不可靠的网络。

　　IP 是一种无连接的采用分组交换方式的网络层协议，它既可作为单独通信子网中的网络层协议，也可作为由多个通信子网互连组成的互联网的网络层协议。IP 主要负责主机之间数据的路由和网络上数据的存储，同时为 ICMP、TCP、UDP 提供分组发送服务。

　　TCP/IP 是一组协议的代名词，它还包括其他一些协议。在 TCP/IP 中，除了 TCP 和 IP 外，还有如下协议：

- 地址解析协议，此协议将网络地址映射到硬件地址，属于网络层协议。
- 反向地址解析协议，此协议将硬件地址映射到网络地址，属于网络层协议。
- 网间报文控制协议，属于网络层协议。
- 用户数据报协议，提供无连接服务，属于传输层协议。
- 文件传输协议，允许用户以文件操作的方式（文件的增、删、改、查、传送等）与另一台主机相互通信，属于应用层协议。
- 简单邮件传输协议，属于应用层协议。
- 远程登录协议，属于应用层协议。
- 简单文件传输协议，属于应用层协议。

5.2　网络层协议

　　网络层的主要功能是实现互联网络环境下的数据分组传输，这种数据分组传输采用无连接交换方式来完成。为此，网络层提供了基于无连接的数据传输、路由选择、拥塞控制和地址映射等功能，这些功能主要由 4 个协议来实现：IP、ARP、RARP 和 ICMP，其中 IP 提供数据分组传输、路由选择等功能，ARP 和 RARP 提供逻辑地址与物理地址映射的功能，IC-MP 提供网络控制和差错处理功能。

5.2.1　IPv4

　　IP 是网络层的主要协议，它现在有两个版本：IPv4 和 IPv6，IPv4 是当前使用的版本，也是 IP 网络技术的基础。下面介绍 IPv4，即 IP。

　　1. IP

　　（1）IP 数据报格式　　IP 作为互联网中的网络层协议，提供无连接的数据报传输机制。IP 数据报的格式和一般帧格式差不多，也分为报头和数据区两个部分，报头的具体格式如表 5-1 所示。

表 5-1　IP 数据报格式

名　称	长度/bit	用　途
版本	4	IP 版本
头标长 IHL	4	32 位/字的报头长度
服务类别	8	指定优先级、可靠性和延迟要求
数据报总长度	16	数据报长度（以字节表示）
数据报标识符	16	表示该数据报的唯一标志
标志	3	表示数据报分段特征的标志位
分段偏移量	13	分段偏移量（以 64 位为单位）
生存时间	8	允许该数据报存在的时间（s）
用户协议	8	请求 IP 的协议层（TCP、UDP、ICMP、…）
报头校验和	16	只适应于报头，异或后结果求反
源地址	32	32 位 IP 地址
目标地址	32	32 位 IP 地址
选择项和填充字节	可变	指定额外的服务
数据	可变	用户数据

其中：

● 版本指该 IP 的版本号。不同版本的 IP 其报头的格式不完全相同。

● IHL 指数据报头标的长度，它包括到地址为止的 20B 的固定部分，以 4B 作为一个单位长度。如果没有选择和填充区，则其值为 5。

● 服务类型用来说明对本数据报传输的要求，其中 3 位用来表示数据报的优先级，"0"表示一般优先级，"7"表示网络控制优先级。另有 3 位分别代表 D（Delay）、T（Throughput）、R（Reliability），表示用户要求该分组以最短的延时（D）、最大的吞吐率（T）、最高的可靠性（R）来传输。它们只是反映了用户的要求，在可能的情况下网络尽量满足，当 D 置位时，如果存在租用线和卫星两条路径的情况下，则采用延时短的租用线而不采用卫星线路；当 T 置位时，采用高数据率的卫星线路。

● 数据报的总长度包括报头及数据区的总长度，以字节为单位计算。数据报标识符作为该数据报的唯一标志，一般用一个计数器的值来设置。因为 IP 数据报在传输的过程中，受到某些物理网络帧长的限制可能被分成若干段，每一段作为一个小的 IP 包在网络中传输，这些小的 IP 包其报头中除了分段偏移量、报头校验和不同外，其余是一样的。

● 数据报标识符可用于识别哪些段是属于原来的一个大数据报的。

● 标志包括 3 位，但其中有一位未用，有一位代表该数据报是否允许被分段，另一位表示该 IP 包是否为一个数据报的最后一段，若置 1 则表示还有另外的段，置 0 则表示是最后一段。

● 分段偏移量指出该数据报中的数据在原来数据报中的位置，它的值是以 8B 为单位来计算的。

● 生存时间指允许该分组存在的时间，以秒为单位。数据报在传输过程中，随着时间的流逝，网关和主机要从该域减去所消耗的时间，一旦该域小于或等于零则该分组被删除，网关向源主机发回出错信息。

- 用户协议指的是什么高层协议请求传输 IP 包，实质上它指出了 IP 数据报中数据区的格式。

- 报头校验和是一个 16 位的校验和，为确保头部的可靠性而设置的。

- 源（目标）地址是指源主机（或目标主机）的 IP 地址。

- 选择项是报头中的可变部分，用以指定额外的服务。例如，指定记录下该数据报从源主机传到目标主机过程中所经过的网关地址及到达时间，也可以在选择项中给数据报指明一条到达目标主机的路径等。IP 数据报能够完成的额外服务被分成许多类别，每类有一定的编码及相应的格式，通过选择项告诉 IP 服务软件，并把记录的结果放到选择项的表格中供分析。填充字节是为了使报头长度为 32 位的整倍数而设置的。

（2）数据报的分段与重装

1）数据报分段。在各种物理网络中，如 Ethernet、Token Ring 等都有最大帧长限制。为了使较大的数据报能以适当的大小在物理网络上传输，IP 首先要根据物理网络所允许的最大帧长对上层协议提交的数据报进行长度检查，必要时把数据报分成若干个段发送。

在数据报分段时，每个段都要加上 IP 报头，形成 IP 数据报。与数据报分段相关的字段有：

- 标识（ID）：数据报的唯一标志。被分段传送的 IP 数据报设有相同的标志。

- 报文长度：对每一个被分段的 IP 数据报都要重新计算其报文长度。

- 分段偏移：每一个被分段的 IP 数据报要表明它在原始数据报中的位置，用 64 位的倍数来表示。

- 标志（Flag）：如果是无分段的 IP 数据报，则该标志为 0；如果是有分段的 IP 数据报，除了最后一个分段 IP 数据报将该标志置为 0 外，其他的都将该标志置为 1。

2）数据报重装。在互联网络中，被分段的各个 IP 数据报进行独立的传输，它们在经过中间路由器转发时可能选择不同的路由。这样，到达目的主机的 IP 数据报的顺序与发送的顺序可能不一致。因此，目的主机上的 IP 必须根据 IP 数据报中相关字段（标识、报文长度、分段偏移及标志等）将分段的各个 IP 数据报重新组装成完整的原始数据报，然后再提交给上层协议。

在进行数据报重装时，各个 IP 数据报除应具有相同的标识外，还应具有相同的上层协议号、源 IP 地址和目的 IP 地址，并且在一定的时间内要全部到齐。IP 将满足上述条件的 IP 数据报按分段偏移顺序排队，且只保留第 1 段 IP 数据报报头，而其他段的 IP 报头均删除，组装成一个完整的原始 IP 数据报，并重新计算其报文长度，填入 IP 报头相应的字段。最后将组装好的原始 IP 数据报按上层协议号提交给上层协议。

（3）数据报发送和接收

1）数据报发送。当发送节点 IP 收到上层协议要求发送的数据报时，如果上层协议已指定了发送路由，则按指定的路由发送数据报；如果上层协议未指定发送路由，则以 IP 数据报中目的 IP 地址为关键字来搜索路由表中的路由。如果未找到任何路由，则说明目的不可达，向上层协议报告错误信息。对于已确定的发送路由，无论是由上层协议指定的，还是从路由表中找到的，如果该路由是直接可达的，则将 IP 数据报中的目的 IP 地址通告给网络接口程序；如果该路由不是直接可达的，则将路由表中对应的路由器 IP 地址通告给网络接口程序。

2）数据报接收。当 IP 收到由网络接口程序传来的数据报时，如果该接收节点为主机节点，则比较 IP 数据报中的目的 IP 地址与本机 IP 地址是否相匹配，若匹配，则把 IP 数据报递交给对应的上层协议，否则丢弃该数据报；如果该接收节点为路由器节点，则需要转发该数据报，即用该数据报的目的 IP 地址从路由表中查找转发路由，若找到路由，则按该路由转发数据报，否则向发送该数据报的源主机发送 ICMP 报文，报告目的不可达。

2. IP 地址

在 TCP/IP 体系结构中，参与通信的各个节点（包括端节点和中间节点，如主机、交换机、路由器等）都要预先分配一个唯一的逻辑地址作为标识符，并且使用该地址进行一切通信活动，该地址被叫做 IP 地址。在 IPv4 中，IP 地址为 32 位，由网络标识（Net）和主机标识（Host）两部分组成，可标识一个互联网络中任何一个网络中的任何节点。从节点标识的角度，IP 将节点统称为主机（Host）。

IP 地址是一种在网络层用来标识主机的逻辑地址。当数据报在物理网络传输时，必须把 IP 地址转换成物理地址，由网络层的地址解析协议（ARP）提供这种地址映射服务。

（1）IP 地址的格式与分类　　IP 地址有二进制格式和十进制格式两种。用十进制表示是为了便于使用和掌握。

二进制的 IP 地址共有 32 位。例如：10000011，00010000，00000011，00000010。每 8 位用一个十进制数表示，并用"."进行分隔，上例就变为 131. 16. 3. 2。IP 地址分为 A、B、C、D、E 这 5 类，其中 A、B、C 类地址的一般格式为

$$M \ + \ Net \ + \ Host$$

式中，M 为地址类别号；Net 为网络号；Host 为主机号。地址类别号不同，后面两个参数在 32 位中所占的位数也不同，如图 5-1 所示。

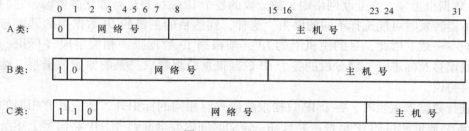

图 5-1　IP 地址格式

在 IP 地址中，有一些特殊的规定：

1）当 32 位的 IP 地址为全 0 时，表示该主机，但只允许在主机启动时使用，以后不允许再使用。

2）当 32 位的 IP 地址为全 1 时，表示在该网的广播地址，一般用于初始化。

3）当 32 位的 IP 地址为 127. 0. 0. 1 时，表示是回送地址。目的地址是回送地址的数据报将被 IP 立即送回，主要用于网络测试目的。

4）当主机地址为全 0 时，表示该 IP 地址是某个网络的网络地址。

5）当主机地址为全 1 时，表示该网内的广播地址。当向该网内所有主机广播时，它作为目标地址。

在 A 类地址中，M 字段占 1 位，即第 0 位为 "0"，表示是 A 类地址，第 1～7 位表示网络地址，第 8～31 位表示主机地址。它所能表示的地址范围为 0.0.0.0～127.255.255.255，可以表示 128 - 2 = 126 个 A 类网，每个 A 类网最多可以有 2^{24} - 2 = 16777214 个主机地址。A 类地址通常用于超大型网络。

在 B 类地址中，M 字段占 2 位，即第 0、1 位为 "10"，表示是 B 类地址，第 2～15 位表示网络地址，第 16～31 位表示主机地址。它所能表示的地址范围为 128.0.0.0～191.255.255.255，可以表示 2^{14} - 2 = 16382 个 B 类网，每个 B 类网最多可以有 2^{16} - 2 = 65534 个主机地址。B 类地址通常用于大型网络，适用于国际型大公司、政府机构等。

在 C 类地址中，M 字段占 3 位，即第 0、1、2 位为 "110"，表示是 C 类地址，第 3～23 位表示网络地址，第 24～31 位表示主机地址。它所能表示的地址范围为 192.0.0.0～223.255.255.255，可以表示 2^{21} - 2 = 2097150 个 C 类网，每个 C 类网最多可以有 2^8 - 2 = 254 个主机地址。C 类地址通常用于校园网或企业网以及一些小公司和研究机构等。

D 类地址是多播地址，它所能表示的地址范围为 224.0.0.0～239.255.255.255。在 Internet 中，允许有两类广播组：临时地址广播组和永久地址广播组。临时地址广播组是临时建立的广播组，必须事先创建；永久地址广播组则永久性存在，不需要事先创建，主要用于特殊目的，例如：

224.0.0.1 表示本网络所有的主机和路由器。

224.0.0.2 表示本网络所有的路由器。

224.0.0.5 表示本网络所有的 OSPF 路由器。

224.0.0.6 表示本网络指定的 OSPF 路由器。

224.0.0.9 表示本网络所有的 RIP 路由器。

E 类地址是实验地址，它所能表示的地址范围为 240.0.0.0～255.255.255.255。E 类地址保留用于研究，因此在 Internet 上没有可用的 E 类地址。

在 Internet 中，IP 地址不是任意分配的，必须由国际组织统一分配，以保持 IP 地址唯一性，避免 IP 地址冲突。有关的国际组织机构如下：

●分配 A 类（最高一级）IP 地址的国际组织是国际网络信息中心（Network Information Center，NIC）。它负责分配 A 类 IP 地址，授权分配 B 类 IP 地址的组织——自治区系统。它有权重新刷新 IP 地址。

●分配 B 类 IP 地址的国际组织是 InterNIC、APNIC 和 ENIC。这 3 个自治区系统组织的分工是：ENIC 负责欧洲地址的分配工作，InterNIC 负责北美地区，而 APNIC 负责亚太地区。我国属于 APNIC，由它来分配 B 类地址。

●分配 C 类 IP 地址的组织是国家或地区网络的 NIC。例如，CERNET 的 NIC 设在清华大学，CERNET 各地区的网管中心需向 CERNET NIC 申请分配 C 类地址。

下列地址为私有地址，不能在 Internet 中使用。

●A 类地址：10.0.0.0～10.255.255.255。

●B 类地址：172.16.0.0～172.31.255.255。

●C 类地址：192.168.0.0～192.168.255.255。

（2）IP 地址的子网掩码　子网掩码是 IP 地址的特殊标注码，也是用 32 位表示，用于指明一个 IP 网络中是否有子网。

1）无子网的表示法。如果一个 IP 网络无子网，则子网掩码中的网络号字段各位全为 1，主机号字段各位全为 0。例如，

IP 地址：202. 114. 80. 5。

子网掩码：255. 255. 255. 0。

IP 地址 202. 114. 80. 5 标识了 202. 114. 80 号网络中的 5 号主机，并且 202. 114. 80 号网络中没有设置子网。在无子网的情况下可以省略子网掩码。

2）有子网的表示法。如果一个 IP 网络有子网，则子网号用主机号字段的前几位来表示，所占的位数与子网的数量相对应，如 1 位可表示 2 个子网；2 位可表示 4 个子网；3 位可表示 8 个子网……子网掩码和 IP 地址必须成对出现，子网掩码中的网络号字段各位全为 1，主机号字段中的子网号各位也全为 1，而主机号各位全为 0。例如，

IP 地址：202. 114. 80. 5。

子网掩码：255. 255. 255. 224（224 为二进制的 11100000）。

它表示在 202. 114. 80 号网络中最多有 8 个子网，每个子网可配置 $2^5 - 2 = 30$ 台主机。这个 IP 地址标识的是该 IP 网络 0 号子网中的第 5 号主机。

在有子网的 IP 网络中，如果两个主机属于同一个子网，则它们之间可以直接进行信息交换，而不需要路由器；如果两个主机不在同一个子网，即子网号不同，则它们之间就要通过路由器进行信息交换。例如，

子网掩码：255. 255. 255. 224，主机号字段为 11100000。

IP 地址：202. 114. 80. 1，主机号字段为 00000001。

　　　　　202. 114. 80. 16，主机号字段为 00010000。

这两个 IP 地址的主机号字段前 3 位均为 000，说明它们属于同一子网，可不通过路由器来直接交换信息。又如，

子网掩码：255. 255. 255. 224，主机号字段为 11100000。

IP 地址：202. 114. 80. 1，主机号字段为 00000001。

　　　　　202. 114. 80. 130，主机号字段为 01000010。

这两个 IP 地址的主机号字段前 3 位不同（000/010），说明它们属于不同子网，必须通过路由器来交换信息。它们在各自子网上的主机号分别为 1 和 2。

子网掩码说明是否有子网，以及在有子网的情况下子网的最大数量，而不说明具体的子网号。子网掩码的作用就是屏蔽 IP 地址中的主机号，而保留其网络号和子网号，以便路由器寻址。

在实际应用中，仅靠网络地址来划分网络会有许多问题，比如 A 类地址和 B 类地址都允许一个网络中包含大量的主机，但实际上不可能将这么多主机连接到一个单一的网络中，这不仅降低 Internet 地址的利用率，还会给网络寻址和管理带来很大困难。解决这个问题的办法是在网络中引入子网，也就是将主机地址进一步划分成子网地址和主机地址，通过灵活定义子网地址的位数，可以控制每个子网的规模。这样，主机属于子网，若干子网共享同一个 IP 网络地址。将一个大的 IP 网络划分成若干既相对独立又相互联系的子网后，对外仍是一个单一的 IP 网络。IP 网络外部不知道网络内部子网划分的细节，IP 网络内部各个子网独立寻址和管理。子网间通过跨子网的路由器相互连接，便于解决网络寻址、降低网络流量和网络安全等问题。所以，除了由主机地址和网络类型决定的网络地址之外，IP 协议还支持

这种由用户根据自己网络的实际需要而创建的子网。子网划分的方法是用 IP 地址的主机号字段中的前若干个比特位作为子网号字段，后面剩下的仍为主机号字段。

判断两个 IP 地址是否在同一个子网中，只要判断这两个 IP 地址与子网掩码做逻辑"与"运算的结果是否相同，相同则说明在同一个子网中。例如，带有子网掩码 255.255.0.0 的 IP 地址 149.200.191.239，被解释为 149.200.0 网络上的主机，它在网络上的主机地址为 191.239。

也可能会遇到这样的情况，使用 IP 地址 10.1.1.1，却采用 255.255.255.0 作子网掩码，从 IP 地址可以看出是 A 类地址，子网掩码却是 C 类地址的子网掩码。这似乎不合理，但它却是一种合法应用。

从两个方面理解以上应用：一是 255.0.0.0 是 A 类地址的默认子网掩码，但不是说 A 类地址必须使用它作为子网掩码；二是，这样使用实际上是将 10 这个 A 类地址空间进行了子网化，用前 3 个字节代表网络地址，第 4 个字节作为主机地址。

上述做法的好处是将一个 A 类地址细分为多个 C 类地址来用，增加了可用子网数量，对网络进行了扩展。

同样，使用一个标准 C 类地址 192.168.1.100，可以使用子网掩码 255.255.0.0，此时相当于 192.168.0.0 为网络地址，1.100 为主机地址，该子网包含 65534 个主机，即主机地址在 192.168.0.1 ~ 192.168.255.254 内。从此处可看出，这种方法是将 255 个 C 类地址的空间合成了一个 B 类地址的空间。

子网掩码实现了将网络分割为多个子网的功能，这样，一个网络号可以服务于几个区域的网络。

例：使用子网掩码 255.255.255.192，将 202.16.1.0 分成 4 个子网。求各个子网的地址范围、子网网络地址和广播地址。

202.16.1.0 属于 C 类网络，原网络的网络地址为 202.16.1.0。子网划分后，各子网的地址范围、网络地址和广播地址分别如下：

子网 1，202.16.1.0 ~ 202.16.1.63　　　网络地址：202.16.1.0，广播地址：202.16.1.63。
子网 2，202.16.1.64 ~ 202.16.1.127　　网络地址：202.16.1.64，广播地址：202.16.1.127。
子网 3，202.16.1.128 ~ 202.16.1.191　　网络地址：202.16.1.128，广播地址：202.16.1.191。
子网 4，202.16.1.192 ~ 202.16.1.255　　网络地址：202.16.1.192，广播地址：202.16.1.255。

5.2.2　IPv6

IPv6 是 Internet Protocol Version 6 的缩写，也被称为下一代互联网协议，它是用来替代现行的 IPv4 的一种新的 IP。

IPv4 只能支持 32 位的地址长度，因此所能分配的地址数目是有限的，即 2^{32} 个。随着近几年全球范围内计算机网络的爆炸性增长，可以使用的 IPv4 地址空间已经越来越有限。为了从根本上解决 IP 地址空间不足的问题，提供更加广阔的网络发展空间，人们对 IPv4 进行了改进，推出功能更加完善和可靠的 IPv6。IPv6 已经开始在小范围的网络环境内试用，它对地址分配系统进行了改进，支持 128 位的地址长度，在性能和安全性上有所增强。

1. IPv6 地址表示

IPv6 的地址长度要比 IPv4 长很多，以前没有考虑兼容 IPv6 的都需要增加地址长度。

目前的 IPv4 地址表现形式采用的是点分十进制形式，那么下一代的 IPv6 地址如何表达呢？由于 IPv6 地址长度是 IPv4 地址长度的 4 倍，所以表达起来比 IPv4 地址复杂得多。IPv6 地址的基本表达方式是 x：x：x：x：x：x：x：x，其中 x 是一个 4 位十六进制整数，占 16 位二进制数。每个 IP 地址包括 8 个整数，共计 128 位（$4 \times 4 \times 8 = 128$）。例如，下面是一些合法的 IPv6 地址：

CDCD：901A：2222：5498：8475：1111：3900：2020

1030：0：0：0：C9B4：FF12：48AA：1A2B

2000：0：0：0：0：0：0：1

注意，这些整数是十六进制整数。除起始的 0 可以不必表示外，地址中的其他整数都必须表示出来。上面给出的是一种比较标准的 IPv6 地址表达方式，此外还有另外两种更加清楚和易于使用的方式。

某些 IPv6 地址中可能包含一长串的 0（就像上面的第二和第三个例子一样）。当出现这种情况时，标准中允许用"空隙"来表示这一长串的 0。换句话说，地址 2000：0：0：0：0：0：0：1 可以被表示为 2000::1，这两个冒号表示该地址可以扩展到一个完整的 128 位地址。在这种方法中，只有当 16 位组全部为 0 时才会被两个冒号取代，且两个冒号在地址中只能出现一次，以避免混淆。

在 IPv4 和 IPv6 的混合环境中还可能有第三种表达方法。IPv6 地址中的最低 32 位可以用 IPv4 地址的表示方法，该地址可以按照一种混合方式表达，即 x：x：x：x：x：x：d.d.d.d，其中 x 表示一个 16 位整数，而 d 表示一个 8 位十进制整数。例如，地址 0：0：0：0：0：0：10.0.0.1 就是一个合法的 IPv4 地址。把两种可能的表达方式组合在一起，该地址也可以表示为::10.0.0.1。

2. IPv6 地址类型

IPv6 地址和 IPv4 地址还有一个区别，那就是地址类型。目前的 IPv4 地址有 3 种类型：单播（unicast）地址、组播（multicast）地址、广播（broadcast）地址。而 IPv6 地址虽然也是 3 种类型，但是已经有所改变，它们是单播、组播、任播（anycast）。

● 单播地址：这是一个网络接口的地址。送往一个单播地址的包将被传送至该地址标识的接口上。

● 组播地址：这是一组接口（一般属于不同节点）的网络地址。送往一个组播地址的包将被传送至有该地址标识的所有接口上。

● 任播地址：这是一组接口（一般属于不同节点）的网络地址。送往一个任播地址的包将被传送至该地址标识的接口之一（根据选路协议对于距离的计算方法选择"最近"的一个）。

● 广播地址：这是一个网段内的所有节点。送往一个广播地址的包将被送至网段内的所有节点。

在 IPv6 地址中之所以要去掉广播地址，而重新定义任播地址，主要是考虑到网络中由于大量广播包的存在，容易造成网络的阻塞，而且由于网络中各节点都要对这些大部分与自己无关的广播包进行处理，对网络节点的性能也造成影响。

3. IPv6 报文格式

与 IPv4 相比，IPv6 的报文格式大为简化，其报头内容为版本号、优先级、流标识、载荷长度、后续报头、跳步数、源 IP 地址和目的 IP 地址。其中：

- 版本号：占 4 位，表示 IP 的版本号，IPv6 版本号取值为 6。
- 优先级：占 8 位，表示该数据报的优先级。
- 流标识：占 20 位，与优先级一起共同标识该数据报的服务质量级。
- 载荷长度：占 16 位，以字节为单位，表示有效载荷长度，它是 IPv6 报文基本头以后的长度。
- 后续报头：占 8 位，标识紧接在 IPv6 后的后续扩展报头的类型。
- 跳步数：占 8 位，允许数据报跨越路由器的个数，表示该数据报在网间传输的最大存活时间。
- 源 IP 地址：占 128 位，发送数据报的源主机 IP 地址。
- 目的 IP 地址：占 128 位，接收数据报的目的主机 IP 地址。

IPv6 通过扩展报头来增强协议的功能，扩展报头是可选的。如果选择了扩展报头，则位于 IPv6 报头之后。IPv6 定义了多种扩展报头，如逐次跳步、路由、分段、封装、安全认证以及目的端选项等，除了逐次跳步扩展报头外，其他的扩展报头由端点解释，中间点并不检查这些内容。一个数据报中可以包含多个扩展报头，由扩展报头的后续报头字段指出下一个扩展报头的类型。

4. IPv6 安全机制

IPv6 利用扩展报头提供了两种安全机制：数据报认证和数据加密传输，这两种安全机制是分离的，既可单独使用，也可一起使用。同时，IPv6 还允许高层采用其他的安全体系，实现多层安全体系。

（1）数据报认证　它保证数据报传输的完整性和源地址的正确性，但它不提供信息保密性。其工作机制是：发送方根据数据报的报头、有效载荷和用户信息等计算出一个散列值，接收方也根据接收数据报的相同字段信息计算出一个散列值，若两者相同，接收方认为该数据报正确；若两者不等，则丢弃该数据报。

（2）数据加密传输　它采用数据加密方式提供数据传输的保密性。其工作机制是：发送方对整个数据报进行加密，生成一个安全有效载荷（ESP），并在 ESP 上重新封装一个 IPv6 报头后，再进行传输。当接收方接收到该数据报后，删除封装报头，再对 ESP 解密后的数据报进行处理。封装报头支持多种加密算法，使用户有较大的选择余地。

5. IPv6 QoS 支持机制

IPv6 报头中的优先级和流类别字段提供了 QoS 支持机制。IPv6 报头的优先级字段允许发送端根据通信业务的需要设置数据报的优先级别。通常，通信业务被分为两类：可流控业务和不可流控业务。前者大多数是对时间不敏感的业务，一般使用 TCP 作为传输协议，当网络发生拥挤时，可通过调节流量来疏导网络交通，其优先级为 1 ~ 7。例如，IPv6 建议：USENET 的优先级为 1；FTP 的优先级为 4；Telnet 的优先级为 6。后者大多数是对时间敏感的业务，如多媒体实时通信，当网络发生拥挤时，按照数据报优先级对数据报进行丢弃处理来疏导网络交通，其优先级值为 8 ~ 15。

数据流是指一组由源端发往目的端的数据报序列。源节点使用 IPv6 报头的流类别符来标识一个特定数据流。当数据流途经各个路由器时，如果路由器具备流类别处理能力，则为该数据流预留资源，提供 QoS 保证；如果路由器不具备这种能力，则不提供任何 QoS 保证。

可见，在数据流传输路径上，各个路由器都应当具备 QoS 支持能力，这样网络才能提供端到端的 QoS 保证。

5.2.3　ARP 和 RARP

为了使 TCP/IP 与具体的物理网络无关，通过网络层将物理地址隐藏起来，统一使用 IP 地址进行网络间通信。在网络层，提供从 IP 地址到物理地址映像服务的协议是地址解析协议（Address Resolution Protocol，ARP），提供从物理地址到 IP 地址映射服务的协议是逆向地址解析协议（Reverse Address Resolution Protocol，RARP），IP 地址与物理地址之间的映射称为地址解析。

1. ARP

某节点的 IP 地址的 ARP 请求被广播到网络上后，这个节点会收到确认其物理地址的应答，这样的数据报才能被传送出去。ARP 是在仅知道主机的 IP 地址时确定其物理地址的一种协议。ARP 主要负责将局域网中的 32 位 IP 地址转换为对应的 48 位物理地址（网卡的 MAC 地址），其转换过程是一台主机先向目标主机发送包含 IP 地址信息的广播数据报，即 ARP 请求，然后目标主机向该主机发送一个含有 IP 地址和其 MAC 地址的数据报，最后，通过 MAC 地址两个主机就能实现数据传输。

2. ARP 原理

以一个例子来理解地址解析协议的工作原理。假设计算机 A 的 IP 为 192.168.1.1，MAC 地址为 00-11-22-33-44-01；计算机 B 的 IP 为 192.168.1.2，MAC 地址为 00-11-22-33-44-02。

在 TCP/IP 中，A 给 B 发送 IP 包，在包头中需要填写 B 的 IP 为目标地址，但这个 IP 包在以太网上传输的时候，还需要进行一次以太帧的封装，在这个以太帧中，目标地址就是 B 的 MAC 地址。

计算机 A 是如何得知 B 的 MAC 地址呢？解决问题的关键就在于 ARP。

在 A 不知道 B 的 MAC 地址的情况下，A 广播一个 ARP 请求包，请求包中填上了 B 的 IP（192.168.1.2），以太网中的所有计算机都会接收这个请求，而正常的情况下只有 B 会给出 ARP 应答包，应答包中就填充了 B 的 MAC 地址，并回复给 A。

A 得到 ARP 应答包后，将 B 的 MAC 地址放入本机缓存，便于下次使用。本机 MAC 缓存是有生存期的，生存期结束后，将再次重复上面的过程。

ARP 并不只在发送了 ARP 请求包才接收 ARP 应答包。当计算机接收到 ARP 应答数据报的时候，就会对本地的 ARP 缓存进行更新，将应答包中的 IP 和 MAC 地址存储在 ARP 缓存中。因此，当局域网中的某台机器 B 向 A 发送一个自己伪造的 ARP 应答包，而如果这个应答包是 B 冒充 C 伪造的，即 IP 地址为 C 的 IP，而 MAC 地址是伪造的，则当 A 接收到 B 伪造的 ARP 应答包后，就会更新本地的 ARP 缓存，这样在 A 看来 C 的 IP 地址没有变，而它的 MAC 地址已经改变。由于局域网的网络流通不是根据 IP 地址进行的，而是按照 MAC 地址进行传输。所以，那个伪造出来的 MAC 地址在 A 上被改变成一个不存在的 MAC 地址，这样就会造成网络不通，导致 A 不能 Ping 通 C。

在 ARP 的报文格式中包括物理网络类型、协议类型、物理地址长度、IP 地址长度、操作、发送方物理地址、发送方 IP 地址、目的方物理地址、目的方 IP 地址等字段，其中：

- "物理网络类型"字段为 2B，表示发送方主机的物理网络类型，"1"代表以太网。
- "协议类型"字段为 2B，表示发送方使用 ARP 获取物理地址的高层协议类型。其中，"0x0800"代表 IP。
- "物理地址长度"字段为 1B，用于规定物理地址字段的长度。通常，物理地址字段占 6B（48 位地址）。
- "IP 地址长度"字段为 1B，用于规定 IP 地址字段的长度。通常，IP 地址字段占 4B（IP v4 版本，32 位）。
- "操作"字段为 2B，表示报文类型。其中，"1"表示 ARP 请求报文，"2"表示 ARP 响应报文，"3"表示 RARP 请求报文，"4"表示 RARP 响应报文。
- "发送方物理地址"字段为 6B，用于存放发送方的物理地址。
- "发送方 IP 地址"字段为 4B，用于存放发送方的 IP 地址。
- "目的方物理地址"字段为 6B，用于存放目的方的物理地址。对于 ARP 请求报文，该字段为空。
- "目的方 IP 地址"字段为 4B，用于存放目的方的 IP 地址。

发送方在发送 ARP 请求报文时，要填写除"目的方物理地址"字段外的其他字段。目的方通过发送 ARP 响应报文报告自己的物理地址，这时报文中的发送方和目的方字段要做相应的交换。

在单一网络中，发送方的 ARP 请求报文可直接发送给网络中任何一个主机。在互联网络中，发送给另一网络主机的数据报要由路由器转发。因此，发送方必须首先获取路由器节点的物理地址，即发送 ARP 请求报文给该路由器节点。

3. RARP

如果一个主机初始化后只有自己的物理地址而没有 IP 地址，则可以通过 RARP 发送广播式请求报文来请求自己的 IP 地址，而 RARP 服务器负责对该请求作出应答。这样，无 IP 地址的主机可以通过 RARP 来获取自己的 IP 地址。RARP 主要用于无盘工作站来获取自己的 IP 地址。RARP 的报文格式与 ARP 的报文格式相同。当发送方以广播方式发送 RARP 请求报文时，在"发送方物理地址"字段和"目的方物理地址"字段上都填入本机物理地址。RARP 服务器主机接收到该请求报文后，便给发送方回送一个 RARP 响应报文，从"目的方 IP 地址"字段中带回发送方的 IP 地址。

5.2.4 ICMP

IP 提供了无连接的数据报传送服务。在传送过程中，如果发生差错或意外情况，如数据报目的地址不可达，则数据报在网络中的滞留时间超过其生存期，中转节点或目的节点主机因缓冲区不足而无法处理数据报等，总要通过一种通信机制，向源节点报告差错情况，以便源节点对差错进行相应的处理。互联网控制报文协议（Internet Control Message Protocol，ICMP）正是提供这类差错报告服务的协议，它在 IP 层加入一类特殊用途的报文机制，以满足 IP 报告差错的需求。

ICMP 是 IP 的一部分，必须包含在每一个 IP 中。ICMP 数据报要通过 IP 发送出去，它有多种类型，可以提供多种服务。例如，测试报文目的可达性和状态，报告不可达报文目的地址，数据报流量控制，网关路由改变请求，检查循环路由或超长路由，报告错误数据报报头以获取网络地址等。

1. ICMP 报文格式

每个 ICMP 报文都是作为 IP 数据报的数据部分在网络中传送的。该报文的格式也分为报头和数据区两个部分，如图 5-2 所示。

图 5-2 中的类型域为 1B 整数，指出该报文的类型。不同类型的报文用来报告不同的差错或传输不同的控制信息。类型值及报文类型如表 5-2

图 5-2 ICMP 报文格式

所示，代码域也为 1B 整数，它提供报文类型的进一步信息。例如，对于目标不可达报文，其代码域可取 0 ~ 12，说明不可达的更进一步信息，如表 5-3 所示。校验和占 2B，它是整个报文（包括数据部分在内）的校验和。对于不同类型的报文，其数据区的格式是不同的。

表 5-2 ICMP 类型值及报文类型

TYPE	ICMP 报文类型	TYPE	ICMP 报文类型
0	回送响答	12	数据报参数错
3	目的不可达	13	时戳请求
4	报源抑制	14	时戳响答
5	重定向	17	屏蔽码请求
8	回送请求	18	屏蔽码响应
11	数据报超时		

表 5-3 代码域及意义

代码域	意 义	代码域	意 义
0	网络不可达	7	目标主机未知
1	主机不可达	8	源主机被隔离
2	协议不可达	9	禁止与目标网络通信
3	端口不可达	10	禁止与目标主机通信
4	需分段但标志禁止分段	11	对请求的服务类型,网络不可达
5	源选径失败	12	对请求的服务类型,主机不可达
6	目标网络未知		

在网络中，ICMP 报文将作为 IP 层数据报的数据，并被封装在 IP 数据报中，其形式如图 5-3 所示。

虽然 ICMP 由 IP 数据报传输，但并不把 ICMP 看做比 IP 层更高层的协议。所以 ICMP 不作为一个独立的协议，仅作为 IP 中的一个模块，来处理 IP 层中的控制问题。

ICMP 报文数据区包含出错数据报报头以及该数据报前 64 位数据（TCP/IP 规定，各个协议都要把重要信息包含在这 64 位数据中），提供这些信息的目的在于帮助源主机分析出错的数据报。

图 5-3 ICMP 报文的 IP 封装

2. ICMP 差错报文

ICMP 最基本的功能就是提供差错报告传输
机制。对于差错的处理方式，ICMP 没有严格的规定。事实上，源主机收到 ICMP 差错报文
后，还需要与应用程序联系起来，才能决定相应的差错处理方式。

ICMP 的差错报告都是采用路由器向源主机报告模式，即当路由器发现 IP 数据报差错
后，使用 ICMP 报文向该 IP 数据报的源主机报告其差错。同时，发生差错的 IP 数据报被丢
弃，不再向前转发。

在 ICMP 差错报文中，有目的不可达报文、超时报文和参数出错报文等。

（1）目的不可达报文　路由器的主要功能是为数据报选择路由并转发数据报，当从路
由表上查询不到与 IP 数据报目的 IP 地址对应的路由时，则会发生目的不可达的错误。这
时，路由器需向源主机发送目的不可达的 ICMP 报文。目的不可达 ICMP 报文类型为 3，并
进一步细分成 13 种子类，用代码来标识，其他信息字段未用，为全 0。

（2）超时报文　数据报每经过一个路由器，其生存期都要根据其滞留时间而递减。如
果在一个路由器上数据报的生存期递减为 0，则该路由器会丢弃这个数据报，并向源主机发
送 Type = 11、Code = 0 的 ICMP 报文，报告该数据报生存期超时。当目的主机在对数据报进
行重装的过程中发生重装超时时，将丢弃已收到的各个分段数据报，并在第一个分段数据报
到达后，向源主机节点发送 Type = 11、Code = 1 的 ICMP 报文。

（3）参数出错报文　当路由器或目的主机在对收到的 IP 数据报进行处理时，如果发现
在 IP 报头参数中含有无法继续完成报文处理的错误，则将该数据报丢弃，并向源主机发送
Type = 12、Code = 0 的 ICMP 报文，并且在 ICMP 报文的其他信息字段中用 1B 作为指针来指
出差错在数据报中的位置。

3. ICMP 控制报文

ICMP 控制报文主要用于拥塞控制和路由控制。

（1）报源抑制报文　当路由器的数据报输入速度超过路由器的转发速度时，可能发生
拥塞现象。拥塞控制的概念与流量控制有所不同，流量控制主要是解决端点对端点的传输速
率匹配问题，属于局部控制；而拥塞控制带有全局性质，因为拥塞可能影响到整个网络的数
据传输，所以需要各个节点共同参与协同解决。

（2）重定向报文　重定向功能提供了一种路由优化控制机制，使源主机能以动态方式
寻址最短路径。通常，ICMP 重定向报文只能在同一网络中的源主机与路由器之间使用。

重定向的报文类型为 5，分成 4 个子类：

- Code = 0 表示网络重定向数据报。
- Code = 1 表示主机重定向数据报。
- Code = 2 表示服务类型和网络重定向数据报。
- Code = 3 表示服务类型和主机重定向数据报。

在重定向报文的其他信息字段中要填入重定向的路由器 IP 地址。

4. ICMP 请求/应答报文

（1）回送请求与响应报文　回送请求与响应报文主要用于测试网络目的节点的可达性。
源节点使用 ICMP 回送请求报文向某一特定的目的主机发送请求，目的节点收到请求后必须

使用 ICMP 回送响应报文来响应对方。在许多 TCP/IP 实现中，提供的用户命令 Ping 便是利用这种 ICMP 回送请求/响应报文来测试目的可达性的。

（2）时戳请求与响应报文　时戳请求与响应报文主要用于估算源节点和目的节点间的报文往返时间。在报文中使用了 3 个时戳字段："初始时戳"字段是源节点发送时戳请求报文的时间；"接收时戳"字段是目的节点接收到时戳请求报文的时间；"发送时戳"字段是目的节点发送时戳响应报文的时间。源节点首先发送时戳请求报文，然后等待目的节点返回其响应报文，并根据这 3 个时戳字段来估算两个节点间的报文往返时间。

（3）屏蔽码请求与响应报文　屏蔽码请求与响应报文主要用于源节点获取所在网络的 IP 地址屏蔽码信息。源节点在发送请求报文时，将 IP 报头中的源节点和目的节点 IP 地址字段的网络号设为 0。这样网络上的目的节点（通常为路由器）接收到该请求后，填写好网络的屏蔽码向源节点回送响应报文。

5.3　传输层协议

传输层的主要功能是面向进程提供端到端的数据传输服务，这种数据传输服务可以采用面向连接或无连接交换方式来实现。在 TCP/IP 中，传输层有两个并列的协议：

- TCP（Transport Control Protocol）传输控制协议。
- UDP（User Datagram Protocol）用户数据报协议。

前者提供面向连接的可靠的服务，后者提供高效的但不可靠的服务，其可靠性由应用程序处理。

5.3.1　传输层端口概念

传输层的功能之一就是提供了面向进程的通信机制。因此，传输层协议必须提供某种方法来标识进程。TCP/UDP 采用端口（Port）概念来标识通信进程。端口相当于 OSI 传输层的服务访问点（TSAP），它是一种抽象的软件结构，内部包含一些数据结构和 I/O 缓冲区。进程通过系统调用与某个或某些端口建立联系后，就可以使用相应的端口来传输数据了。

端口又是进程访问传输服务的入口点，它提供了多个进程共享同一端口的多路复用功能。每个端口都使用唯一的端口号来标识，进程的通信主要表现在对端口的操作，通过端口号来获取相应的端口，然后对端口进行读写操作。这样，进程间的通信操作如同一般的 I/O 操作。

TCP 和 UDP 的端口号值均是 16 位，分别可以提供 2^{16} 个不同的端口。TCP 和 UDP 将端口号分为两部分：一部分是保留端口，占全部端口号的一小部分，以全局方式分配，这些端口就是所谓的"周知"端口，由有关的权威机构分配，如表 5-4 和表 5-5 所示。TCP 和 UDP 都有自己的保留端口，而且都是从 0 开始顺序向上分配的。另一部分是自由端口，占全部端口号的绝大部分，以本地方式分配。当一个进程与另一个进程通信之前，该进程首先申请一个本地自由端口，然后用已知的远地端口（"周知"端口或自由端口）与远地进程建立联系，并进行数据传输。

表 5-4　TCP 常用端口分配表

端　口　号	协 议 名 称	服 务 说 明
20	FTP	文件传输协议的数据连接
21	FTP	文件传输协议的控制连接
23	Telnet	终端连接
25	SMTP	简单邮件传输协议
53	DOMAIN	区域名字服务器
69	TFTP	简单文件传输协议
80	HTTP	超文本传输协议
110	POP3	邮局协议 3.0 版

表 5-5　UDP 常用端口分配表

端　口　号	关 键 字	服 务 说 明
53	DOMAIN	区域名字服务器
520	RIP	路由协议
4000	QQ	QQ 协议

5.3.2　TCP

TCP 提供面向连接的可靠的字节流服务。所谓面向连接就是在传输数据之前必须先在两个不同主机的传输端口之间建立一条链路,一旦连接成功,在两个进程之间就建立起来一条虚电路,它如同一根流动数据的管道,发送进程向它输入数据,接收进程从它依次取出数据。TCP 的连接服务提供全双工的方式,由在相反方向上传送数据的两个独立的通道组成,可以同时在两个相反的方向上传送数据字节流。为了保证数据的可靠性,TCP 中采用了确认与超时重传的机制。TCP 把通过连接而传送的数据看成是字节流,用一个 32 位整数对被传送的字节编号,接收端对收到的字节流必须及时发回响应信息,告诉发送端下一次希望接收的字节号。如果发送端对发出的字节流超过一定的时间限制还没有收到确认,则重发该字节流。在存储转发的包交换中采用了超时重发的机制,也就可能引起数据报的延迟重复出现现象,从而损害数据的可靠性。因此,传输层连接的建立采用了“三次握手”机制。

传输层协议把从应用程序来的字节流划分成段,每段作为一个 TCP 报文,封装在 IP 数据报中通过网络传输。

TCP 尽管是 TCP/IP 协议组中的一员,但它有很大的独立性,它对下层网络协议只有基本的要求,很容易在不同的网络上应用,因而可以在众多的网络上工作。TCP 提供可靠的虚电路服务和面向数据流的传输服务,用户数据可以被有序而可靠的传输。在分组发生丢失、破坏、重复、延迟或者失序的情况下,TCP 服务通过一种可靠的进程间通信机制能够自动纠正各种差错。TCP 可以支持许多高层协议(Upper Level Protocol,ULP),它对高层协议的数据结构无任何要求,只将它们作为一种连续的数据流。TCP 对分组没有太多的限制,较大的分组将在 IP 层分成数据段进行传送,但一般 TCP 的实现都规定了适当大小作为数据段的长度。此外,TCP 在数据流中加入了一个面向字节的序号,以便管理 TCP 间连续的数据流。

　　TCP 的主要功能是在一对 ULP 之间提供面向连接的传输服务。连接管理可以分为 3 个阶段：建立连接、数据传输和终止连接。在建立连接时，可以给该连接赋予某些属性以便在连接期间使用，如安全性和优先级等。

　　TCP 主要通过套接字（Socket）为 ULP 提供面向连接的传输服务。利用套接字可使一个 ULP 主动发起与另一个 ULP 之间的唯一连接。套接字实际上实现了基于 IP 地址（在 IP 报头中）和应用端口（在 TCP 报头中）的连接。一个连接是由通信双方定义的套接字号而建立的，一旦连接建立起来并且该连接处于活动状态时，TCP 可以产生并发送分组。当传送结束后，连接双方都要终止各自的连接。为了保证提供可靠性的服务，TCP 还提供了确认、流控制、复用及同步等功能。

　　对于传输层协议用户，所能见到的只是由操作系统提供的系统调用，如 Socket（创建一个端口）、Connect（连接请求）、Accept（连接接受）、Send（发送数据）和 Recv（接收数据）。可以粗略地认为传输层协议有一个输入和一个输出字节流缓冲区，Send、Recv 调用在一般情况下都是把用户数据写入输入缓冲区或从输出缓冲区读出。

1. TCP 报文格式

　　TCP 报文格式如图 5-4 所示。

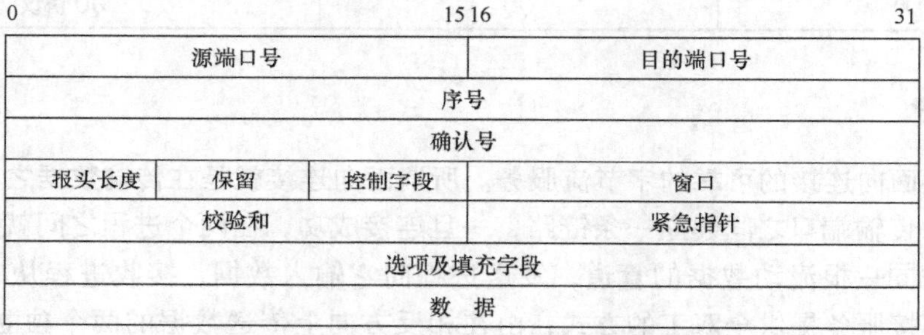

源端口号		目的端口号	
序号			
确认号			
报头长度	保留	控制字段	窗口
校验和		紧急指针	
选项及填充字段			
数据			

图 5-4　TCP 报文格式

　　TCP 报头说明如表 5-6 所示。

表 5-6　TCP 报头说明

报头字段名	位　数	说　明
源端口号	16	本地通信端口，支持 TCP 的多路复用机制
目的端口号	16	远地通信端口，支持 TCP 的多路复用机制
序号（SEQ）	32	数据段第一个数据字节的序号
确认号（ACK）	32	SYN 段的 SYN 序号（建立本次连接的初始序号）
报头长度	4	如果报头没有 TCP 选项字段，则报头长度值为 5
控制字段：		
· URG	1	表示该段中携带有紧急数据
· ACK	1	确认号字段有效的标志
· PSH	1	PUSH 操作的标志
· RST	1	要求中止通信连接的标志
· SYN	1	请求建立连接的标志
· FIN	1	请求终止连接的标志

（续）

报头字段名	位　　数	说　　明
窗口	16	表示本地接收窗口尺寸,即本地接收缓冲区大小
校验和	16	包括 TCP 报头和数据在内的校验和
紧急指针	16	从段序号开始的正向位移,指向紧急数据的最后 1B
选项	可变	提供任选的服务
填充	可变	保证 TCP 报头以 32 位为边界对齐

TCP 中的基本传输单元为段 (Segment),因此习惯上将 TCP 报文称为 TCP 段。一个 TCP 段由段头和数据流两部分组成,TCP 数据流是无结构的字节流,字节流中数据是由一个个字节序列构成的,无任何可供解释的结构,这一特征使得 TCP 段的段长是可变的。因此,TCP 中的序号和确认号都是针对字节流中字节的,而不针对段。

TCP 提供的字节流服务总是先进入缓冲区的字节首先被传输,在接收端首先从传输管道中出来。为了处理一些特别需要的紧急的传输,如同不经过排队而首先到达对方一样,TCP 提供了一个紧急处理手段,进入传输管理中的数据仍然是先到者在前,后到者在后,但是对于后到者中的一段紧急数据在 TCP 报文中做出一个标志,这就是 URG 位。如果 URG 置 1,则表示此段 TCP 报文中有紧急数据,该数据的起始位置由紧急指针域表示。接收端的 TCP 软件接收到 URG 为 1 的报文,将首先对它作处理或者首先递交给应用程序。因此,URG 功能相当于一般传输协议中的加速数据传输或带外 (Out of Band) 数据传输的功能。

为了保证传输的可靠性,接收方 TCP 实体要对发送方 TCP 实体所传来的 TCP 段给予确认。在一般情况下,接收方将确认已正确收到的连续字节流前 n 字节,给出的确认号指示的是下一个 ($n+1$) 所希望接收的字节。这种面向字节的累计确认方式的优点是在可变长段传输方式下不会发生确认的二义性,并且实现起来也比较容易。

TCP 内部通过一套完整状态转换机制来保证各个阶段的正确执行,为上层应用提供双向、可靠、顺序及无重复的数据流传输服务。

2. 序号

在每条 TCP 通信连接上传送的每个数据字节都有一个与之相对应的序号。以字节为单位递增的 TCP 序号主要用于数据排序、重复检测、差错处理及流量控制窗口等 TCP 机制上,保证了传输任何数据字节都是可靠的。

TCP 序号不仅用于保证数据传送的可靠性,还用于保证建立连接 (SYN 请求) 和拆除连接 (FIN 请求) 的可靠性,每个 SYN 和 FIN 段都要占一个单位的序号空间。

TCP 的实体维持一个主机上的输入缓冲区的数据经过传输连接 (虚电路) 传送到另一个主机上的输出缓冲区。在虚电路上总是一次传送一个 TCP 报文,但是报文的长度 (不包括报头) 可以小到 1B,当然也不会大于 64KB (因为 IP 最大为 64KB)。为了提高效率,TCP 有时希望当缓冲区数据足够多时再把它们作为一个段 (一个 TCP 报文) 推入传输管道。这种做法对于一个远程登录终端来讲非常不合适,终端输入一个键盘命令后等待主机的回答,然而这个键盘命令正在等待与它结伴而行的同伙们,根本还没有往主机走。

为此传输层提供了一种强迫数据传送机制,只要应用程序发出一个推入命令 (Push)

命令，则传输层立即将缓冲区的内容形成段传输出去。对于被用 Push 操作而推入的数据，TCP 报文中码位 PSH 置为 1，接收端的 TCP 软件对于 PSH 置 1 的报文将立即交给应用程序。码位中 ACK 置 1 表示该 TCP 报文中含有接收端的确认信息。ACK 位与 SYN 位共同表示连接请求与响应，当 SYN = 1，ACK = 0 时该报文用做连续请求；当 SYS = 1，ACK = 1 时，该报文用做连接响应报文。码位中的 RST 置 1，表示要求传输连接复位。TCP 不像一般的传输层协议对在传输层连接上顺序传送的报文包进行编号，而是对其上顺序传送的字节流进行编号。当连接建立时双方都确定一个字节流的起始序号，以后凡是在这条连接上传输的字节都有一个 32 位整数的字节编号，编号按模 2^{32} 顺序计算，从连接建立开始一直到连接结束为止。码位中的 FIN 表示字节流的最后一段，再没有数据要发送，在这个方向的连接拆除。

3. 建立连接

在 TCP 中，建立连接要通过"三次握手"机制来完成。这种"三次握手"机制既可以由一方 TCP 发起同步握手过程而由另一方 TCP 响应该同步过程，也可以由通信双方同时发起连接的同步握手。

在建立连接过程中，对于出现的异常情况，如本地同步请求与过去遗留在网络中的同步连接请求序号相重复、因系统异常使通信双方处于非同步状态等，TCP 要通过使用复位（RST）TCP 段来加以恢复，即发现异常情况的一方，发送 RST 段通知对方来处理异常。

4. 关闭连接

由于 TCP 连接是一个全双工的数据通道，一个连接的关闭必须由通信双方共同完成。当通信的一方没有数据需要发送给对方时，可以使用 FIN 段向对方发送关闭连接请求。这时，它虽然不再发送数据，但并不排斥在这个连接上继续接收数据。只有当通信的对方都给出了关闭连接的请求后，这个 TCP 连接才会完全关闭。

在关闭连接时，既可以由一方发起而另一方响应，也可以双方同时发起，收到关闭连接请求的一方必须使用 ACK 段给予确认。

5. 流量控制

一旦连接建立起来，通信双方就可以在该连接上传输数据了。在数据传输过程中，TCP 提供一种基于动态窗口协议的流量控制机制，使接收方 TCP 实体能够根据自己当前的缓冲区容量来控制发送方 TCP 实体传送的数据量。流量控制实际上反映了信道容量和接收缓冲区容量的有效利用和动态分配问题。

TCP 的窗口流量控制机制不同于 X. 25 协议中窗口尺寸固定的滑动窗口协议，它采用的是一种称为信用证的动态窗口机制，主要通过 TCP 段中的"窗口"字段和"确认号"字段实现。"窗口"字段对应于 TCP 实体能够接收的数据的序号空间，"确认号"字段表示 TCP 实体希望接收的下一个数据字节的序号。

在建立连接时，双方使用 SYN 段或 ACK 段中的"窗口"字段并相互通告各自的窗口尺寸，即发放信用证。在数据传输过程中，发送方按接收方通告的窗口尺寸和序号发送一定的数据量，接收方可根据接收缓冲区的使用状况动态地调整接收窗口，并在输出数据段或确认段时，将新的窗口尺寸和起始序号通告给发送方。发送方将按新的起始序号和新的接收窗口尺寸来调整发送窗口，接收方也用新的起始序号和新的接收窗口大小来验证每一个输入数据段的可接受性。

5.3.3 UDP

UDP 提供一种面向进程的无连接传输服务，这种服务不确认报文是否到达，不对报文排序，也不进行流量控制，因此 UDP 报文可能会出现丢失、重复及失序等现象。对于差错、流控和排序的处理，则由上层协议根据需要自行解决，UDP 本身并不提供。与 TCP 相同的是，UDP 也是通过端口号支持多路复用功能，多个 ULP 可以通过端口地址共享单一的 UDP 实体。

由于 UDP 是一种简单的协议机制，通信开销很小，效率比较高，所以适合于对可靠性要求不高，但需要快捷、低延迟通信的应用场合，如多媒体通信等。

1. UDP 报文格式

UDP 报文格式如图 5-5 所示。

UDP 报头各个字段含义如下：

图 5-5　UDP 报文格式

● 源端口号为发送方的 UDP 端口号，支持 UDP 多路复用机制。它是一个可选的字段，不用时设为 0。

● 目的端口号为接收方的 UDP 端口号，支持 UDP 多路复用机制。

● 报文长度包括 UDP 报头和数据在内的报文长度，以字节为单位，最小值为 8。

● 校验和的计算对象包括伪协议头、UDP 报头和数据。校验和是可选字段，该字段为 0 时，表示发送方没有为该 UDP 数据报提供校验和。

2. UDP 发送与接收

UDP 数据报是通过 IP 发送和接收的，网络寻址由 IP 地址完成，进程间寻址则由 UDP 端口来实现。

当发送数据时，UDP 实体构造好一个 UDP 数据报后递交给 IP，IP 将整个 UDP 数据报封装在 IP 数据报中，即加上 IP 报头，形成 IP 数据报发送到网络。

在接收数据时，UDP 实体首先判断接收到的数据报的目的端口是否与当前使用的某端口相匹配。如果匹配，则将数据报放入相应的接收队列；否则丢弃该数据报，并向源端口发送一个"端口不可达"的 ICMP 报文。另外，当接收缓冲区已满时，即使是端口匹配的数据报也要丢弃。

UDP 在计算校验和时要包括一个伪协议头，它不是 UDP 数据报的有效成分，主要用于验证 UDP 数据报是否正确地传送到目的地。伪协议头包含源 IP 地址、目的 IP 地址、协议号及 UDP 报长等字段。

5.4　应用层协议

基于 TCP/IP 的应用层协议有很多，因为面向网络的应用是多种多样的，每一种网络应用都可能对应一种应用层协议。例如，在 Internet 中，几乎所有的应用系统都有相应的应用层协议提供支持，如 HTTP 支持 Web 应用、SMTP 支持电子邮件应用、Telnet 协议支持远程登录应用、FTP 支持文件传输应用、Gopher 协议支持信息检索应用、DNS 协议支持域名系统等。此外，应用层协议还有用于网络安全的安全协议（如 SHTTP）、用于网络管理的网管协议（如 SNMP）以及用于多媒体会议的通信协议等。

　　为支持网络应用的开发，TCP/IP 提供了一种称为套接字（Socket）的网络编程接口，开发者可以通过 Socket 接口调用传输层或网络层服务功能来开发面向特定应用的应用层协议。

　　下面介绍 TCP/IP 体系应用层的主要协议。

5.4.1　文件传输协议

　　文件传输协议（File Transfer Protocol，FTP）使用客户机/服务器模式，客户程序把客户的请求告诉服务器，并将服务器发回的结果显示出来，而服务器端执行真正的工作，如存储、发送文件等。在服务器中一般都有大量的共享软件和免费资源，要想从服务器中把文件传送到客户机上或者把自己机器上的资源上传至服务器，就必须在两台机器中进行文件传送，那么双方就必须共同遵守一定的规则，FTP 就是用来在客户机和服务器之间进行文件传输以实现文件共享的协议。

　　如果用户要将一个文件从自己的计算机上发送到另一台计算机上，就应使用 FTP 上载（Upload）。而更多的情况是用户从服务器上把文件或资源传送到客户机上，称之为 FTP 下载（Download）。在 Internet 上有一些计算机称为 FTP 服务器，它包含了许多允许人们存取的文件，这些文件包括文本文件、图形文件、程序文件、声音文件、电影文件等。

　　FTP 是一个通过 Internet 传送文件的系统。FTP 客户程序必须与远程的 FTP 服务器建立连接并登录后，才能进行文件传输。通常，一个用户必须在 FTP 服务器进行注册，即建立用户账号，拥有合法的登录用户名和密码后，才有可能进行有效的 FTP 连接和登录。

　　大多数站点都是匿名（anonymous）FTP。所谓匿名就是这些站点允许任何一个用户免费登录到其机器上，并复制文件。此类服务器的目的是向社会公众提供免费的文件复制服务，因此，它不要求用户事先在该服务器进行注册。与这类匿名 FTP 服务器建立连接时，用户名一般是 anonymous，而密码通常是 guest 或用户的电子邮件地址。另一类 FTP 服务器在进入之前，必须先向该服务器的系统管理员申请用户名及密码，即非匿名 FTP 服务器，它通常供内部使用或提供收费咨询服务。

　　FTP 由客户软件、服务器软件和 FTP 通信协议等 3 部分组成。FTP 客户软件作为一种应用程序，运行在用户计算机上，用户使用 FTP 命令与 FTP 服务器建立连接或传送文件。FTP 客户与服务器之间将在内部建立两条 TCP 连接，一条是控制连接，主要用于传输命令和参数；另一条是数据连接，主要用于传送文件。

5.4.2　远程登录协议

　　Telnet 是一个终端仿真协议，定义了网络虚拟终端机的规范，屏蔽了不同计算机系统对键盘的不同解释。Telnet 采用了客户机/服务器工作方式，通过 TCP 的 23 号端口提供服务，支持本地用户登录到远程系统，将远程系统当成自己的主机使用，可以编辑文件、管理文件、读/写邮件等，甚至利用该主机上的 Telnet 与其他远程系统连接。

　　利用 Telnet，可以远距离使用大型计算机和专用外部设备，可以检索 Internet 上的数据库，也可用于访问世界上众多图书馆信息目录和其他信息资源。

　　使用 Telnet 时，用户需要知道远程主机的名字或 IP 地址，然后根据系统的提示正确输入用户名和密码。

5.4.3　简单邮件传输协议

简单邮件传输协议（Simple Mail Transfer Protocol，SMTP）是一个简单的 ASCII 协议。使用 SMTP 时，收信人可以是与发信人连接在同一个本地网络上的用户，也可以是 Internet 上其他网络的用户。发信人先要将发送的邮件送到暂存区，SMTP Client 每隔一定时间对邮件暂存区扫描一次，如发现有邮件，就使用 SMTP 的端口号码（25）与目的主机的 SMTP Server 建立 TCP 连接。在与第 25 号端口建立了 TCP 连接后，发送机器（作为客户）等待接收机器（作为服务器）发送数据，服务器开始先发送一行文本，指出其标识，并说明是否准备接收电子邮件。如果未准备好，则客户放弃连接，稍后再试。

如果服务器要接收电子邮件，客户就说明电子邮件从哪儿来和到哪儿去。如果目的处有这样一个接收者，则服务器通知客户继续发送报文，服务器接收它。通常不需要校验和，因为 TCP 提供了可靠的字节流。当所有的电子邮件都在两个方向上交换后，连接就被释放。

这里要强调，上面所说的连接并不是在发信人和收信人之间建立的，连接是在发送主机的 SMTP Client 和接收主机的 SMTP Server 之间建立的，发信人和收信人都可以在其主机上做自己的工作，而 SMTP Client 和 SMTP Server 是在后台工作的。

SMTP 只能传送可打印的 ASCII 码邮件。要传送非 ASCII 码邮件，可使用多用途 Internet 邮件扩充（Multipurpose Internet Mail Extensions，MIME）。MIME 在其邮件首部中说明了邮件的数据类型（如文本、语音、图像、视像等）。在一个 MIME 邮件中可以同时传送多种类型的数据。MIME 能满足人们对多媒体电子邮件和使用本国语言发送邮件的需求。

5.4.4　简单文件传输协议

简单文件传输协议（Trivial File Transfer Protocol，TFTP）是一个很小且易于实现的文件传输协议，它没有 FTP 所具有的大部分功能。通常 TFTP 工作在 UDP 之上，由于 UDP 提供的是不可靠的服务，所以 TFTP 要有自己的差错改正措施。用户很少直接使用 TFTP 作为一种服务，但当需要将程序或文件同时向许多机器下行装载时就要使用 TFTP。

TFTP 的主要特点是：①每次传送的数据 PDU 中有 512B 的数据，但最后一次可不足 512B；②数据 PDU 也称为文件块（block），每个块从 1 开始按序编号；③支持 ASCII 码或二进制传送；④可对文件进行读或写；⑤使用很简单的首部。

TFTP 的工作很像停止等待协议，发送完一个文件块后就等待对方的确认，确认时应指明所确认的块编号。发送完数据后在规定时间内收不到确认就要重发数据 PDU，发送确认 PDU 的一方若在规定时间内收不到下一个文件块，也要重发确认 PDU。这样就可保证文件的传送不致因某一个数据报的丢失而失败。

5.4.5　DNS 协议

1. 域名结构

由于 IP 地址是数字式的，难于记忆也难于理解，为了向用户提供直观的主机标识符，TCP/IP 专门设计一种层次型名字管理机制，称为域名系统（Domain Name System，DNS），它包括字符型的层次式主机命名机制和名字与地址映射的分布式计算机的实现。一个 IP 网的主机或网关都有相应的域名（Domain　Name），如中央电视台的主机域名为：cctv. com. cn。一个主机域名唯一确定一个 IP 地址，但是一个域名如果还有若干别名，一个 IP 地址却对应着若干个域名。为了从域名找到相应的 IP 地址，在网络中提供了一套域名服务系统，它由若干级的名字服务器组成。用户习惯使用的是域名，而系统内部使用的是 IP 地址，从域名到 IP 地址的解析由名字服务器完成。

根据 Internet 域名管理系统 DNS 规定，域名通常采用层次结构：

······. 次次高层 . 次高层 . 最高层

美国 Internet 最高一层的域名是：

. int——国际组织　　　　　　　　. com——商业组织

. edu——教育组织　　　　　　　　. gov——政府组织

. mil——军事组织　　　　　　　　. org——非商业组织

. net——网络组织　　　　　　　　. firm——商业公司

. store——商品销售企业　　　　　. web——与 www 相关的实体

. arts——文化和娱乐实体　　　　　. info——提供信息服务的实体

. nom——个体或个人

国家顶级域名是按国家代码分配的，如 cn（中国），uk（英国），fr（法国），ca（加拿大）等。

我国自登记了最高层域名 cn 以后，规定了自己的第二级域名：

. edu——教育机构　　　　　　　　. com——公司

. gov——政府机构　　　　　　　　. org——非盈利组织

. ac——大学、研究所内的学术机构 . bj——北京地区

. sh——上海地区　　　　　　　　. js——江苏省

······

Internet 域名的管理方式也是层次式的分配，只是某一层的域名需向上一层的名称服务器注册，而该层以下的域名则由该层自行管理。图 5-6 所示为 Internet 采用的域名层次结构命名树。域名系统是一个分布式主机信息库，采用 Client/Server（客户机/服务器）结构。用户向本地名字服务器查询地址，本地名字服务器向上级服务器查询（自上而下），逐级查到各服务器，最后即可查出该地址的情况，如 IP 地址、Mail 路由等信息。由于管理机构是

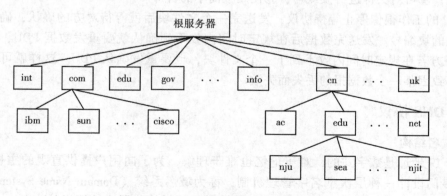

图 5-6　Internet 的域名层次结构命名树

逐级授权的，所以最终的域名都得到互联网信息中心（Network Information Center，NIC）承认，成为 Internet 中的正式名字。域名既可以标识主机，也可以标识信箱，甚至用户等。

这种层次型域名，只要保证同层名字不重复，就可以在 Internet 中保证主机名的唯一性，不同层对象取相同名是完全可以的。这样，上层不必关心下层的命名问题，下层名字的变化不会影响上层的状态。层次型域名的主要优点体现在将大量对象的管理转化为分层的少量对象管理。

在此应强调的是，域名的划分是基于组织管理，而不是基于物理网络。因此，两个不同单位的计算机可以共处于同一个局域网；同一单位的不同计算机尽管位于不同地理位置的不同物理网络上，但它们属于同一个域。

2. 域名解析

用字符标识一台主机的域名比数字型 IP 地址直观、易记忆，但不能用域名寻址，因为通信在发收数据时，使用的是 IP 地址。当用户使用主机域名进行通信时，必须将域名映射成 IP 地址。这种将主机域名映射成 IP 地址的过程称为域名解析。

域名解析包括正向解析（从域名到 IP 地址）和逆向解析（从 IP 地址到域名），不过逆向询问并未得到广泛应用。Internet 的域名系统 DNS 能透明地完成域名解析任务。可见，域名的引入虽然增加了用户的方便性，却是以域名解析的额外开销为代价的。

5.4.6　HTTP

万维网（World Wide Web，WWW）是 Internet 中最受欢迎的一种多媒体信息服务系统，它基于客户机/服务器模式，整个系统由 Web 服务器、浏览器（Browser）和通信协议等三部分组成。其中，通信协议采用超文本传输协议（HyperText Transfer Protocol，HTTP）。HTTP 是专门为 Web 服务系统设计的应用层协议，能够传送任意类型数据对象，以满足 Web 服务器与浏览器之间的多媒体通信需要。

在 Web 服务器上，多媒体信息以网页（Web Page）的形式来发布，网页采用超文本标记语言（Hypertext Markup Language，HTML）编写。客户使用浏览器连接到指定的 Web 服务器并获取网页后，由浏览器来解释执行网页所包含的信息，并显示在客户机的屏幕上。

在 Web 系统中，使用了一种简单的命名机制：统一资源定位器（Universal Resource Locator，URL）来唯一地标识和定位 Internet 中的资源。它由以下三部分组成：

- 客户与服务器之间所使用的通信协议。
- 存放信息的服务器地址。
- 存放信息的路径和文件名。

URL 不仅描述 Web 服务器资源，还可以描述其他服务器资源，如 Telnet、FTP、Gopher、WAIS 和 Usenet 等。

WWW 最初目的是为科研人员共享学术信息提供一种有效的信息服务手段，如今它已作为一种通用的信息发布和服务系统被广泛应用于 Internet。

1. Web 服务器软件

Web 服务器软件提供多媒体信息发布服务，这些信息按网页形式来组织和存储，而网页采用 HTML 语言来编写。对于 Web 服务器软件来说，除了提供响应浏览器的请求发送网页的基本功能外，还提供了很多其他系统功能，如系统管理、安全管理、编程接口、网页编辑、用户跟踪等。

目前，Web 服务器软件有很多种，这些 Web 服务器软件一般都基于某种操作系统平台，并各具特色。例如，Microsoft 公司的基于 Windows NT 平台的互联网信息服务（Internet Information Server, IIS）；Netscape 公司的基于 Windows NT 和 UNIX 平台的 Enterprise Server；Silicon Graphics 公司的基于 UNIX 平台的 Web Fore Series 以及基于 Linux 平台的共享软件 Apache 等。

2. Web 客户软件

通常把 Web 客户软件称为浏览器，它主要用于连接 Web 服务器，解释执行由 HTML 编写的文档，并将执行结果显示在客户机屏幕上。Web 浏览器不仅提供了网页的查找和显示功能，还提供了网页管理功能以及其他客户工具。

目前，浏览器软件主要有 Microsoft 公司的 IE（Internet Explorer）、Netscape 公司的 Navigator 以及 SUN 公司的 Hot Java 等。

5.5　网络应用编程接口

下面的例子是在 VB 中实现基于 TCP/UDP 的网络通信。

1. 基础知识

TCP/IP 在 VB 中提供了 Winsock 控件，用于在 TCP/IP 基础上进行网络通信。Winsock 控件对用户来说是不可见的，它提供了访问 TCP 和 UDP 网络服务的方便途径。Microsoft Access、Visual Basic、Visual C++或 Visual FoxPro 的开发人员都可使用它。为编写客户或服务器应用程序，不必了解 TCP 的细节或调用低级的 Winsock APIs。通过设置控件的属性并调用其方法，就可轻易连接到一台远程计算机上，并且还可双向交换数据。

数据传输协议允许创建和维护与远程计算机的连接。相连的两台计算机就可彼此进行数据传输。如果创建客户应用程序，必须知道服务器计算机名或者 IP 地址（RemoteHost 属性），还要知道进行"侦听"的端口（RemotePort 属性），然后调用 Connect 方法。如果创建服务器应用程序，就应设置一个收听端口（LocalPort 属性），并调用 Listen 方法。当客户计算机需要连接时就会发生 ConnectionRequest 事件。为了完成连接，可调用 ConnectionRequest 事件内的 Accept 方法。

建立连接后，任何一方计算机都可以收发数据。为了发送数据，可调用 SendData 方法。当接收数据时会发生 DataArrival 事件。调用 DataArrival 事件内的 GetData 方法就可获取数据。

用户数据报协议（UDP）是一个无连接协议。与 TCP 操作不同，计算机并不建立连接。另外，UDP 应用程序可以是客户机，也可以是服务器。为了传输数据，首先要设置客户计算机的 LocalPort 属性，然后服务器计算机需将 RemoteHost 设置为客户计算机的 Internet 地址，并将 RemotePort 属性设置为与客户计算机的 LocalPort 属性相同的端口，并调用 SendData 方法来着手发送信息。客户计算机使用 DataArrival 事件内的 GetData 方法来获取已发送的信息。

利用 Winsock 控件可以与远程计算机建立连接，并通过用户数据报协议（UDP）或者传输控制协议（TCP）进行数据交换。这两种协议都可以用来创建客户与服务器应用程序。与 Timer 控件类似，Winsock 控件在运行时是不可见的。Winsock 控件的作用如下：

1）创建收集用户信息的客户端应用程序，并将收集的信息发送到某中央服务器。

2）创建一个服务器应用程序，作为多个用户的数据的汇入点。

3）创建"聊天"应用程序。

2. 选择通信协议

在使用 Winsock 控件时，首先需要考虑使用什么协议。可以使用的协议包括 TCP 和 DUP，两种协议之间的重要区别在于它们的连接状态不同。

1）TCP 控件是有连接的协议，可以将其与电话系统相比。在数据开始传输之前，用户首先必须建立连接。

2）UDP 是一种无连接协议，两台计算机之间的传输类似于传递邮件：消息从一台计算机发送到另一台计算机，但是两者之间没有明确的连接。另外，单次传输的最大数据量取决于具体的网络。

到底选择哪一种协议通常是由需要创建的应用程序决定的。下面的几个问题将有助于选择合适的协议。

1）在收发数据的时候，应用程序是否需要得到客户端或者服务器的确认信息。如果需要，则使用 TCP，在收发数据之前先建立明确的连接。

2）数据量是否特别大（如图像与声音文件）。在连接建立之后，TCP 将维护连接并确保数据的完整性。不过，这种连接需要更多的计算资源，因而是比较"昂贵"的。

3）数据发送是间歇的，还是在一个会话内。例如，如果应用程序在某个任务完成的时候需要通知某个计算机，则 UDP 是最适宜的。UDP 适合于发送少量的数据。

在设计时，可以按如下方式设置应用程序使用的协议：在 Winsock 控件的"属性"窗口中单击"协议"按钮，然后选择 sckTCPProtocol 或者 sckUDPProtocol。也可以使用程序代码来设置 Protocol 属性，如下所示：

```
Winsock1. protocol = sckTCPProtocol
```

3. 确定计算机的名字

在与远程计算机连接时，需要知道它的 IP 地址或者它的"好听的名字"。IP 地址是一串数字，每 3 个数字组成一组，中间用点隔开（形如 m. m. m. m）。通常，最易记住的是计算机的"好听的名字"。确定远程计算机名字的方法如下：

1）在远程计算机中，打开"控制面板"。

2）双击"系统"图标。

3）在打开的"系统属性"对话框中，单击"计算机名"选项卡。

在"完整的计算机名称"中即可找到这台计算机的名称。

4. TCP 连接和 UDP 连接

（1）TCP 连接服务器和客户机　如果应用程序要使用 TCP，那么首先必须决定应用程序是服务器还是客户端。如果要创建一个服务器端，那么应用程序需要"监听"指定的端口。当客户端提出连接请求时，服务器端能够接受请求并建立连接。在连接建立之后，客户端与服务器端可以自由地互相通信。

首先创建一个 TCP 服务器，下列步骤可以用来创建一个简单的 TCP 服务器。

1）创建新的 Standard EXE 工程。

2）将默认的窗体的名称改为 frmServer。

3）将窗体的标题改为 TCP Server。

4）将一个 Winsock 控件拖到窗体上，并将它的名字改为 tcpServer。

5）在窗体上添加两个 TextBox 控件。将第一个命名为 txtSendData，第二个命名为 txtOutput。

6）为窗体添加如下的代码：

```
Private Sub Form_Load(  )
    tcpServer. LocalPort = 1001
    '将 LocalPort 属性设置为一个整数,然后调用 Listen 方法显示客户端的窗体
    tcpServer. Listen
    End Sub
Private Sub tcpServer_ConnectionRequest (ByVal requestID As Long)
'检查控件的 Sbte 属性是否为关闭的, 如果未关闭, 则在接收新的连接之前, 先关闭此连接
If tcpServer. State < > sckClosed Then _
tcpServer. Close
End If
        tcpServer. Accept requestID    '接收具有 requestID 参数的连接
End Sub
Private Sub txtSendData_Change(  )
'名为 txtSendData 的 TextBox 控件中包含了要发送的数据。当用户往文本框中输入数据
时,使用 SendData 方法发送输入的字符串
        tcpServer. SendData txtSendData. Text
End Sub
Private Sub tcpServer _DataAmival (ByVal bytesTotal As long)
'为进入的数据声明一个变量。调用 GetData 方法,并将数据赋予名为 txtOutput 的 TextBox
控件的 Text 属性
        Dim strData As String
        tcpServer. GetData strData
        txtOutput. Text = strData
End Sub
```

上面的步骤创建了一个简单的服务器应用程序。为了使它能够工作，还必须为它创建一个客户端的应用程序。

下列步骤可以用来创建一个 TCP 客户端。

1）在工程中添加一个新的窗体，将其命名为 frmClient。

2）将窗体的标题改为 TCP Client。

3）在窗体中添加一个 Winsock 控件，并将其命名为 tcpClient。

4）在 frmClient 中添加两个 TextBox 控件。将第一个命名为 txtSend，第二个命名为 txtOutput。

5）在窗体上放一个 CommandButton 控件，并将其命名为 CmdConnect。

6）将 CommandButton 控件的标题改为 Connect。

7）在窗体中添加如下代码：

```
Private Sub Form_Load( )
    tcpClient. RemoteHost = "RemoteComputerName"
    tcpClient. RemotePort = 1001
End Sub
Private Sub CmdConnect_Click( )
'调用 Connect 方法,初始化连接
    tcpClient. Connect
End Sub
Private Sub txtSendData_Change( )
    tcpClient. SendData txtSend. Text
End Sub
Private Sub tcpClient_DataArrival ( ByVal bytesTotal As Long)
    Dim strData As String
    tcpClient. GetData strData
    txtOutput. Text = strData
End Sub
```

注意：必须将 RemoteHost 属性值修改为服务器的计算机的名字。

上面的代码创建了一个简单的客户机/服务器模式的应用程序。可以将两者都运行起来：运行工程，然后单击"连接"按钮，在两个窗体之一的 txtSendData 文本框中输入文本，可以看到同样的文字将出现在另一个窗体的 txtOutput 文本框中。

（2）使用 UDP　创建 UDP 应用程序比创建 TCP 应用程序要简单，因为 UDP 不需要显式的连接。在上面的 TCP 应用程序中，一个 Winsock 控件必须显式地进行"监听"，另一个必须使用 Connect 方法初始化连接。

UDP 不需要显式的连接，要在两个控件间发送数据，只需进行以下的 3 步即可（在连接的双方）：

1）将 RemoteHost 属性设置为另一台计算机的名称。

2）将 RemotePort 属性设置为第二个控件的 LocalPort 属性。

3）调用 Bind 方法，指定使用 LocalPort 属性（下面将详细地讨论该方法）。

因为两台计算机的地位可以看成是"平等的"，所以这种应用程序也被称为点到点的。为了具体说明这个问题，下面将创建一个"聊天"应用程序，两个人可以通过它进行实时的交谈。

下面的步骤用于创建一个 UDP 伙伴。

1）创建一个新的 Standard EXE 工程。

2）将默认的窗体的名称修改为 frmPeerA。

3）将窗体的标题修改为 PeerA。

4）在窗体中放入一个 Winsock 控件，并将其命名为 udpPeerA。

5）在"属性"选项卡上，单击"协议"按钮，并将协议修改为 UDPProtocol。

6）在窗体中添加两个 TextBox 控件。将第一个命名为 txtSend，第二个命名为 txtOutput。

7）为窗体增加如下代码：

```
Private Sub Form_Load( )
    With udpPeerA                              '控件的名字为 udpPeerA
        . RemoteHost = " PeerB"                '将 RemoteHost 的值修改为计算机的名字
        . RemotePort = 1001                    '连接的端口号
        . Bind 1002                            '绑定到本地的端口
    End With
frmPeerB . Show                                '显示第二个窗体
End Sub
Private Sub txtSend_Change( )
    udpPeerA. SendData   txtSend. Text         '在输入文体时,立即将其发送出去
End Sub
Private Sub udpPeerA_DataArrival（ByVal bytesTotal As Long）
    Dim strData As String
    udpPeerA. GetData strData
    txtOutput. Text  =  strData
End Sub
```

下面的步骤用于创建第二个 UDP 伙伴。

1）在工程中添加一个标准窗体。

2）将窗体的名字修改为 frmPeerB。

3）将窗体的标题修改为 PeerB。

4）在窗体中放入一个 Winsock 控件，并将其命名为 udpPeerB。

5）在"属性"选项卡上，单击"协议"按钮，并将协议修改为 UDPProtocol。

6）在窗体上添加两个 TextBox 控件。将第一个命名为 txtSend，第二个命名为 txtOutput。

7）在窗体中添加如下代码：

```
Private Sub Form_Load( )
    With udpPeerB
        . RemoteHost = " PeerA"
        . RemotePort = 1002
        . Bind 1001
    End With
End Sub
Private Sub txtSend_Change( )
        udpPeerB. SendData txtSend. Text       '在输入后立即发送文体
End Sub
Private Sub udpPeerB_DadaArrival（ByVal bytesTotal As Long）
    Dim strData As String
    udpPeerB. GetData strData
```

  txtOutput. Text = strData

End Sub

  如果要试用上面的例子，按〈F5〉键运行工程，然后在两个窗体的 txtSend TextBox 中分别输入一些文本。输入的文字将出现在另一个窗体的 txtOutput TextBox 中。

  在上面的代码中，创建 UDP 应用程序时必须调用 bind 方法。bind 方法的作用是为控件"保留"一个本地端口。例如，如果将控件绑定到 1001 号端口，那么其他应用程序将不能使用该端口进行"监听"。该方法阻止其他应用程序使用同样的端口。

  bind 方法的第二个参数是任选的。如果计算机上存在多个网络适配器，则可以用 Lo-calIP 参数来指定使用哪一个适配器。如果忽略该参数，控件使用的将是计算机上"控制面板"设置中"网络"中列出的第一个适配器。

  在使用 UDP 时，可以任意地改变 RemoteHost 和 RemotePort 属性，同时始终保持绑定在同一个 LocalPort 上。TCP 与此不同，在改变 RemoteHost 和 RemotePort 属性之前，必须先关闭连接。

习   题

  1. 写出 IP 地址的基本格式，IP 地址分为几类？各如何表示？IP 地址的主要特点是什么？

  2. 试说明 IP 地址与硬件地址的区别，为什么要使用这两种不同的地址？

  3. 试判断以下 IP 地址的网络类别。

  (1) 128. 36. 1. 3   (2) 21. 12. 240. 170   (3) 180. 192. 76. 254

  (4) 192. 12. 69. 248   (5) 100. 0. 0. 1   (6) 200. 3. 6. 1

  4. 与下列子网掩码相对应的网络前缀各有多少位？

  (1) 192. 0. 0. 0   (2) 240. 0. 0. 0

  (3) 255. 254. 0. 0   (4) 255. 255. 255. 252

  5. 某单位分配到一个 B 类 IP 地址，其网络号为 129.250.0.0。该单位有 4000 台机器，分布在 16 个不同的地点。如选用子网掩码为 255.255.255.0，试给每一个地点分配一个子网掩码号，并算出每个地点主机号码的最小值和最大值。

  6. TCP 的主要功能和特点是什么？

  7. TCP 和 UDP 有何不同？举例说明它们各自适用的场合？

  8. TCP 在建立连接和拆除连接时，为什么要采用"三次握手"和"四次分手"？

  9. IPv6 定义 3 种地址类型的意义是什么？IPv6 在哪些方面改进了 IPv4？

  10. 试简单说明下列协议的作用：IP、ARP、RARP 和 ICMP。

  11. 为什么要将 IP 地址解析成 MAC 地址才能实现数据传输？怎样进行地址解析？

  12. 在基于 IP 网络中，常用 Ping 命令来测试网络的连通性。它是通过什么协议实现的？

  13. 域名系统由哪几部分组成？各个部分的作用是什么？

  14. 通过什么方法定位 Internet 中某个服务器上的某个服务程序？

  15. 在用户使用远程邮箱发送和接收邮件的情况下，发送和接收邮件是使用同一邮件协议吗？

  16. IP 数据报中的头部检验和并不检验数据报中的数据，这样做的好处是什么？有什么不足？

  17. 什么是最大传送单元（MTU）？它和 IP 数据报的头部中的哪个字段有关系？

  18. 有人认为："ARP 向网络层提供了转换地址的服务，因此 ARP 应当属于数据链路层。"这种说法为什么是错误的？

  19. 列出两种不需要发送 ARP 请求分组的情况（即不需要请求将某个目的 IP 地址解析为相应的硬

件地址）。

20. 主机 A 发送 IP 数据报给主机 B，途中经过了 5 个路由器。试问在 IP 数据报的发送过程中总共使用了几次 ARP？

21. 某个应用进程使用传输层的用户数据报（UDP），继续向下交给网络层后，又封装成 IP 数据报。既然都是数据报，可否跳过 UDP 而直接交给网络层？哪些功能 UDP 提供了但 IP 没有提供？

22. 一个数据报长度为 4000B（固定头部长度）。现在经过一个网络传送，此网络能够传送的最大数据长度为 1500B。试问应当划分为几个短些的数据报片？各数据报片的数据字段长度、片偏移字段和 MF 标志应为什么数值？

23. 简单文件传输协议（TFTP）与 FTP 的主要区别是什么？各用在什么场合？

24. 远程登录（Telnet）的主要特点是什么？

25. 试编写一个基于 Winsock 控件的 TCP 或 UDP 通信程序。

第6章 网络设备与网络互连

随着局域网技术的快速发展，越来越多的个人计算机进入了网络环境，实现了彼此之间的信息交换和资源共享。但是，由于局域网本身的距离限制、连接的站点有限、不同的用户选择的局域网的类型各不相同，所以不同的局域网之间无法相互通信。网络互连的目的就是采用适当的技术和网络设备将独立的局域网连接起来，使不同网络中的计算机能够实现在更大范围内的信息交换、资源共享和协同工作。

6.1 网络互连概述

网络互连要实现多个网络之间的互连、互通和互操作。互连是在不同的物理网络之间建立物理连接。它涉及计算机之间传输信息的方法，包括物理介质上信号的传递、数据打包机制和从起点到达终点之间的多个网络之间的路由。这是网络互连的物理基础。

互通是通过适当的技术，屏蔽物理网络之间的差异，使不同子网中的任意站点之间都可以进行数据交换。互通仅涉及相互通信的两台计算机之间的端到端的连接与数据交换，它提供了不同的计算机系统之间相互操作的手段。

互操作是通过一定的技术手段，屏蔽不同计算机系统之间的差异，让使用完全不同的计算机操作系统和语言的计算机可以相互理解数据，从而使互联网络中的任意计算机系统之间具有透明地访问对方资源的能力。这是网络互连的最终目的。

从网络的覆盖区域来看，网络互连分为以下几种类型：

（1）局域网互连　局域网互连分为本地局域网互连和远程局域网互连。本地局域网之间可以通过中继器（Repeater）、网桥（Bridge）、路由器（Router）和网关（Gateway）等网络设备实现互连，远程局域网之间可以通过点到点的链路或分组交换网络进行互连。如果是同构的局域网，则可以采用隧道技术进行远程互连。如图 6-1 所示，两个基于 TCP/IP 的以太网 LAN1 和 LAN2，通过一对多协议路由器 R1、R2 和由广域网（WAN）构成的隧道实现远程互连。当 LAN1 中的主机 H1 要发送信息给 LAN2 中的主机 H2 时，先将信息封装到 IP 分组中，IP 分组的源地址和目标地址分别为 H1 和 H2 的 IP 地址，再将该 IP 分组封装到以太帧中，帧的目标地址是 R1 的本地接口地址。该帧在 LAN1 中传递，将送达本地路由器 R1。R1 收到该帧后，从中取出 IP 分组放入 WAN 的分组的数据域中，再次封装成 WAN 的分组，发送给远端的路由器 R2。R2 收到分组后从中取出原 IP 分组，再通过物理帧传给主机 H2。WAN 的分组就像运输车载着 IP 分组穿越隧道进行传输，两端的主机无需知道传输的细节。实际上，隧道 WAN 的作用类似于在 R1 和 R2 之间连接的一条串行线路。

（2）局域网与广域网互连　局域网与广域网之间实现互连的主要设备是路由器。

（3）广域网互连　广域网之间也可以通过路由器或网关实现互连，使连入广域网的主机或局域网之间能够相互共享资源。

从 OSI 模型的观点出发，可将网络互连分为物理层、数据链路层、网络层和高层（包

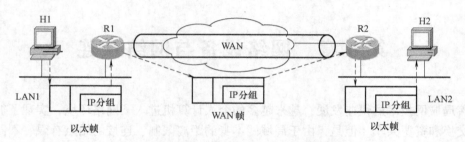

图 6-1　两个以太网通过隧道技术实现远程互连

括会话层、表示层和应用层）4
个层次。与之对应的网络互连设
备分别是中继器或集线器、网桥
或交换机、路由器和网关。在
ISO 的术语中，把这些网络互连
设备统称为中继（Relay）系统，
如图 6-2 所示。

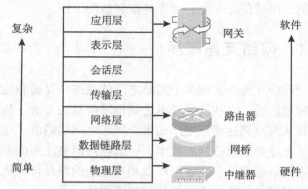

图 6-2　网络互连的不同层次和相应设备

物理层互连属于中继互连，
是使用中继器连接几个电缆段。
中继器又称为转发器，其功能就
是在不同电缆段之间复制位信号。

数据链路层互连属于桥接互
连，是使用网桥连接多个使用兼容的地址方案的物理网络。网桥的功能是在物理网络之间存
储转发帧（Frame）。

网络层互连属于路由互连，是使用路由器连接几个逻辑网络。路由器的核心功能是在逻
辑网络之间进行数据报（Packet）的存储转发。它支持通用的网络互连协议（如 IP）和各
种路由协议（Routing Proctcol）。

高层互连是使用网关连接不同体系结构的网络。网关也称为网间协议转换器，它涉及
OSI 模型的 7 个层次，由适当的硬件和软件构成。

6.2　网络互连设备

6.2.1　网络适配器

网络适配器（Network Interface Card，NIC）简称网卡，是网络中计算机与传输介质的接
口。在网络中，网卡主要实现网络中传输数据格式与计算机中的数据格式之间的转换、网络
数据的接收与发送等功能。一方面它将本地计算机的网络层上传来的数据打包后，通过总线
接口与物理链路接口将数据帧传输到通信链路；另一方面它负责接收网络上传来的数据帧，
解包后，提取出网络层的数据报，传递给本地计算机的网络层。如果数据链路层协议提供差
错检测，那么发送网卡就要设置差错检测位，接收网卡完成差错检测位。因此，网卡是工作
在 OSI 模型中物理层和数据链路层的接口设备。网卡的结构如图 6-3 所示。

网卡通常包括 RAM、EPROM、链路控制器、编码解码器、主机总线接口和物理链路接口 RJ-45、收发器（用于接收和发送物理层传输的信号）等部件。

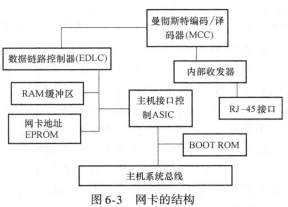

图 6-3　网卡的结构

网卡的 EPROM 中保存了一个全球唯一的网络节点地址，这个地址称为 MAC 地址（Media Access Control，MAC），又称为硬件地址或网卡地址，由网卡生产厂家在生产网卡时写入网卡的 EPROM 芯片中。MAC 地址用 12 个十六进制数来表示，长度为 48 位（比特）。前 6 个十六进制数代表（即前 24bit）网卡生产厂商的标识符信息，后 6 个十六进制数代表（即后 24bit）生产厂商分配的网卡序号，如 00-0B-AB-A3-D5-BC。

网卡的主要功能归纳如下：

1）数据的封装与解封：发送时将网络层传递来的数据加上头部和尾部，成为以太网的帧。接收时将以太网的帧去除头部和尾部，然后送交本地计算机的网络层。

2）链路管理：主要是介质访问控制方法（CSMA/CD）协议的实现。

3）编码与译码：实现编码与译码的功能。

目前计算机上常用的网卡基本都是外部设备互连（Peripheral Component Interconnect，PCI）总线接口网卡。PCI 网卡的 CPU 占用率较低，32 位 PCI 网卡的理论带宽为 133Mbit/s，支持的数据传输速率可达 100Mbit/s。现在计算机中经常使用 10/100Mbit/s 自适应 PCI 网卡，这种网卡可自动判断所连接的网络设备的工作频率，自动选择工作在 10Mbit/s 或 100Mbit/s 速率上。

网卡必须有一个接口使网线通过此接口与计算机等网络设备连接起来。不同的网络接口适用于不同的网络类型，常见的接口主要有以太网的 RJ-45 接口、细同轴电缆的 BNC 接口和粗同轴电缆 AUI 接口、FDDI 接口、ATM 接口等。RJ-45 接口是最常用的一种网卡，也是应用最广的一种接口类型网卡。RJ-45 接口网卡应用于以双绞线为传输介质的以太网中，网卡上自带两个状态指示灯，通过状态指示灯颜色可初步判断网卡的工作状态。

6.2.2　中继器和集线器

1. 中继器

如前所述，中继器工作在 OSI 模型的物理层，其功能是在不同电缆段之间转发位信号。网络中的物理信号会随着传输距离的增加而衰减，因此物理网络的覆盖范围会由于所使用的传输介质和信号类型而受到限制。为了扩大信号的传输距离可以采用中继器对信号进行整理放大。

中继互连的实质是对网络进行距离上的物理扩展。中继器接收物理网络上的所有信号（包括冲突信号）经过整理、再生、放大，再发送出去，从而扩展网络的跨距。中继器将原本分离的多个较小的物理网络（或网段）合并成一个较大的物理网络。

中继器只能用于连接两个相同的局域网，其作用是把一个局域网中传输的电信号增强后再传送到另一个局域网上。它要求网络是同类型的，而且采用相同的协议和速率。因此，从严格的意义上讲，用中继器只是扩展了网络的范围，不是真正的网络互连。

2. 集线器

集线器的英文称为"HUB"，是"中心"的意思。集线器是物理层设备，与网卡、网线等同属于局域网中的基础设备，采用 CSMA/CD 访问方式。集线器也是一种中继器，其区别仅在于集线器能够提供更多的端口服务，集线器又称为多端口中继器。

集线器基本属于纯硬件网络底层设备，是一种不需任何软件支持或只需很少管理软件管理的硬件设备。集线器的主要功能是对接收到的信号进行再生、整形、放大，以扩大网络的传输距离，同时把所有节点集中在以它为中心的节点上。这种集线器连成的网络外观看似一个星形网络，内部实质上是一条共享总线，因此这种网络拓扑结构也称为星形总线型结构。

集线器发送数据时采用广播方式发送，也就是说当它要向某节点发送数据时，不是直接把数据发送到目的节点，而是把数据报发送到与集线器相连的所有节点。

集线器提供的带宽通常分为 10Mbit/s、100Mbit/s 或 10/100Mbit/s 自适应的三种，10/100Mbit/s 自适应集线器可以自动调节当前端口的速率以适应所连设备的速度。

（1）集线器的特点

1）HUB 是一个多端口的转发器，在以 HUB 为中心设备的网络中，某条线路产生了故障，不会影响其他线路的工作。因此，HUB 在局域网中得到了广泛的应用。

2）HUB 只是一个多端口的信号放大设备，它在网络中只起到信号再生、放大的作用，其目的是扩大网络的传输范围，不具备信号的定向传送能力，是标准的共享式设备。

3）由 HUB 组成的网络是共享式网络，同时 HUB 只能在半双工下工作。

4）HUB 是一种共享介质的网络设备，它本身不能识别目的地址，采用广播方式向所有节点发送。例如，当同一局域网段的主机 A 给主机 B 传输数据时，数据报在以 HUB 为架构的网络上是以广播方式传输的，即对网络上所有节点同时发送同一信息，然后再由每一台终端通过验证数据报头的地址信息来确定是否接收。这种由集线器和相连接的主机组成的局域网被称为一个网段。这样的一个网段就是一个广播域，也是一个冲突域，即任何时候网络中不允许两个以上的节点同时传输数据。

（2）多集线器以太网配置规则　在实际应用中，可以用多个集线器将多个网段互连起来，组成一个更大级别的局域网。但是这种局域网存在一些问题，首先大的局域网中的所有主机都属于一个广播域，更多的主机共享原来单个网段的带宽；各个互连的网段的类型和速率要完全相同；互连主机的数目和距离均有限制。

3. 中继器特性

中继器和集线器都是物理层互连设备，集线器是多端口的中继器。它们共同的特性为：

● 只能工作在物理层，仅对信号进行透明的整理、再生、放大，不涉及协议的转换。因此，中继互连的网段必须采用一致的数据链路协议。

● 主要用于线性电缆系统（如以太网），实现网络范围的扩充。

● 连接的以太网不能形成环路。由于以太网采用的是 CSMA/CD 介质访问法，所以网络中的信息没有固定的流动方向，每个独立的以太网就是一个冲突域（CSMA/CD 域）。如果形成环路，则会导致信号的循环叠加而出错。

● 连接的各个网段上的节点地址不能相同。

●多集线器 10MB 以太网互连必须遵循 5-4-3 规则，5-4-3 规则指的是任意两个节点之间最多可以有 5 个网段，经过 4 个集线器，其中只有 3 个网段可以连接主机。

中继器或集线器存在以下缺点：

●它们工作在物理层，不能均衡负载，不能阻止广播风暴的发生。

●中继器将分离的多个物理网络（或网段）合并成一个物理网络。如果合并前的每个网段是独立的小冲突域，中继互连后它们被合并成一个大的冲突域。合并后，冲突的概率增加了，网络的效率下降。

●如果各个网段的介质访问法不同，即使只是速率不同，也不可能在物理层中进行中继互连。

随着网络交换技术的发展，中继器和共享式集线器已经逐渐被交换机所取代。

6.2.3　网桥和二层交换机

网桥是工作在 OSI 模型数据链路层中的互连设备，网桥可连通两个使用兼容的地址方案的物理网络，从逻辑上把它们连接为单一的网络，使一个物理网络上的用户可以透明地通过网桥访问另一个物理网络上的资源。其主要功能是隔离不同网段之间的数据通信量，提高网络传输性能，在物理网络之间转发帧。网桥的每个端口连接一个局域网网段，监听与它连接的每个网段上传输的数据帧。如果传输的数据帧的目的地址和源地址不在同一个网段中，则网桥丢弃该数据帧；否则，网桥将该帧转发到与目标网段相连的端口。

1. 网桥

网桥具有以下特点：

1）可实现不同类型的局域网互连。网桥可以连接两个采用不同数据链路层协议、不同传输介质与不同传输速率的网络。两个不同类型的局域网，只要它们的网络层协议相同，且 MAC 协议的地址方案兼容，就可以通过网桥连通为一个逻辑网络。

2）可实现大范围的局域网互连。网桥工作在数据链路层，网桥互连的网络在数据链路层以上采用相同的协议。

3）网桥有存储转发功能，可依据帧的目标 MAC 地址和网桥内部的转发表判断是否需要转发，从而对数据帧进行过滤。

4）网桥常用于将共享带宽的计算机节点数较多的大局域网分成既独立又能相互通信的两个局域网网段，从而改善各个子网段的性能和安全性。

5）网桥能够隔离冲突，提高了网络的效率和可靠性。两个分离的共享局域网是两个分离的冲突域。二者用网桥连通时只是从逻辑上连成一个局域网，即二者在逻辑上属于同一广播域，但二者对应的冲突域并未合并。网桥在其间起到了隔离的作用。

2. 二层交换机

以太网交换机（Switch）是交换式局域网的核心设备，是一种基于 MAC 地址识别，能完成封装转发数据报功能的网络设备。第二层交换机属于 OSI 模型中的数据链路层设备，由多端口的网桥发展而来。第三层交换机结合了第二层交换机和路由器的功能，属于 OSI 模型中的网络层设备。

（1）交换机互连网络有以下特性

●交换机连接的每一个网段都是一个独立的广播域，它允许各个网段之间的通信。

- 交换机可以互连不同速度和类型的网段，且对网络的大小没有限制。
- 交换机各端口都独享交换机的带宽，可实现全双工通信，如 1 台 100Mbit/s 的 24 口交换机，其每个端口理论上均可同时达到 100Mbit/s 的速率。

（2）衡量交换机性能的指标

- 包转发率（Million Packet Per Second, MPPS）：MPPS 值越大，交换机的交换处理速度越快。
- 背板带宽：背板带宽是衡量交换机转发和数据流处理能力的重要指标之一。因为交换机的所有端口都挂接在背板总线上，所以端口间的数据流都在背板总线上传输。
- 交换机内存：交换机的内存中存储着 MAC 地址表。内存越大，存储的地址表就越大，学习的 MAC 地址就越多，数据转发的速度就越快。

（3）交换机的功能　交换机的功能包括物理编址、网络拓扑结构、错误校验、帧序列及流量控制。目前交换机还具备了一些新的功能，如对 VLAN（虚拟局域网）的支持、对链路汇聚的支持等。

交换机的主要功能如下：

- 交换机提供了大量可供线缆连接的端口，可以实现网络星形拓扑结构。
- 可以实现信号重整。与中继器、集线器、网桥一样，当交换机转发帧时，它会重新对信号进行整理，产生一个不失真的电信号。
- 交换机在每个端口上都使用相同的转发或过滤功能。像网桥那样，交换机了解每一端口相连设备的 MAC 地址，并将地址与相应的端口映射起来存放在交换机缓存中的 MAC 地址表中。当一个数据帧的目的地址在 MAC 地址表中有映射时，它被转发到连接目的节点的端口，如该数据帧为广播帧或组播帧则转发至所有端口。
- 提高了局域网的性能。交换机的每一端口都是独享交换机的一部分总带宽，而不像集线器一样每个端口共享带宽，这样每个端口速率有了带宽的保障。例如，一个 100Mbit/s 24 端口以太网交换机，由于每个端口都可以同时工作，所以在数据流量较大时，它的总流量可达到 24 × 100Mbit/s = 2400Mbit/s。而 100Mbit/s 的共享式集线器，因为它是属于共享带宽式的，同一时刻只能允许一个端口进行通信，当数据流量较大时，集线器的总流通量也不会超出 100Mbit/s。因此，利用交换机互连的网络的性能有较大提高。
- 有消除网络回路的功能。当以太网中存在冗余回路时，以太网交换机通过生成树协议避免回路的产生，同时允许存在后备路径。
- 交换机具有"MAC 地址学习"功能。交换机会对发送不成功的数据报再次进行广播发送，找到这个数据报的目的 MAC 地址后，重新加入到 MAC 地址列表中。
- 交换机可以实现不同类型的网络互连。除了能够连接同种类型的网络之外，还可以在不同类型的网络（如以太网和快速以太网）之间实现互连，如许多交换机提供了快速以太网或光纤分布式数据接口（FDDI）等的高速连接端口，用于实现不同类型的高速网络互联。

（4）交换机的工作过程和 MAC 地址管理　由交换机互连的网络称为交换式网络，每个端口都能独享带宽，所有端口都能够同时进行通信，能够在全双工模式下工作。

下面以图 6-4 为例，说明数据帧交换过程的几种情况。

1）当主机 B 发送广播帧时，交换机从快速以太网端口 F0/3 接收到目的地址为 FFFF. FFFF. FFFF 的数据帧，则向端口 F0/1、F0/2、F0/3 转发该数据帧。交换机将主机 B

的 MAC 地址 02e0.7c01.1004 和相应的端口 F0/3 加入 MAC 地址表中。

2）当主机 D 与主机 A 通信时，交换机从端口 F0/4 接收到目的地址为 02e0.7c01.1001 的数据帧，查找 MAC 地址表后，发现 02e0.7c01.1001 不在表中，因此交换机向端口 F0/1、F0/2、F0/3 广播该数据帧。收到确认帧后，将主机 A 的地址 02e0.7c01.1001 和相应的端口 F0/1 写入 MAC 地址表中。

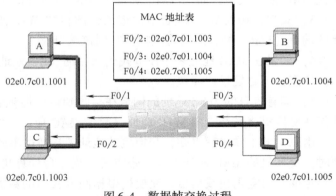

图 6-4　数据帧交换过程

3）当主机 D 与主机 B 通信时，交换机从端口 F0/4 接收到目的地址为 02e0.7c01.1004 的数据帧，查找 MAC 地址表后，发现 02e0.7c01.1004 位于端口 F0/3，交换机将数据帧转发至端口 F0/3，主机 B 即可收到该数据帧。

4）如果在主机 D 与主机 A 通信的同时，主机 B 也正在向主机 C 发送数据。这时，交换机在端口 F0/4 和 F0/1 之间，以及 F0/3 和 F0/2 之间，建立了两条链路，各自独享一条链路，双方通信互不影响。这样的链路仅在通信双方有需求时才会建立，一旦数据传输完毕，相应的链路也随之拆除。

在交换机的 MAC 地址表中，一条表项主要由一个主机 MAC 地址和该地址所位于的交换机端口号组成。交换机通过 MAC 地址（网卡物理地址）动态自学习功能，即当交换机收到一个数据帧以后，将数据帧的源地址和输入端口记录在 MAC 地址表中，形成一个端口与 MAC 地址对应表，如图 6-5 所示。交换机的 MAC 地址学习如下：

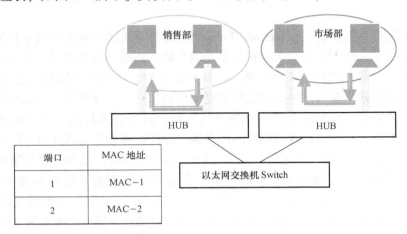

图 6-5　交换相互连的网络

1）最初交换机 MAC 地址表为空。

2）当交换机从某一节点收到一个帧时（广播帧除外），首先检查该帧的源 MAC 地址是否在 MAC 地址表中，如果没有，则将该 MAC 地址和端口号加到 MAC 地址表中。

3）其次，在 MAC 地址表中检查该帧的目的 MAC 地址，找到与该目的 MAC 地址相连接的端口（Port）号，然后将该帧复制到该端口。

4）如果在 MAC 地址表中没有找到该目的 MAC 地址，交换机就将数据报广播到所有端口。注意，不是发送广播包。

5）拥有该目的 MAC 地址的网卡在接收到该广播帧后，将立即做出应答，发送确认帧，从而使交换机将其节点的 MAC 地址（目的 MAC 地址）添加到 MAC 地址表中。

由以上的工作过程得知，交换机的地址表是通过不断学习建立起来的。刚打开交换机电源时，交换机的 MAC 地址表是一张空表。当一台计算机打开电源后，安装在该系统中的网卡会定期发出空闲包或信号，交换机根据网卡发出的数据帧中的源 MAC 地址不断更新地址表。所以交换机使用的时间越长，学到的 MAC 地址就越多，未知的 MAC 地址越少，广播帧就越少，速度就越快。

交换机的地址表必须具有不断更新的功能，因为地址表中的 MAC 地址有可能会失效，如网卡损坏后不能使用；交换机的内存有限，地址表必须记忆正在使用的 MAC 地址，以减少广播帧。因此，交换机中有一个"自动老化时间"作为参数，若某 MAC 地址在一定时间内不再出现，那么交换机将自动把该 MAC 地址从地址表中清除。当该 MAC 地址重新出现时，将会被作为新地址处理。

（5）交换方式　交换机通过以下 3 种方式进行交换。

1）直通式。直通式（Cut Through）方式是在交换机的某个输入端口检测到一个数据报后，只检查其报头，取出目的地址，通过内部的 MAC 地址表确定相应的输出端口，然后把数据报转发到输出端口，这样就完成了交换。因为它只检查数据报的报头（通常只检查 14B），所以不需要存储，延迟非常小，交换非常快，这是直通式的优点。它的缺点是：因为数据报内容并没有被以太网交换机保存下来，所以无法检查所传送的数据报是否有误，不能提供错误检测能力。由于没有缓存，不能将具有不同速率的输入/输出端口直接接通，而且容易丢包。

2）存储转发。存储转发（Store and Forward）是计算机网络领域使用得最为广泛的技术之一。在这种工作方式下，交换机的控制器先缓存输入到端口的数据帧，然后进行循环冗余校验码（CRC）校验，滤掉不正确的帧，确认帧正确后，取出目的地址，通过内部的 MAC 地址表确定相应的输出端口，然后把数据帧复制到输出端口。存储转发方式在数据处理时延时大，这是它的不足，但是它对进入交换机的数据报进行错误检测，有效地改善了网络性能。同时，它可以支持不同速度的端口间的转换，保持高速端口与低速端口间的协同工作。

3）无碎片直通。无碎片直通（Fragment Free Cut Through）也称为碎片隔离方式，是介于直通式和存储转发式之间的一种解决方案。它检查数据报的长度是否够 64B（512bit），如果小于 64B，说明该报是碎片（即在信息发送过程中由于冲突而产生的残缺不全的帧），则丢弃该包；如果大于 64B，则发送该报。该方式的数据处理速度比存储转发方式快，但比直通式慢。

（6）交换机的分类　交换机的分类标准常见的有以下几种：

1）从网络覆盖范围划分，交换机可以分为以下两类：广域网交换机和局域网交换机。广域网交换机主要应用于电信领域，提供通信用的基础平台。而局域网交换机应用于局域网络，用于连接终端设备，如个人计算机及网络打印机等。

2）根据传输介质和传输速度划分为以太网交换机、快速以太网交换机、千兆以太网交换机、10 千兆以太网交换机、ATM 交换机、FDDI 交换机和令牌环交换机。

3）根据交换机应用网络层次划分为企业级交换机、校园网交换机、部门级交换机和工作组交换机、桌机型交换机。一般从应用规模看，作为骨干交换机时，支持 500 个信息点以上大型企业应用的交换机为企业级交换机，支持 300 个信息点以下中型企业的交换机为部门级交换机，而支持 100 个信息点以内的交换机为工作组级交换机。

4）根据交换机端口结构划分为固定端口交换机和模块化交换机。

5）根据工作协议层划分为第二层交换机和第三层交换机。

6）根据是否支持网管功能划分为可网管交换机和非网管交换机。

（7）交换机的互连方式　为了将多个局域网互连成较大的局域网络，需要多个交换机互连。交换机的互连方式一般有级联和堆叠两种方式。

1）级联：级联扩展模式是最常规、最直接的一种扩展模式。交换机间的级联网线必须是交叉线，不能采用直通线，单段长度不要超过 100m。

级联方式是组建大型局域网的最理想的方式，可以综合各种拓扑设计技术和冗余技术，实现层次化网络结构，它被广泛应用于各种局域网中。但为了保证网络的效率，一般建议层数不要超过 4 层。

2）堆叠：通过堆叠线缆将交换机的背板连接起来，扩大级联带宽。堆叠方式有菊花链方式和主从式，如图 6-6a 和图 6-6b 所示。提供堆叠接口的交换机之间可以通过专用的堆叠线连接起来。通常，堆叠的带宽是交换机端口速率的几十倍。例如，一台 100MB 交换机，堆叠后两台交换机之间的带宽可以达到几百兆甚至上千兆。

多台交换机的堆叠是靠一个提供背板总线带宽的多口堆叠母模块与单口的堆叠子模块相连实现的，并插入不同的交换机实现交换机的堆叠。

 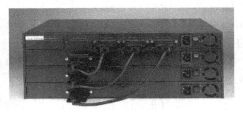

a)　　　　　　　　　　　　　　　　　　　　b)

图 6-6　堆叠方式

a）堆叠-菊花链　b）堆叠-主从式

6.2.4　路由器

路由器是工作在网络层的互连设备。所谓"路由"有两个层面的含义，一是路径的含义，指数据报发送所通过的路径；另一层含义就是指数据报发送的路径选择过程，即通过相互连接的网络把数据报从源地点发送到目标地点的过程。表示源地点和目的地的是 IP 地址，因此路由的过程是将不同 IP 地址网段的 IP 包进行转发。实现这一功能的设备称为路由器。

路由器是互联网的主要节点设备。路由器通过路由决定数据的转发。转发策略称为路由选择，作为不同网络之间互相连接的枢纽，路由器系统构成了 Internet 的主体结构。

路由器的主要任务是转发分组，即将某个输入端口收到的分组，按照分组要去的目的地（即目的网络），将该分组从某个合适的输出端口转发给下一跳路由器。下一跳路由器也按同样的方法处理分组，直到该分组到达目的地址。

1. 路由器的功能

路由器运行在 OSI 模型的网络层，其核心功能是在多个网络之间选择最佳路由，以转发报文分组。实际上，路由器将互联网络分成多个逻辑网络，每个逻辑网络都是一个独立的广播域。这与网桥有本质的区别。由于网桥独立于上层协议，所以它连接的各个物理局域网在逻辑上属于单一的网络（一个广播域）。

路由器具有以下特点：

1）路由器支持各种网络互连协议，适合连接异种网络，如 TCP/IP 网络、AppleTalk 网络、IPX 网络等。路由器具有判断网络地址和选择路径的功能，可用完全不同的数据分组和介质访问方法连接各种子网，各子网使用的硬件设备对路由而言是透明的，但要求各子网运行相同的网络层协议。

2）路由器具有最佳路由选择能力。路由器支持多种路由协议，可动态生成路由表，并能根据互联网络当前状况的变化，动态更新和修改路由表，从而实现最佳路由选择。目前，路由器使用的路由协议主要由 Internet 工程任务组（IETF）定义，包括开放式最短路径优先协议（OSPF）、边界网关协议（BGP）和内部网关路由协议（IGRP）等。

3）路由器可动态过滤网络信息，拒绝恶意数据的访问，有利于网络的安全保密。从过滤网络流量的角度来看，路由器的作用与交换机和网桥非常相似。路由器使用专门的软件协议从逻辑上对整个网络进行划分。例如，一台支持 IP 的路由器可以把网络划分成多个子网段，只有指向特殊 IP 地址的网络流量，才可以通过路由器。对于每一个接收到的数据报，路由器都会重新计算其校验值，并写入新的物理地址。因此，使用路由器转发和过滤数据的速度往往要比只查看数据报物理地址的交换机慢。但对于结构复杂的网络，路由器可以提高网络的整体效率。

4）路由器有更强的隔离能力，可有效隔离局域网的广播，阻止广播风暴传播到整个互联网络。

5）路由器较好的拥塞控制能力，可均衡负载，进行流量控制。

6）路由器适合连接大型网络，异种网络互连与多个子网互连一般应采用路由器连接。但在简单局域网环境下，可通过三层交换机实现路由的功能，比采用路由器互连的网络数据转发的效率高。

2. 路由器的分类

（1）模块化路由器　模块化路由器主要是指路由器的接口类型及部分扩展功能是可以根据用户的实际需求来配置的路由器，这些路由器出厂时一般只提供最基本的路由功能。根据用户实际的应用要求选择相应的模块，不同的模块可以提供不同的连接和管理功能。例如，可以允许用户选择网络接口类型；可以提供虚拟专用网络（VPN）功能模块；提供防火墙的功能模块等。目前的多数路由器都是模块化路由器，如图 6-7 所示。

（2）非模块化路由器　非模块化路由器基本是一些较低端路由器产品。该类路由器主

要用于连接家庭或互联网服务提供商
(ISP) 内的小型企业客户。

（3）**核心路由器** 又称为骨干路
由器，它是位于网络中心的路由器。
核心路由器的性能相对较高，一般完
成网络干线的节点连接。核心路由器
通常可支持各种常见的路由协议和网
络协议。适用于大、中型企业的主干
连接，也可用于小型企业的主干网。
广域网络中的骨干路由器有时可以支

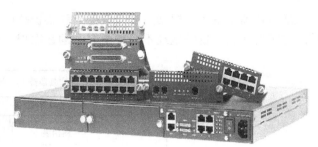

图 6-7 路由器设备示例（模块化路由器）

持所有的通用路由协议和网络协议，具有几十个以上的局域网或广域网端口，包交换能力可
达几兆的数据报，通常用于大型企业互联网的主干和广域网的边缘聚合。核心路由器和边缘
路由器是相对概念，它们都属于路由器，位于网络边缘的路由器称为接入路由器，但是有不
同的大小和容量。某一层的核心路由器是另一层的边缘路由器。

（4）**多 WAN 路由器** 其中的双 WAN 路由器具有物理上的两个 WAN 口作为外网接入，
这样内网可以经过路由器的负载均衡功能同时使用两条外网接入线路，大幅提高了网络
带宽。

（5）**无线网络路由器** 无线网络路由器是一种用来连接有线和无线网络的通信设备，
它可以通过 WiFi 技术收发无线信号。在无线网络路由器功率范围内，安装移动网卡的设备
可以方便地建立一个网络。

3. 路由器结构

从路由器体系结构上看，可以分为第一代单总线单 CPU 结构路由器、第二代单总线主
从 CPU 结构路由器、第三代单总线对称式多 CPU 结构路由器、第四代多总线多 CPU 结构路
由器、第五代共享内存式结构路由器、第六代交叉开关体系结构路由器和基于机群系统的路
由器等多类。

路由器具有 4 个要素：输入端口、交换结构、路由处理器和输出端口。按功能可分为路
由选择部分和分组转发部分。

输入端口是物理链路和输入包的入口处。端口通常由线路卡提供，一块线路卡一般支持
4、6 或 8 个端口，一个输入端口具有许多功能。包括对数据按数据链路层协议进行帧的封
装和解封装；根据输入包的目的地址，查找路由表中决定数据报的下一个输出端口，即路由
查找功能。路由查找可以使用一般的硬件来实现，或者通过在每块线路卡上嵌入一个微处理
器来完成。一旦路由查找完成，必须用交换结构将包送到其输出端口。

交换结构连接输入端口、输出端口和路由处理器，以便把输入端口的数据报交换到一个
或多个输出端口或者路由处理器。如图 6-8 所示，输入端口接收比特，若按数据链路层协议
接收的，则接收传送分组的帧并进行处理，如帧的解封；若收到的是路由器之间交换路由信
息的分组，则送到路由处理器；若是分组，则送到交换结构，查找转发表，选择输出端口并
将分组转发出去。

输出端口在数据报被发送到输出链路之前，要对数据报进行存储，可以实现复杂的调度
算法以支持优先级等要求。与输入端口一样，输出端口同样要能支持数据链路层的封装和解

封装。

路由处理器主要是根据路由协议生成和维护路由表，运行路由器配置和管理的软件。同时，它还处理那些目的地址不在路由表中的数据报。

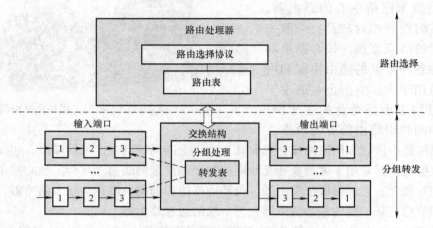

图6-8　路由选择与转发

一般的路由器带有一个被称为 Console 口的控制端口，用来与计算机或终端设备进行连接，通过特定的软件（如 Windows 下的"超级终端"）来进行路由器的配置。与可网管的交换机一样，首次配置路由器必须通过 Console 端口进行。

4. 路由器的工作原理

为了完成数据报转发，路由器中保存着一张路由表，主要包含每个目标网络的 IP 地址、子网掩码、下一个路由器和跳步数等信息，供路由选择时使用。

如图6-9 所示，通过 R1 和 R2 路由器连接三个子网。子网 A 中一个主机 H1 要发送分组给 H2，信息传递的步骤如下：

1）主机 H1 要发送分组给 H2，所发分组的目的地址是 H2 的 IP 地址 172. 16. 13. 65。H1

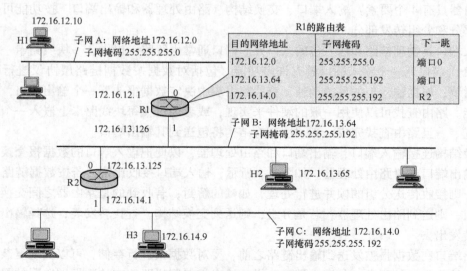

图6-9　路由器的工作原理

将本子网的子网掩码与 H2 的 IP 地址比较后，得出 172.16.13.64，与主机 H1 的网络地址 172.16.12.0 不等，说明 H2 和 H1 不在同一个子网上。H1 将分组交给子网 A 的默认路由，即 172.16.12.1，由路由器 R1 转发。

2）路由器 R1 先找路由表中的第一行，用这一行的子网掩码与收到分组的 IP 地址 172.16.13.65 计算出目的网络地址 172.16.13.64，与本行的目的网络地址 172.16.12.0 比较，不等，继续比较路由表的下一行。

3）按照方法 2）继续比较路由表的第二行。得到分组的目标网络地址与第二行的目的网络地址相一致，说明收到的分组是发送给本子网上的某个主机。路由器 R1 从端口 1 将分组转发出去，交付给主机 H2。

5. 路由表的产生方式

路由器依靠路由协议采用自动学习方式或网络管理员手动配置等方式，获得 IP 数据报要去的目的地信息。路由器将这些信息形成一个条目有选择地存放在路由表中，以便提供路由服务。产生路由表条目的途径有以下几种方式：

1）直连路由：直连路由是由数据链路层协议发现的，一般指去往路由器的端口地址所在网段的路径。如果路由器相应的端口配置了 IP 地址和子网掩码，且该端口处于激活状态，则路由器就会把通向该网段的路由信息填写到路由表中，直连路由无法使路由器获取与其不直接相连的路由信息，如图 6-9 所示的 R1 和 R2 中的 0 和 1 端口。

2）静态路由：在简单拓扑结构的网络中，网络管理员根据网络的拓扑结构手动输入路由条目。

3）动态路由：通过动态路由算法学习得到的路由。在大型网络环境下，依靠 OSPF、BGP、RIP 等路由协议来学习路由。

6.2.5 三层交换机

三层交换机也是工作在网络层的互连设备，当然它也可以作为二层交换机使用。

1. 三层交换机的工作原理

三层交换技术实际上是"二层交换技术"和"路由转发技术"的有机结合。相对于路由器设备，三层交换机不是简单的二层交换机和路由器的叠加，三层交换机的路由模块直接叠加在二层交换的高速背板总线上，突破了传统路由器的接口速率限制，速率可达几 10Gbit/s。三层交换也称为多层交换技术，或 IP 交换技术。

下面以主机 A 和主机 B 通过三层交换机 S 互连为例，说明三层交换机的工作过程。

● 如果主机 A 要给主机 B 发送数据，已知目的 IP 地址，那么主机 A 就用子网掩码取得网络地址，判断目的 IP 是否与自己在同一网段。

● 如果在同一网段，但没有转发数据所需的 MAC 地址，则主机 A 就发送一个 ARP 请求，主机 B 返回其 MAC 地址，主机 A 用此 MAC 地址封装数据报并发送给三层交换机。三层交换机 S 查找 MAC 地址表，将数据报转发到相应的端口。此时，三层交换机 S 使用的是二层交换模块，相当于二层交换，交换机 S 就会像第二层设备一样记录下二者的 MAC 地址。

● 如果源主机 A 和目的主机 B 不在同一子网，此时数据报被发往一个默认的网关，这个默认的网关一般在操作系统中已经设好，对应三层交换机 S 的路由模块。路由模块接收到此数据报后，查询路由表以确定到达目的主机 B 的路由，进行转发。

三层交换机是 OSI 模型中的网络层互连设备，在网络层实现数据报的高速转发。大部分的数据转发，除了必要的路由选择交由路由软件处理，都是由二层交换模块高速转发。

2. 三层交换机和路由器

三层交换机和路由器的主要区别是：

- 路由器的优点是接口类型较多，路由能力强大，适用于不同网络之间的连通。
- 三层交换机的优点是大型局域网络内部的数据的快速转发。由于大型局域网络可能按照部门、地域等因素划分成一个个小局域网，各个小局域网间要实现网络互访，采用具有路由功能的快速转发的三层交换机可以很好地实现各个小局域网的互访。路由器可能由于接口数量有限和路由转发速度慢，将限制网络的性能。

路由和交换的主要区别就是交换发生在 OSI 模型的第二层（数据链路层），而路由发生在第三层，即网络层。这一区别决定了路由和交换在传送信息的过程中需要使用不同的控制信息，因此路由与交换各自功能的实现方式是不同的。

6. 2. 6　网关

网关又称为网间协议转换器，在一个计算机网络中，当连接不同类型而协议差别又较大的网络时，要选用网关设备。网关的功能体现在 OSI 模型的最高层，它将协议进行转换，将数据重新分组，以便在两个不同类型的网络系统之间进行通信。由于协议转换是一件复杂的事，一般来说，网关只进行一对一转换，或是少数几种特定应用协议的转换，网关很难实现通用的协议转换。

用于网关转换的应用协议有电子邮件、文件传输和远程工作站登录、因特网网关，如防火墙等。下面简单介绍防火墙的用途。

在计算机网络与信息安全领域，防火墙是指由计算机硬件和软件组成的一个系统，并且通过这个系统在内联网与 Internet 之间建立一个安全网关（Security Gateway），其主要功能就是控制对受保护网络的非法访问，一方面尽可能地对外屏蔽网络内部的信息、结果和运行状况；另一方面对内屏蔽外部站点，防止不可预测的、潜在的破坏性侵入。

防火墙可以作为不同网络或网络安全域之间信息的出入口，能根据企业的安全策略控制出入网络的信息流，且本身具有较强的抗攻击能力，它是提供信息安全服务，实现网络和信息安全的基础设施。

在构建安全的网络环境的过程中，防火墙是第一道安全防线。防火墙的基本设计思想是：不是对每台主机系统进行保护，而是让所有对系统的访问通过某一点，并且保护这一点，并尽可能地对外界屏蔽保护网络的信息和结构。它是设置在可信任的内部网络和不可信任的外部网络之间的一道屏障，可以实施比较广泛的安全政策来控制信息流，防止不可预料的潜在的入侵破坏。

逻辑上，防火墙是一个分离器，它能有效地监控内联网和 Internet 之间的任何活动，保证内部网络的安全。物理上，防火墙可以是路由器，也可以是个人计算机、主系统或者是一批主系统，专门用于把网站或子网与那些可能被子网外的主系统滥用的协议和服务隔绝。防火墙可以从通信协议的各个层次及应用中获取、存储并管理相关的信息，以便实施系统的访问安全决策控制。

6.3　网络设备基本配置操作

6.3.1　交换机基本操作

本节介绍交换机的命令行操作方法和操作技巧。

1. 命令行界面

在对交换机的配置操作中，主要是在命令行界面（CLI）中进行。

（1）命令模式　CLI 使用中的用户界面采用分级保护方式，既有效防止了未授权用户的非法侵入，又限制和组织了不同模式中用户可以使用的命令。交换机为用户提供的主要的命令模式有用户模式、特权用户模式、全局配置模式和接口模式。

当用户和模块管理界面建立一个新的会话连接时，用户首先处于用户模式（User EXEC 模式），可以使用用户模式的命令。在用户模式下，只可以使用少量命令，并且命令的功能也受到一些限制，如 show 命令等。用户模式的命令的操作结果不会被保存。

要使用所有的命令，必须进入特权模式（Privileged EXEC 模式）。通常，在进入特权模式时必须输入特权模式的口令。在特权模式下，用户可以使用所有的特权命令，并且能够由此进入全局配置模式。

使用配置模式（全局配置模式、接口配置模式等）的命令，会对当前运行的配置产生影响。如果用户保存了配置信息，则这些命令将被保存下来，并在系统重新启动时再次执行。要进入各种配置模式，首先必须进入全局配置模式。从全局配置模式出发，可以进入接口配置模式等各种配置子模式。

表 6-1 列出了命令模式、如何访问每个模式、模式的提示符、如何离开模式等内容。这里假定交换机的名称为默认的"Switch"。

表 6-1　命令模式概要

命令模式	访问方法	提示符	离开或访问下一模式	关于该模式
User EXEC （用户模式）	访问交换模块时首先进入该模式	Switch >	输入 exit 命令离开该模式 要进入特权模式，输入 enable 命令	使用该模式来进行基本测试、显示系统信息
Privileged EXEC （特权模式）	在用户模式下，使用 enable 命令进入该模式	Switch#	要返回到用户模式，输入 disable 命令 要进入全局配置模式，输入 configure 命令	使用该模式来验证设置命令的结果。该模式是具有口令保护的
Global configuration （全局配置模式）	在特权模式下，使用 configure 命令进入该模式	Switch(config)#	要返回到特权模式，输入 exit 命令或 end 命令，或者按〈Ctrl + C〉组合键 从这个配置模式下，可以进入接口配置模式和 VLAN 配置模式	使用该模式的命令来配置影响整个设备的全局参数

（续）

命令模式	访问方法	提示符	离开或访问下一模式	关于该模式
Interface configuration（接口配置模式）	在全局配置模式下，使用 interface 命令进入该模式	Switch(config-if)#	要返回到特权模式，输入 end 命令，或按〈Ctrl + C〉组合键 要返回到全局配置模式，输入 exit 命令 要进入接口配置模式，输入 interface 命令。在 interface 命令中必须指明要进入哪一个接口配置子模式	使用该模式配置设备的各种接口
Config-vlan（VLAN 配置模式）	在全局配置模式下，使用 vlan vlan_id 命令进入该模式	Switch(config-vlan)#	要返回到特权模式，输入 end 命令，或按〈Ctrl + C〉组合键 要进入 VLAN 配置模式，输入 vlan vlan_id 命令	使用该模式配置 VLAN 参数

（2）获得帮助　表6-2列出了帮助信息，用户可以在命令提示符下输入问号键（?）列出每个命令模式支持的命令。用户也可以列出相同开头的命令关键字或者每个命令的参数信息，方法是：先输入一个关键词，然后输入"?"号，如表6-2中的第2行使用。

表6-2　帮助信息

动作	说明	例子
Help	在任何命令模式下获得帮助系统的摘要描述信息	
简写命令	获得相同开头的命令关键字字符串	Switch# di? dir disable
简写命令 < Tab >	使命令的关键字完整	Switch# show conf < Tab > Switch# show configuration
提示下一个关键字	列出该命令的下一个关联的关键字	Switch# show ?
提示下一个变量	列出该关键字关联的下一个变量	Switch(config)# snmp-server community ? WORD SNMP community string

（3）简写命令　如果使用简写命令，只需要输入命令关键字的一部分字符，只要这部分字符足够识别唯一的命令关键字即可。

例如：show running-config 命令可以写成：

Switch# show run

如果输入的命令不足以让系统唯一标识，则系统会给出"Ambiguous command："的提示，提示表示输入的是一条含糊的命令，不足以让系统唯一标识。例如，要进入全局模式的信息，按如下输入则不完整：

Switch#co⏎

% Ambiguous command："co"

这是因为"co"开头的命令有 configure、copy 等命令，系统无法知道是输入 configure

命令还是 copy 命令。

（4）使用命令的 no 和 default 选项　几乎所有命令都有 no 选项。通常，使用 no 选项来禁止某个特性或功能，或者执行与命令本身相反的操作。例如：

Switch#configure terminal
Switch(config)#interface fastethernet 0/4
Switch(config-if)#shutdown　　　　　　　! 使用 shutdown 命令关闭接口
Switch(config-if)#no shutdown　　　　　　! 使用 no shutdown 命令打开接口

又如：

Switch(config)#vlan 20　　　　　　　　　! 建立 VLAN20
Switch(config)#no vlan 20　　　　　　　　! 删除 VLAN20

配置命令大多有 default 选项，命令的 default 选项将命令的设置恢复为默认值。大多数命令的默认值是禁止该功能，因此在许多情况下 default 选项的作用和 no 选项是相同的，如上述的 shutdown 命令。然而部分命令的默认值是允许该功能，在这种情况下，default 选项和 no 选项的作用是相反的。这时，default 选项打开该命令的功能，并将变量设置为默认的允许状态。例如，在三层设备上默认 IP 路由是打开的，则 default ip routing 命令的效果相当于 ip routing，而不是 no ip routing。

（5）理解 CLI 的提示信息　表 6-3 列出了用户在使用 CLI 管理交换模块时可能遇到的错误信息。

表 6-3　常见的 CLI 错误信息

错　误　信　息	含　　义	如何获取帮助
% Ambiguous command："show c"	用户没有输入足够的字符，交换模块无法识别唯一的命令	重新输入命令，紧接着发生歧义的单词输入一个问号。可能的关键字将被显示出来
% Incomplete command.	用户没有输入该命令的必需的关键字或者变量参数	重新输入命令，输入空格再输入一个问号。可能输入的关键字或者变量参数将被显示出来
% Invalid input detected at '^' marker.	用户输入命令错误，符号（^）指明了产生错误的单词的位置	在所在地命令模式提示符下输入一个问号，该模式允许的命令的关键字将被显示出来

（6）使用历史命令　系统保存了用户当前输入的命令记录，该特性在重新输入长而且复杂的命令时将十分有用。如果需要从历史命令记录中重新显示输入过的命令，则执行如表 6-4 所示的操作。

表 6-4　历史命令

操　　作	结　　果
〈Ctrl + P〉组合键或上方向键〈↑〉	在历史命令表中浏览当前模式下前一条命令。从最近的一条记录开始，重复使用该操作可以查询更早的记录
〈Ctrl + N〉组合键或下方向键〈↓〉	在使用了〈Ctrl + P〉组合键或上方向键操作之后，使用该操作在当前模式下历史命令表中回到更近的一条命令。重复使用该操作可以查询更近的记录
Switch(config-line)# history size number-of-lines	设置终端的当前模式下历史命令记录的条数，范围为 0 ~ 256，默认为 10 条

例如，要输入两条命令：

    ip route 192. 168. 10. 0 255. 255. 255. 0 10. 1. 1. 2

    ip route 192. 168. 20. 0 255. 255. 255. 0 10. 1. 1. 2

    ip route 192. 168. 30. 0 255. 255. 255. 0 10. 1. 1. 2

则执行以下操作最有效，可节省一定的录入时间。

首先输入 ip route 192. 168. 10. 0 255. 255. 255. 0 10. 1. 1. 2 这条命令：

Switch（config）#ip route 192. 168. 10. 0 255. 255. 255. 0 10. 1. 1. 2⏎

然后按上方向键〈↑〉，这时会显示刚才输入的命令 ip route 192. 168. 10. 0 255. 255. 255. 0 10. 1. 1. 2，然后移动光标至"192. 168. 10. 0"中"10"的位置，将 10 改成 20，然后按〈Enter〉键，这就完成了命令"ip route 192. 168. 20. 0 255. 255. 255. 0 10. 1. 1. 2"的输入。用同样的方法完成"ip route 192. 168. 30. 0 255. 255. 255. 0 10. 1. 1. 2"命令的输入。

（7）基本查询命令　查看交换机的系统和配置信息命令要在特权模式下执行，以下是部分查看命令：

- show　running-config　　　　　查看设备当前生效的配置信息。
- show　start-config　　　　　　查看设备启动的配置信息。
- show　interface［type slot/port］　查看接口的状态信息。
- show　vlan　　　　　　　　　　查看 VLAN 信息。
- show　ip　route　　　　　　　　查看路由表。
- show version　　　　　　　　　查看交换机的版本信息。
- show　mac-address-table　　　　查看设备当前 MAC 地址表信息。

2. 交换机基础配置

（1）对交换机的访问方式　对交换机的访问有以下 4 种方式：

1）通过带外对交换机进行管理。

2）通过 Telnet 对交换机进行远程管理。

3）通过 Web 对交换机进行远程管理。

4）通过 SNMP 工作站对交换机进行远程管理。

（2）通过 Telnet 方式管理　可以通过 Telnet 命令登录到另外的交换机上，在被登录的交换机的特权模式下，通过 exit 命令可以返回原交换机。当使用 Telnet 方式和远程交换机建立会话时，必须首先给远程交换机配置 IP 地址。每个交换机可以支持最多 6 个 Telnet 连接，当一个交换机的 Telnet 会话保持空闲超过超时时间（5min）后，将会自动断开连接。

例如，建立 Telnet 会话并管理远程交换机。

Switch# telnet 192. 168. 65. 119

    Trying 192. 168. 65. 119 . . . Open

    User Access Verification

    Password：

3. 交换机基本配置命令

表 6-5 列出了常用的交换机基本配置命令。

表 6-5　常用的交换机基本配置命令

任　　务	命令模式提示符	命　　令
设置交换机名	Switch(config)#	hostname *name*
设置特权模式口令	Switch(config)#	enable secret *password*
设置静态路由(三层交换机)	Switch(config)#	ip route *destination subnet-mask next-hop*
启动 IP 路由(三层交换机)	Switch(config)#	ip routing
接口配置	Switch(config)#	interface *type slot/number*
设置 IP 地址	Switch(config-if)#	ip address *address subnet-mask*[secondary]
激活接口	Switch(config-if)#	no shutdown
物理线路配置	Switch(config)#	line *type number*
启动登录进程	Switch(config-line)#	login
设置登录密码	Switch(config)#	password *password*

6.3.2　路由器基本操作

路由器的配置操作与交换机一样，也有带外管理和带内管理。首次使用路由器必须使用带外管理，对路由器进行配置管理。

1. 路由器基本配置命令

表 6-6 列出了常用的路由器基本配置命令。

注意：本表中假定路由器名为 Router。命令或关键字的参数用斜体字表示。

【例 6-1】　将路由器名改为 R1。

Router（config）#hostname　R1

R1（config）#

【例 6-2】　设置特权方式的加密口令为 a123。

Router（config）#enable　secret　a123

注意：口令对大小写敏感。

表 6-6　常用的路由器基本配置命令

任　　务	命令模式提示符	命　　令
设置路由器名	Router(config)#	hostname *name*
设置访问用户及口令	Router(config)#	username *username* password *password*
设置特权模式口令	Router(config)#	enable secret *password*
设置静态路由	Router(config)#	ip route *destination subnet-mask next-hop*
启动 IP 路由	Router(config)#	ip routing
启动 IPX 路由	Router(config)#	ipx routing
接口配置	Router(config)#	interface *type slot/number*
设置 IP 地址	Router(config-if)#	ip address *address subnet-mask*[secondary]
激活接口	Router(config-if)#	no shutdown
物理线路配置	Router(config)#	line *type number*
启动登录进程	Router(config-line)#	login
设置登录密码	Router(config)#	password *password*

2. 规划和配置 IP 地址

在默认情况下，路由器的物理接口是没有 IP 地址的，在对路由器配置 IP 地址时，应注意以下几个原则：

1）同一路由器的不同接口的 IP 网号不能相同。

2）相邻路由器的一对接口的 IP 网号必须相同。

3）除了相邻路由器的相邻接口外，网络中的所有路由器所连接的网段，即所有路由器的任何两个非相邻接口都必须不在同一网段上。

配置接口的 IP 地址必须在接口配置模式下完成。

【例 6-3】 在路由器 RA 的 fastethernet 0/0 接口上配置 IP 地址 172.16.10.1/24。

RA(config)# interface fastethernet 0/0

RA(config-if)#ip address 172.16.10.1 255.255.255.0

RA(config-if)#no shutdown

注意：

1）当配置 IP 地址时，如果接口上已经有 IP 地址，则先用 no ip address 命令删除。

2）路由器的所有接口默认为关闭的，因此配置接口之后必须激活接口。shutdown 命令可以将当前接口关闭。

3. LINE 模式配置

（1）进入 LINE 模式 通过进入到指定的 LINE 模式，可以在 LINE 模式下，对具体的 LINE 进行配置。进入到指定的 LINE 模式（见表 6-7）。

表 6-7 进入 LINE 模式

命 令	作 用
Switch(config)# line [aux | console | tty | vty]first-line [last-line]	进入指定的 LINE 模式

但是对于没有提供硬件时钟的网络设备，手工设置网络设备上的时间实际上只是设置软件时钟，它仅对本次运行有效，当网络设备断电后，手工设置的时间将失效。

（2）增加/减少 LINE VTY 数目 默认情况下，line vty 的数目为 5，可以通过命令增加或者减少 line vty 的数目。VTY 最大数目可以增加到 36（见表 6-8）。

表 6-8 增加/减少 LINE VTY 数目

命 令	作 用
Switch(config)# **line vty** line-number	将 LINE VTY 数目增加到某个值
Switch(config)# **no line vty** line-number	将 LINE VTY 数目减少到某个值

4. 控制台速率配置

路由器有一个控制台接口（Console），通过这个控制台接口，可以对路由器进行管理。当路由器第一次使用的时候，必须采用通过控制台口方式对其进行配置。可以根据需要改变路由器串口的速率。需要注意的是，用来管理路由器的终端的速率设置必须和路由器的控制台的速率一致（见表 6-9）。

表 6-9 控制台速率配置

命　　令	作　　用
Router(config-line)# **speed** *speed*	设置控制台的传输速率,单位是 bit/s。对于串行接口,只能将传输速率设置为 9600、19200、38400、57600、115200 中的一个,默认的速率是 9600

下面的例子表示如何将串口速率设置为 57600bit/s。

Router#configure terminal	! 进入全局配置模式
Router(config)# line console 0	! 进入控制台线路配置模式
Router(config-line)# speed 57600	! 设置控制台速率为 57600
Router(config-line)# end	! 回到特权模式

5. 在路由器上使用 Telnet

如图 6-10 所示,用户在计算机上通过终端仿真程序或 Telnet 程序建立与路由器 A 的连接后,可通过输入 Telnet 命令再登录设备 B,并对其进行配置管理。

Telnet 命令如下:

Router#telnet host-ip-address　　! 通过 Telnet 登录到远程设备

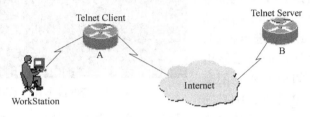

图 6-10　Telnet 服务

下面的例子是如何建立 Telnet 会话并管理远程路由器,远程路由器的 IP 地址是 192.168.65.119。

Router#telnet 192.168.65.119	! 建立到远程设备的 Telnet 会话
Trying 192.168.65.119 ... Open	
User Access Verification	! 进入远程设备的登录界面
Password:	

6.4　交换机地址和路由器管理

1. 二层交换机的管理地址配置

为了便于通过 Telnet 方式远程登录到二层交换机,实现对交换机的远程管理和配置,交换机必须有一个 IP 地址。但二层交换机是无法配置 IP 地址的,不过它默认有一个 VLAN1 接口,而 VLAN1 可以配置 IP 地址。因此,对二层交换机来说,其管理地址就是 VLAN1 的 IP 地址,通过对 VLAN1 设置 IP 地址,这个二层交换机就有一个 IP 地址,其他主机如果要访问这个交换机,就可以使用这个地址。这个地址称为二层交换机的管理地址。

假设交换机的管理地址为 192.16.1.2,则配置二层交换机管理地址的命令如下。

Switch(config)#interface vlan 1

Switch(config-if)#ip address 192. 16. 1. 2 255. 255. 255. 0

Switch(config-if)#no shutdown

二层交换机配置了管理 IP 地址后，在管理地址的同网段内，就可以利用命令"telnet 192. 16. 1. 2"远程登录到这台交换机上。但如果是另一个网段的主机来访问这台交换机，则必须给这台交换机配置默认网关，其默认网关与连接到这台交换机上的计算机的默认网关相同，不设置默认网关就无法跨网段对其管理。

配置交换机默认网关的命令为 ip default-gateway。例如，默认网关为 192. 16. 1. 1，则配置命令为

Switch(config)#ip default-gateway 192. 16. 1. 1

以上配置完成后，其他网段的主机即可远程登录到这台交换机上。登录时输入远程登录密码即可登录到交换机，登录后可对此交换机进行配置操作，输入 exit 命令后返回到主机提示符，如图 6-11 所示。

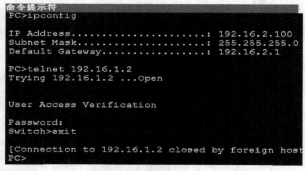

图 6-11　跨网段远程登录到二层交换机

2. 三层交换机端口 IP 地址的配置

三层交换本身默认开启了路由功能，可利用 IP Routing 命令进行控制，但三层交换机上各个接口的三层路由功能默认是关闭的，如果要在三层交换机某个接口上设置 IP 地址，则必须使用 no switchport 命令打开这个接口的三层路由功能，然后才能在这个接口配置 IP 地址，否则无法对这个接口配置 IP 地址。

假设对某个三层交换机的 fastethernet 0/5 接口配置 IP 地址 192. 168. 1. 1，配置方法如下：

switch(config)#interface fastethernet 0/5

switch(config-if)#no switchport　　　　　！打开接口 fastethernet 0/5 的三层路由功能

switch(config-if)#ip address 192. 168. 1. 1 255. 255. 255. 0

switch(config-if)#no shutdown

三层交换机不需要专门设置管理地址，其接口配置了 IP 地址后，其他主机可通过这个接口对三层交换机进行访问。

3. 管理路由器

(1) 处理配置文件　路由器有两个重要的配置文件，一个是系统启动时加载的初始配置文件，保存在 NVRAM 中；另一个是运行的配置文件，存放在 DRAM 中。

当修改系统配置时，DRAM 中的运行配置会随之改变；当系统断电时，DRAM 中的运行配置将丢失。为了保留当前运行的配置信息，必须将配置信息写入 NVRAM 或 TFTP 服务器中。可用的操作命令如下。

1）将运行配置写入 NVRAM 中，可使用 write 命令，也可使用 copy 命令。

Router#write memory

Router#copy running start

2）将运行配置写入 TFTP 服务器中。

Router#copy running tftp：

3）反过来，可以从 TFTP 服务器或 NVRAM 中读入配置文件。

Router#copy tftp：running

Router#copy start running

（2）RGNOS 映像的备份与升级　使用下列特权模式的命令可以将 RGNOS 映像备份到 TFTP 服务器，或从 TFTP 服务器升级 RGNOS 映像。

Router#copy flash：tftp：　　　备份 RGNOS 映像

Router#copy tftp：flash：　　　升级 RGNOS 映像

注意：TFTP 服务器必须安装在路由器的以太网口对应的 IP 网段上。在升级 RGNOS 映像之前先运行该程序，把新的 RGNOS 映像文件放在 TFTP 服务器的根目录下，然后再执行升级命令。

路由器操作系统升级的步骤如下：

1）ROM 模式下路由器升级。先按如图 6-12 所示方式进行连接。升级步骤如下：

图 6-12　路由器升级连接图

① 按图 6-12 连好网线和控制线。锐捷系列路由器支持通过特定的以太网口对路由器的主体软件进行升级，对于 36 系列路由器，选择第一个以太网口；对于 2614、2624 路由器内置 4 个以太网口，选择以太网口 0；对于 25 系列路由器，选择以太网口 0；对于锐捷 600 系列路由器，有一个 10MB 的 WAN 口和一个 10/100MB 的 LAN 口，选择 LAN 口进行升级。

② 在 TFTP 服务器上运行"超级终端"程序，并设置参数，如图 6-13 所示。

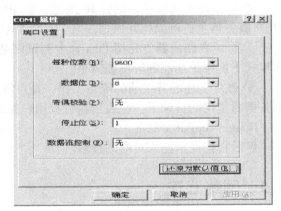

图 6-13　"超级终端"程序设置图

③ 在 TFTP 服务器的计算机上运行 TFTP 服务器程序，同时将升级路径指向放置升级文件（router. bin）的目录。

④ 路由器加电，同时在超级终端上，按〈Ctrl + Break〉组合键进入监控模式；超级终端屏幕出现"boot"：提示符。

⑤ 执行 show - env 命令查看当前环境变量。

用命令 show - env 查看当前的路由器的环境变量，比如如下提示：

boot：show - env

IP_ADDRESS = 192. 168. 12. 3

TFTP_SERVER = 192. 168. 12. 98

TFTP_FILE = router. bin

boot：

在以上环境变量中，IP_ ADDRESS 为路由器用于升级的以太网口的 IP 地址，TFTP_SERVER 为运行 TFTP 服务器的计算机的 IP 地址，TFTP_FILE 为用于升级的路由器主体升级文件，这些环境变量根据具体的升级环境，需要进行重新设定。这些环境变量全部都为大写，同时在输入新值时，中间不能有空格。

⑥ 修改配置（配置方法如 boot：TFTP_ SERVER = 192. 168. 12. 219）。

⑦ 执行 tftp-r 进行升级。

⑧ 升级完毕后会自动载入路由器 RAM 中。进入正常的配置模式，但没有保存到 FLASH 中，需要进行下面的步骤进行保存。

注意，通过该方法进行升级的文件的格式应该为 bin 格式。

2）特权模式下路由器升级。同样先按图 6-12 所示连接好线缆。升级步骤为：正常工作模式就是指在正常工作模式下，路由器可以利用 TFTP 服务器，升级路由器主体程序和模块上的微代码程序的功能；可以利用 TFTP 备份路由器的配置、设置路由器，所有这些功能都只用一个 COPY 命令来完成。

使用这些功能之前，必须先搭建一个合适升级环境，事先做好如下的准备：

① 路由器和用于升级路由器的主机在同一网络环境内，保证路由器和计算机在网络上相通，搭建一个如图 6-12 所示的环境。

② 在计算机上启动 TFTP 服务器。

③ 给路由器对应接口配置 IP 地址，该 IP 地址不能与网络上的其他设备冲突，并且与 TFTP 服务器主机可以相互通信。

④ 可以在路由器方先用 Ping 命令测试网络的连通性，如果能 Ping 通，说明使用正常工作模式下的维护功能的环境能满足。

⑤ 做好上述的升级前的准备工作，并且将用于升级的路由器主体程序文件复制到 TFTP 服务器所指定的目录下，在路由器特权用户模式下执行如下命令：

Router#copy tftp flash

然后根据提示输入对应的参数。

6.5　网络互连

一个互连网络（见图 6-14）是由许多分离的但是相互连接的网络构成的，这些分离的网络本身也可能是由分离的子网络组成的。路由器在互联网络中的位置就是在子网与网络之间，以及网络与网络之间。路由器可以看成是一个特殊的计算机，用于互联网络中分离各个网络，网络之间的通信通过路由器进行。在通信时，网络上的计算机只需要通过路由器来跟踪互联网络上的网络即可，而不必跟踪互联网络上的每一台计算机。

6.5.1　路由概念

1. 路由

对一个具体的路由器来说，路由就是将从一个接口接收到的数据报，转发到另外一个接口的过程，该过程类似交换机的交换功能，只不过在数据链路层称之为交换，而在网络层称之为路由；而对于一个网络来说，路由就是将数据报从一个端点（主机）传输到另外一个端点（主机）的过程。路由的完成离不开两个最基本步骤：第一个步骤为路径选择，路由器根据到达数据报的目标地址和路由表的内容，进行路径选择；第二个步骤为包转发，根据选择的路径，将包从某个接口转发出去。为了寻找到最佳路径通常可以通过管理距离和路由选择度量值来实现。

与网络互连相对应，图 6-15 所示为路由器之间的互连。由计算机组成的各个网络通过路由器相互连接，如果网络 2 中的 PC A 和网络 3 中的 PC C 进行通信，它将向网络 2 发送目的地址是 PC C 的地址的数据帧，连接到网络 2 的路由器 2，知道这个目的地址的计算机是在路由器 3 连接的网络 3 中，所以它将这个数据帧发送到路由器 3，路由器 3 再将这个数据帧发送到 PC C 所连接的子网中，由 PC C 接收。

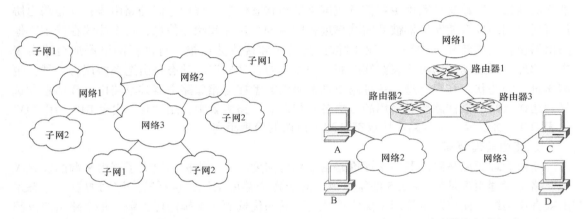

图 6-14　网络互连　　　　　　　　　　图 6-15　路由器之间的互连

目前，尽管构造园区网络时所采用的主干网络技术一般都是基于交换和虚拟网络的，但是在实现局域网和广域网之间的互连或是广域网之间的互连时，必须通过路由器。另外，不同虚拟网络之间的数据交换，也必须通过路由器。路由器提供了网络层互连的机制，实现了将报文分组（数据包）从一个逻辑网络发送到另一个逻辑网络。

所谓路由就是指导报文分组发送的路径信息。路由功能就是指选择一条从源网络到目的网络的路径，并进行数据报的转发。路由选择是实现高效通信的基础。在运行 TCP/IP 的网络中，每个报文分组都记录了该分组的源 IP 地址和目的 IP 地址。路由器通过检查分组的目的 IP 地址，判断如何转发该数据报，以便对传输中的下一跳路由做出判断。

路由的分类方法有多种，根据路由器是否是接口连接划分，可以分为直连路由和非直连路由；根据路由配置方式划分，路由类型可划分为静态路由和动态路由。

直接连接的网络通过路由器接口相连，接口配置了 IP 地址和子网掩码之后，路由器查看其活动接口，检查接口配置网络地址和子网掩码连同接口类型和编号，根据该信息生成路由选择表，用于表示直接连接的网络。路由表用"C"来表示直接连接的网络。不是直接连接在路由器接口上的网络接口，则为非直连路由。

静态路由是由网络管理员手工配置路由信息。网络管理员在路由运行之前根据网络的当前状况建立起静态路由表。当网络的拓扑状态发生变化时，它们不会随之改变，只能由网络管理员进行手工修改。这要求网络管理员具有丰富的经验，并且熟悉网络的拓扑结构。静态路由包括目的网络的网络地址和子网掩码，以及送出接口或下一跳路由器的 IP 地址。路由表用 "S" 表示静态路由。使用静态路由的算法设计简单，对路由器的开销较少，可以人工控制路由信息的更新，适用于网络交通相对可预知、网络设计相对简单的小型互联网环境。因此，静态路由比动态路由了解到的路由更加稳定和可靠，其管理距离也比动态路由的管理距离要小。但是，因为静态路由系统不能对网络变化做出反应，所以它不适用于现在大型的、复杂的、不断改变的网络环境。在这样的网络环境下，一方面，网络管理员难以全面了解整个网络的拓扑状况；另一方面，路由表规模庞大，一旦网络发生变化，需要大范围调整路由信息，这项工作的难度和复杂性是人工所不能胜任的。因此，在大型互联网中，主要使用的是动态路由。

动态路由是路由器采用某种路由算法，根据网络的实际情况自动建立的路由信息。路由器之间通过适时地交换路由更新信息或网络链路状态信息来维护它们的路由表；动态路由协议可通过网络发现使路由器彼此间共享远程网络的可达性和状态信息，每个协议在确定其他路由器位置及更新和维护路由表的时候，会发送和接收数据报，将远程网络添加至路由表中。此外，通过动态路由协议获知的路由用相应协议来标识。动态路由选择协议有 3 种：距离向量、链路状态和混合型。每种路由选择协议类型在与相邻路由器共享路由选择信息和选择到达接收站的最佳路径时采用的方法各不相同。在路由表中，用 "R" 代表 RIP，用 "O" 代表 OSPF 协议等，所有路由协议都分配了协议的管理距离。

2. 路由管理距离

路由管理距离是路由器用来评价路由信息可信度的一个指标，定义了路由来源的优先级别。路由管理距离是从 0 ~ 255 的整数值，对于每个路由来源，包括特定路由协议、静态路由或直连网络，使用路由管理距离值按从高到低的优选顺序来排定优先级。每个路由协议都有一个默认的信任等级，等级值越小，协议的信任度越高。优先级别最高的路由管理距离值为 0，只有直连网络的路由管理距离为 0，而且这个值不能更改；路由管理距离值为 255 表示路由器不信任该路由来源，并且不会将其添加到路由表中。表示静态路由优于动态路由；算法复杂的路由协议优于算法简单的路由协议。如果从多个不同的路由来源获取到同一目的网络的路由信息，则路由器会使用路由管理距离功能来选择最佳路径（见表 6-10）。

表 6-10　默认的路由管理距离

路 由 来 源	路由管理距离
直连路由	0
以一个接口为出口的静态路由	0
以下一跳为出口的静态路由	1
EIGRP 的归纳路由（Summary Route）	5
外部 BGP（EBGP）路由	20
内部 EIGRP	90
IGRP	100
OSPF	110
IS-IS	115
RIP（V1 和 V2）	120
外部 EIGRP 路由	170
内部 BGP（IBGP）路由	200
不可信路由	255

3. 路由表

路由表是路由器进行路径抉择的基础，路由表的内容也称为路由表项或路由，来源有两个：静态配置和路由协议动态学习。如果目的网络没有与路由器直接相连，那么当路由器向这些网络转发数据报时，它就必须要了解并计算出要使用的最佳路由。

通过路由转发，每个三层设备生成的路由表，可以具体查看数据报的路由类型、转发方式、网络连接关系等信息。一般路由表信息包括以下内容。

1）路由来源：每个路由表项的第一个字段，表示该路由的来源。例如，"C"代表直连路由，"S"代表静态路由，"＊"说明该路由为默认路由。

2）目标网段：它包括网络前缀和掩码说明。网络掩码显示格式有 3 种：第一种显示格式，掩码的比特位数，如/24 表示掩码为 32 位中前面 24 位为"1"、后面 8 位为"0"的数值；第二种显示格式，以十进制方式显示，如 255.255.255.0；第三种显示格式，以十六进制方式显示，如 0xFFFFFF00，默认情况为第一种显示格式。可以设置网络掩码显示格式。

3）管理距离/度量值：管理距离代表该路由来源的可信度，不同的路由来源该值不一样，度量值代表该路由的花费。路由表中显示的路由均为最优路由，即管理距离和度量值都最小。两条到同一目标网段、来源不同的路由，要安装到路由表中之前，需要进行比较，首先要比较管理距离，取管理距离小的路由，如果管理距离相同，就比较度量值；如果度量值也一样，则将安装多条路由。

4）下一跳 IP 地址：说明该路由的下一个转发路由器。

5）存活时间：说明该路由已经存在的时间长短，以"时：分：秒"方式显示，只有动态路由学到的路由才有该字段。

6）下一跳接口：说明该路由的 IP 报，将从该接口发送出去。

如果目的网络直接与路由器相连，那么当路由器发送数据报时，它就已经知道所要选择的端口了。

在三层设备的特权模式下，可以输入命令"show ip route"查看路由信息。"Codes："后内容是对路由表中具体缩写字母的解释，阐述路由类型。"Gateway of last resort"说明存在默认路由，以及该路由的来源和网段。如果一个网络被划分为若干个子网，则在每个子网路由前面一行会说明该网络已划分子网和子网的数量。一般，一条路由显示一行，如果太长则可能分为多行。

以路由表信息中的"O 172.22.0.0/16［110/20］via 10.3.3.3，01：03：01，Serial1/2"为例，从左到右，路由表项每个字段意义如下：

- "O"代表该路由来源是通过 OSPF 动态路由协议。
- "172.22.0.0/16"表示其目标网段为 172.22.0.0，其子网掩码为 255.255.0.0。
- "［110/20］"是指管理距离/度量值，其中，OSPF 的管理距离为 110，其度量值为 20。
- "10.3.3.3"是指数据报要想到达"172.22.0.0/16"的下一个转发路由器端口地址。
- "01:03:01"说明动态路由已学到该路由，且该路由已经存在 1 时 3 分 1 秒。
- "Serial1/2"说明 IP 数据报将从本地路由 Serial1/2 接口发送出去。

4. 可被路由协议和路由选择协议

在互联网络中有两类协议：可被路由协议和路由选择协议。

（1）可被路由协议（Routed Protocols）　可被路由协议，或称为寻径协议，也称为转发（Forwarding）协议，是在网络层进行数据报转发的协议。它提供了网络层的地址供终端节点使用，数据和网络层地址信息一起封装在数据报中。由于数据报含有第三层的地址，所以路由器可以根据该地址，对数据报的转发进行判断。例如 IP、IPX 和 AppleTalk 等都属于可被路由协议。当一个协议不支持第三层的地址时，它就属于不可以被路由的协议，常见的有 NetBEUI 协议。

（2）路由选择协议（Routing Protocols）　路由选择协议是运行在路由器上的协议。它通过在路由器之间不断地交换路由更新通告，进行路由决策，搜索最佳路由，建立和维护路由表。路由协议可以使路由器全面地了解整个网络的运行。

总之，计算机之间使用可被路由协议进行相互通信，而路由器使用路由协议进行路由通告、路由决策和路由搜索。

要记住被路由的协议和路由协议之间的区别，路由协议是涉及向参与路由器传播动态路由信息的协议，被路由的协议是包含网络层寻址并负责传递数据报的实际协议，这两种相似协议之间很容易混淆。当讨论 TCP/IP 时，可知它是一个可被路由的协议，因此 IP 是一个被路由协议。IP 本身不涉及路由决策，这些决策是由通过路由协议（如 RIP 或 IGRP）收集路由信息的路由器做出的。路由协议有 RIP、IGRP、EIGRP 和 OSPF，被路由协议有 IP 和 IPX 等。

6.5.2　路由信息选择方式和路由决策

选择路由选择协议时，必须考虑以下因素：

1）用于选择路径的路由选择度量值。

2）路由选择信息如何分享。

3）路由选择协议的收敛速度。

4）路由器如何处理路由选择协议。

5）路由选择协议的开销。

路由表在获取到一个数据报后，将决策选择自己已有路由表中的哪条路由，此时存在路由决策问题，通常进行路由决策的顺序如下：

1）子网掩码最长匹配。这是指当同一路由表述时，使用子网掩码和达到目的路径最长匹配的那条路由。

2）根据路由的管理距离。管理距离越小，路由越优先。例如，一条是静态路由，另一条是动态 RIP 路由，这两条路由都可到达同目标网段，此时选择静态路由，因为静态路由的管理距离数值为 0 或 1，小于动态路由 RIP 的数值 120。

3）管理距离一样，就比较路由的度量值，越小越优先。

4）度量值一样的路由，可以选择多个路径。

【例 6-4】　路由表中的路由包括：

S　10.10.10.0/24 [1/0] via 192.168.11.1

S　10.10.0.0/16 [1/0] via 192.168.12.1

S* 0. 0. 0. 0/0 [1/0] via 192. 168. 10. 1

假设路由器收到数据报时，读取到的目的地网段是 10. 10. 10. 0。那么，当根据路由表选择路径时，由子网掩码最长匹配策略可知，这台路由器应将数据报转发给地址为 192. 168. 11. 1（下一跳地址）的路由器。因为根据路由表路由决策规定，最先验证目标网段最长子网掩码的匹配。

6. 5. 3 有类路由和无类路由

根据在路由更新时是否携带网络子网掩码的划分，可以把路由协议分为有类路由协议 （Classful）和无类路由协议 （Classless）。

1. 有类路由协议

有类路由协议在路由信息更新过程中不发送子网掩码信息，只发送路由条目，路由器按照标准 A、B、C 类进行汇总处理。最早出现的路由协议（如 RIP）都属于有类路由协议。当与外部网络交换路由信息时，接收方路由器将不会知道子网情况，因为子网掩码信息没有被包括在路由更新数据报中，所以运行有类路由协议的路由器在接收到路由条目后，进行如下判断：

1）如果路由更新信息中的路由条目与自己的接收接口地址属于同一主类网络（A 类、B 类和 C 类网络号），路由器则使用自己接口上的子网掩码作为接收到的路由条目的网络掩码。

2）如果路由更新信息中的路由条目与自己接收接口地址不属于同一主类网络，路由器则根据接收到的路由条目所属的地址类别采用默认的主类网络掩码。

尽管直至现在，某些网络仍在使用有类路由协议，但由于有类协议不包括子网掩码，所以并不适用于所有的网络环境。如果网络使用多个子网掩码划分子网，那么就不能使用有类路由协议。也就是说，有类路由协议不支持 VLSM（可变长子网掩码）。有类路由协议包括 RIPv1、IGRP 等。

【例 6-5】 在网络中有 3 台路由器设备 RA、RB 和 RC，3 台设备均运行有类路由协议，路由器接收路由条目并生成路由表过程如图 6-16 所示。

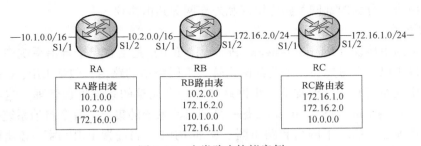

图 6-16 有类路由协议案例

根据有类路由协议，在规划网络时可以使用子网，但要求属于同一主网的所有子网必须使用相同掩码，且在规划网络时应使属于同一主网的子网连续，因此 RA 生成的路由表中产生了两个路由信息 10. 1. 0. 0 和 10. 2. 0. 0；RB 生成的路由表中产生了两个路由信息 172. 16. 2. 0 和 10. 2. 0. 0；RC 生成的路由表中产生了两个路由信息 172. 16. 2. 0 和 172. 16. 1. 0。所有子网路由信息在到达主网时都被丢弃，即当路由信息跨越主类网络时，只通告相应的主类网络路由。RA 和 RB 交换子网路由，产生新路由 172.16.0.0；RB 同 RA、RC 交换子网路由，产生新路由 10.1.0.0 和 172.16.1.0；RC 和 RB 交换子网路由，产生新路由 10.0.0.0。

当属于同一主网的子网不连续时，路由器会出现错误判断，因此当使用有类路由协议时需要谨慎规划网络地址，除了保证子网连续外，还必须保证同一主网内的子网掩码要相同。如果掩码不通，则会造成路由表不正确。

2. 无类路由协议

无类路由协议在交换路由信息时都携带子网掩码，克服了有类路由协议在交换路由信息时不携带子网掩码的不足，因此可以构建更精确的路由表。无类路由协议包括 RIPv2、OS-PF、IS-IS、BGPv4 等。

【**例 6-6**】 在网络中有 3 台路由器设备 RA、RB 和 RC，3 台设备均运行无类路由协议，路由器接收路由条目并生成路由表过程如图 6-17 所示。

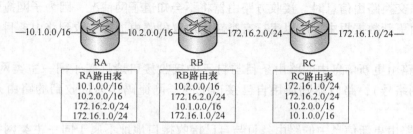

图 6-17 无类路由协议案例

因为无类路由协议在进行路由信息传递时，包含子网掩码信息，支持 VLSM（变长子网掩码），所以在生成的路由表中均有子网掩码。

无类路由协议携带子网掩码，因此可以人工执行路由归纳，也可以在任意比特位归纳；其子网掩码长度无限制，对于子网不连续的路由问题予以解决。

6.5.4 内部和外部网关协议

动态路由协议分为内部网关路由协议和外部网关路由协议。

1. 内部网关

内部网关路由协议（Interior Gateway Protocol，IGP）是指在单个自治系统中处理路由选择的路由选择协议，它考虑在一个公共网络管理下网络中的路由，包括 RIP、OSPF 和 IS-IS（中间系统-中间系统）等。通常把一组网络作为一个完整的系统进行管理，这就是自治系统（Autonomous System，AS），Internet 是一系列自治系统的集合。每个自治系统中包含了处于一个机构管理之下的若干网络和路由器。比如 IGRP，当配置 IGRP 时，必须输入自治系统的编号，这个 AS 号可以被看做是一个路由域，IGRP 路由只与在同一 AS 号中的其他路由器交换。因此，IGRP 是一个内部网关路由协议，并且只考虑相同自治系统的路由。

2. 外部网关

外部网关路由协议（Exterior Gateway Protocol，EGP）处理不同自治系统间的路由选择，被用来交换不同自治系统或者不共享公共管理的网络之间的路由信息。EGP 的一个例子是边界网关协议（Border Gateway Protocol，BGP），这个协议在 Internet 上广泛用于不同的路由系统、自治系统和区域之间传递路由信息。图 6-18 显示了内部和外部网关路由协议的位置。

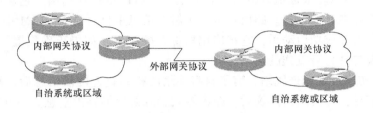

内部网关协议

外部网关协议

内部网关协议

自治系统或区域

自治系统或区域

图 6-18　IGP 和 EGP 示例

在 Internet 上有多种路由协议，由于它们使用的路选算法和路由度量尺度各不相同，因而具有不同的特性。大多数的路由协议是运行在自治系统内部的路由器上的，属于内部网关协议，如 RIP、IGRP、EIGRP、OSPF 等都是内部网关路由协议。边界网关协议（BGP）工作在自治系统之间，处在系统的边缘上，属于外部网关协议，它仅交换所必须的最少的信息，用以确保自治系统之间的通信。

6.5.5　距离向量路由选择协议和链路状态路由选择协议

动态路由选择协议可以按照它们互相通信，以确定路由选择信息表的方式进行分类。动态路由选择的两种类型是距离矢量路由选择协议和链路状态路由选择协议。

1. 距离矢量路由选择协议

（1）距离矢量的含义　距离矢量路由（Distance-Vector Routing）算法简称 D-V 算法，是以 R. E. Bellman，L. R. Ford 和 D. R. Fulkerson 所做工作为基础，因此距离矢量路由协议称为 Bellman-Ford 或者 Ford-Fulkerson 算法。该算法是用距离和方向矢量通告路由，计算网络中链路的距离矢量，然后根据计算结果进行路由选择。

每台路由器在信息上都依赖于自己的相邻路由器，而它的相邻路由器又是通过相邻路由器那里学习路由。依此类推，所以很快就能弄到家喻户晓了。正因为如此，一般把距离矢量路由选择协议称为"依照传闻的路由协议"。距离使用诸如跳数这样的度量确定，而方向是下一跳路由器或送出接口。使用距离矢量路由选择协议的路由器并不了解到达目的网络的整条路径，该路由器只知道：

- 应该往哪个方向或使用哪个接口转发数据报。
- 自身与目的网络之间的距离。

（2）距离矢量算法　D-V 算法的基本思想是在相邻路由器之间周期性地交换各自的路由表副本。当网络的拓扑结构发生变化时，路由器之间也会及时互通有关的变更信息。路由表中的每一条记录就是从该路由器到达某个目标网络的最佳路由，其中包含目标网络号、到达目的地的路径上的下一路由器的入口地址和该路由的距离矢量。典型的距离矢量路由选择协议有 IGRP、RIP 等。

距离矢量算法的思路是每个路由器维护一张矢量表，矢量表中列出了当前已知到每个目标的最佳距离和所使用的线路。通过在邻居之间相互交换信息，路由器不断地更新它们内部的路由表。距离矢量路由算法号召每个路由器在每次更新时发送它的整个路由表，但仅给它的邻居。距离矢量路由算法倾向于路由循环，但比链路状态路由算法计算更简单。

距离矢量路由算法是：

1）当路由器冷启动或通电开机时，它完全不了解网络拓扑结构。它甚至不知道在其链路的另一端是否存在其他设备。路由器唯一了解的信息来自自身 NVRAM 中存储的配置文件中的信息。当路由器成功启动后，它将应用所保存的配置。如果正确配置了 IP 地址，则路由器将首先发现与其自身直连的网络。

2）路由器初次发现相连网络，有了自身网络的初始直连网段信息后，路由器就会开始初次交换路由信息：配置路由协议后，路由器就会开始交换路由信息。一开始，这些更新仅包含有关其直连网络的信息。收到更新后，路由器会检查更新，从中找出新信息。任何当前路由表中没有的路由都将被添加到路由表中，并且度量值全部加一。经过第一轮更新交换后，每台路由器都能获知其直连邻居的相连网络。但是，距离间隔较大的网络信息无法通过初次交换学到。

3）路由信息二次交换。通过初次路由交换，路由器已经获知与其直连的网络，以及与其邻居相连的网络。接着路由器开始下一轮的定期更新，并继续收敛。每台路由器再次检查更新并从中找出新信息。通过再次交换，路由器获得各自邻居新的路由表，以完善路由表并将新增加的路由度量值加一。

4）在自治系统中，通过多次路由发送和收敛，最终通过更新所有路由器上的路由选择表，最终每台路由器均学到了全网拓扑结构。

（3）距离矢量路由选择协议特征　一些距离矢量路由选择协议需要路由器定期向各个邻居广播整个路由表。这种方法效率很低，因为这些路由更新不仅消耗带宽，而且处理起来也会消耗路由器的 CPU 资源。距离矢量路由选择协议有一些共同特征。

• 按照一定的时间间隔发送定期更新（RIP 的间隔为 30s，IGRP 的间隔为 90s）。即使拓扑结构数天都未发生变化，定期更新仍然会不断地发送到所有邻居。

• 邻居指使用同一链路并配置了相同路由协议的其他路由器。路由器只了解自身接口的网络地址及能够通过其邻居到达的远程网络地址，对于网络拓扑结构的其他部分则一无所知。使用距离矢量路由协议的路由器不了解网络拓扑结构。

• 广播更新均发送到 255. 255. 255. 255。配置了相同路由协议的相邻路由器将处理此类更新。所有其他设备也会在第 1、2、3 层处理此类更新，然后将其丢弃。一些距离矢量路由协议使用组播地址而不是广播地址。

• 定期向所有邻居发送整个路由表更新。接收这些更新的邻居必须处理整个更新，从中找出有用的信息，并丢弃其余的无用信息。某些距离矢量路由协议（如 EIGRP）不会定期发送路由表更新。

（4）距离矢量路由选择协议存在的问题和解决方案　距离矢量路由选择协议算法尽管管理上比较简单，易于实现，但存在以下问题：

1）算法的路由更新报文包含整个路由表的副本，需要耗费大量的时间用于交换和记录信息，因此该算法的收敛速度较慢。通常，网络收敛所需的时间与网络的规模成直接比例，可以根据路由协议传播此类信息的速度，即收敛速度来比较路由协议的性能。达到收敛的速度包含两个方面：

• 路由器在路由更新中向其邻居传播拓扑结构变化的速度。

• 使用收集到的新路由信息计算最佳路径路由的速度。

网络在达到收敛前无法完全正常工作，因此网络管理员更喜欢使用收敛时间较短的路由选择协议。

2）如果网络规模较大，当路由迅速改变时，某些节点可能无法及时更新，从而拥有不正确的路由信息。因此该算法的网络规模伸展性差。许多距离矢量路由选择协议采用定期更新与其邻居交换路由信息，并在路由表中维护最新的路由信息，如 RIP 和 IGRP 均属于此类协议。这里，定期更新是指路由器以预定义的时间间隔向邻居发送完整的路由表。对于 RIP，无论拓扑结构是否发生变化，这些更新都将每隔 30s 以广播的形式（255.255.255.255）发送出去。这个 30s 的时间间隔便是路由更新计时器，它还可用于跟踪路由表中路由信息的驻留时间。每次收到更新后，路由表中路由信息的驻留时间都会刷新。通过这种方法便可在拓扑结构发生改变时维护路由表中的信息。其中，链路故障、增加新链路、路由器故障、链路参数改变等均是造成拓扑结构发生变化的原因。

3）距离矢量路由选择协议算法容易产生路由循环。比如，环路内的路由器占用链路带宽来反复收发流量；路由器的 CPU 因不断循环数据报而不堪重负；路由器的 CPU 承担了无用的数据报转发工作，从而影响到网络收敛；路由更新可能会丢失或无法得到及时处理。这些状况可能会导致更多的路由环路，使情况进一步恶化；数据报可能丢失在“黑洞”中等问题，这些问题会导致网络性能降低，甚至使网络瘫痪，因此必须采取各种预防措施。路由环路是指数据报在一系列路由器之间不断传输却始终无法到达其预期目的网络的一种现象。当两台或多台路由器的路由信息中存在错误地指向不可达目的网络的有效路径时，就可能发生路由环路。路由环路一般是由距离矢量路由选择协议引发的，目前有多种机制可以消除路由环路。这些机制包括定义最大度量值以防止计数至无穷大、抑制计时器、水平分割、路由毒化或毒性反转、触发更新等。

* 水平分割。水平分割（split horizon）是一种避免路由环的出现和加快路由汇聚的技术。由于路由器可能收到它自己发送的路由信息，而这种信息是无用的。水平分割技术不反向通告任何从终端收到的路由更新信息，而只通告那些不会由于计数到无穷而清除的路由。水平分割法的规则和原理是：路由器从某个接口接收到的更新信息不允许再从这个接口发回去。水平分割的优点：能够阻止路由环路的产生；减少路由器更新信息占用的链路带宽资源。

* 毒性反转。毒性反转（Poison Reverse）。在基于路由信息协议的网络中，当一条路径信息变为无效之后，路由器并不立即将它从路由表中删除，而是用 16，即不可达的度量值将它广播出去，这称为毒性反转。这样虽然增加了路由表的大小，但对消除路由循环很有帮助，它可以立即清除相邻路由器之间的任何环路。利用毒性反转进行路径水平分割，包括更新的路径，但应将其距离设成无限大。从效果上来说，这就相当于在传播那些路径无法到达的信息。

* 触发更新。若网络中没有变化，则按通常的 30s 间隔发送更新信息。若有变化，路由器就立即发送其新的路由表，这个过程称为触发更新。

触发更新可提高稳定性。每一个路由器在收到有变化的更新信息时就立即发出新的信息，这比平均的 15s 要少得多。虽然触发更新可大大地改进路由选择，但它不能解决所有的路由选择问题。例如，用这种方法不能处理路由器出故障的问题。

* 抑制计时器。如果一条路由更新的跳数大于路由表已记录路由的条数，那么将会引起

该路由进入长达 180s（即 6 个路由更新周期）的抑制状态阶段。在抑制计时器超时前，路由器不再接收关于这条路由的更新信息。抑制计时器的好处是可以有效地防止一条链路忽涌忽断而导致整个网络内的路由器的路由表跟着它不停地改变，这种现象也称为路由抖动。

抑制计时器用于阻止定期更新的消息在不恰当的时间内重置一个已经坏掉的路由。抑制计时器告诉路由器把可能影响路由的任何改变暂时保持一段时间，抑制时间通常比更新信息发送到整个网络的时间要长。当路由器从邻居接收到以前能够访问的网络而现在不能访问的更新后，就将该路由标记为不可访问，并启动一个抑制计时器，如果再次收到从邻居发送来的更新信息，包含一个比原来路径具有更好度量值的路由，就标记为可以访问，并取消抑制计时器。如果在抑制计时器超时之前从不同邻居收到的更新信息包含的度量值比以前的更差，更新将被忽略，这样可以有更多的时间让更新信息传遍整个网络。

2. 链路状态路由选择协议

链路状态（Link State）路由选择协议的目的是映射互联网络的拓扑结构，每个链路状态路由器提供关于它邻居的拓扑结构的信息，这些信息包括：

1）路由器所连接的网段（链路）。

2）那些链路的情况（状态）。

这些信息在网络上泛洪，目的是所有的路由器可以接收到即时信息。链路状态路由器并不会广播包含在它们的路由表内的所有信息。相反，链路状态路由器将发送关于已经改动的路由的信息。链路状态路由器将向它们的邻居发送呼叫消息，这称为链路状态数据报（LSP）或者链路状态通告（LSA）。然后，邻居将 LSP 复制到它们的路由选择表中，并传递那个信息到网络的剩余部分，这个过程称为泛洪（Flooding）。它的结果是向网络发送即时信息，为网络建立更新路由的准确映射。

链路状态路由选择协议使用称为"代价"的方法，而不是使用"跳"。代价是自动或人工赋值的，根据链路状态路由选择协议的算法，代价可以计算数据报必须穿越的跳数目、链路带宽、链路上的当前负载，甚至其他由管理员加入的权重来评价。

链路状态路由选择协议的一个主要优点是不会形成路由循环，原因是链路状态路由选择协议建立它们自己的路由选择信息表的方式；第二个优点是，在链路状态互联网络中聚合是非常快的，原因是一旦路由拓扑出现变动，则更新在互联网络上迅速泛洪。这些优点又释放了路由器的资源，因为对差的路由信息所花费的处理能力和带宽消耗都很少。

习 题

1. 从层次模型的观点出发，主要有哪些层次的网络互连？不同层次的网络互连有何区别？不同层次的网络连接设备有何区别？

2. 作为中间设备，中继器、网桥、路由器和网关有何区别？

3. 二层交换机和网桥有何区别？

4. 比较三层交换机与路由器的异同点。

5. 试简述 RIP、OSPF 和 BGP 路由选择协议的主要特点。

6. RIP 使用 UDP，OSPF 协议使用 IP，而 BGP 使用 TCP 进行数据的传输，这样做有何优点？为什么 RIP 周期性地与邻居路由器交换路由信息，而 BGP 却不这样做？

7. RIP 与 OSPF 协议比较，其优缺点是什么？

8. 端口的作用是什么？端口分成哪两种？

9. 度量值的计算方法是什么？

10. 有类路由协议和无类路由协议有什么区别？

11. 距离矢量路由选择协议和链路状态路由选择协议有什么区别？

12. 简述路由器收到一个分组后如何处理该分组。

13. 选出哪些是可被路由协议。

（1）IP　　　　　　　（2）IPX　　　　　　　（3）RIP　　　　　　　（4）OSPF

14. 在图 6-19 中，由集线器、交换机和路由器搭建一个网络，交换机上连接一台计算机 PC1，集线器上连接两台计算机 PC2 和 PC3，路由器上连接计算机 PC4。问：有几个冲突域和几个广播域？

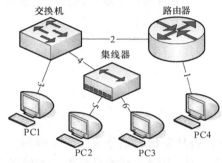

图 6-19　题 14 图

15. 请在空白处给出应填写的命令或数字。

Router#_____

Codes：C-connected，S-static，R-RIP，D-EIGRP，

EX-EIGRP external，O-OSPF，IA-OSPF inter area

E1-OSPF external type 1，E2-OSPF external type 2，

* -candidate default

Gateway of last resort is 10.5.5.5 to network 0.0.0.0

172.16.0.0/24 is subnetted，1 subnets

_____　172.16.11.0 is directly connected，serial1/2

O E2 172.22.0.0/16 [_____/20] vi a 10.3.3.3，01:03:01，Serial1/2

S* 0.0.0.0/0 [1/0] vi a 10.5.5.5

第7章　网络技术

在实现了网络的互连、互通和互操作后，可以完成基本的信息传输，但仍需要用某些技术手段，将物理上连接的局域网从逻辑上划分成一个个网段，增加某个链路的带宽或以冗余链路的方法增加链路的可靠性，利用网络技术增加内网的安全性等。本章将介绍这些网络技术的作用和实现方法。

7.1　VLAN 技术

7.1.1　VLAN 概念

VLAN 是指一种将局域网设备从逻辑上划分成一个个网段，从而实现虚拟网络的一种技术，这一技术主要应用于交换机中。VLAN 技术是在以太网帧的基础上增加了 VLAN 头，用 VLAN ID 把用户划分为更小的虚拟网，限制不同网间的用户互访，每个虚拟网就是一个虚拟局域网。

虚拟局域网的特点是可以限制广播范围，对交换网络进行隔离，划分到同一个 VLAN 中的主机属于一个广播域，这种划分出来的逻辑网络是第二层网络。划分 VLAN 的端口不受地理位置的限制，也就是说不同交换机上的端口可以划分到一个 VLAN 中，形成虚拟网，便于动态地管理网络。此外，第二层的单播、广播和多播帧在一个 VLAN 内转发、扩散，而不会直接进入其他的 VLAN 之中，从而有助于控制流量、减少设备投资、简化网络管理、提高网络的安全性。

VLAN 可以由混合的网络类型设备组成，如 10MB 以太网、100MB 以太网、令牌网、FDDI、CDDI 等，可以是工作站、服务器、集线器、网络上行主干等。

7.1.2　VLAN 种类

VLAN 的种类有基于端口的划分、基于协议的划分、基于 MAC 地址的划分等，目前主流应用的是基于端口的划分。基于端口的划分操作简单，容易使用，本节主要介绍基于端口的 VLAN 划分。

基于端口的 VLAN 划分将交换机上的物理端口和交换机内部的永久虚电路端口分成若干个组，每个组构成一个虚拟网，相当于一个独立的 VLAN 交换机。这种针对交换机的端口进行 VLAN 的划分不受主机的变化影响，配置过程简单明了，因此它是最常用的一种方式。

将大型的广播域细分成几个较小的广播域可以减少广播流量，并提升网络性能。将域细分成 VLAN 还可以让组织更好地保持信息的机密性。细分广播域可以通过交换机上的 VLAN 改变以太网帧格式实现，也可以通过路由器完成。无论是否使用 VLAN，位于不同第三层网络的设备都必须通过三层网络设备才能通信。

7.1.3　VLAN 帧结构

IEEE 802.1Q，俗称为"Dot One Q"或者"dot1q"，它是对数据帧附加 VLAN 识别信息的协议。IEEE 802.1Q 协议主要用来解决如何将大型网络划分为多个小网络的问题，使得广播和组播流量不会占据更多的带宽。此外，IEEE 802.1Q 协议还提供了更高的网间安全性能。

IEEE 802.1Q 完成以上各种功能的关键归结于标签。支持 IEEE 802.1Q 的交换端口可配置传输标签帧或未标签帧。一个包含 VLAN 信息的标签字段可以插入以太帧中。如果两台支持 IEEE 802.1Q 的设备端口相连，那么标签帧可以在交换机之间传送 VLAN 信息，即可完成多交换机的连接。但是，对于不支持 IEEE 802.1Q 的设备端口，则必须确保设备间传输的是未标签帧，因为不支持 IEEE 802.1Q 的设备端口一旦收到一个标签帧，会因为读不懂标签或标签帧超过合法以太帧大小而丢弃该帧。

IEEE 802.1Q 在以太帧的基础上附加了 VLAN 识别信息——802.1Q Header，标签位于数据帧中"源 MAC 地址"与"长度/类型"之间，如图 7-1 所示。

前同步码 Preamble	帧首定界符 Start Of Frame Delimiter	目的 MAC 地址 Destination MAC	源 MAC 地址 Source MAC	802.1Q 头 802.1Q Header	长度/类型 Ether Size/Type	数据和填充 Payload	帧校验序列 CRC/FCS
7字	1字	6字	6字	4字	2字	46~1500字	4字

图 7-1　数据帧中加入 VLAN 识别信息的 IEEE 802.1Q 格式

VLAN 标签的 802.1Q 头（802.1Q Header）必须遵守下列格式，如图 7-2 所示。

802.1Q Header 格式具体内容为 2B 的标签协议识别符 TPID 和 2B 的标签控制信息（Tag Control Information，TCI），共计 4B，其中标签控制信息 TCI 中包括 PCP、CFI 和 VID 等字段。以上 4 个字段的含义如下。

（1）标签协议识别符（Tag Protocal Identifier，TPID）　字段长度 16 位，数值设定为 0x8100，用来辨别某个 IEEE 802.1Q 的帧为已被标签的。为了用来区别未标签的帧，这个字段所在位置与以太帧的长度/类型字段位置相同。

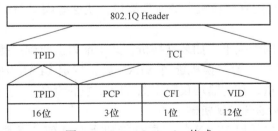

图 7-2　802.1Q Header 格式

（2）优先权代码点（Priority Code Point，PCP）　字段长度为 3 位，定义用户优先级。作为 IEEE 802.1P 优先权的参考，从 0（最低）到 7（最高），用来对资料流（音讯、影像、档案等）作传输的优先级。这里，IEEE 802.1P（LAN Layer 2 QoS/CoS Protocol for Traffic Prioritization）是局域网第二层有关流量优先级 QoS/CoS 协议，它能够提供流量优先级和动态组播过滤服务。

（3）标准格式指示位（Canonical Format Indicator, CFI）字段长度 1 位。如果字段值为 1，则 MAC 地址为非标准格式；如果字段值为 0，则 MAC 地址为标准格式；在以太网交换机中通常默认值为 0。CFI 常用于以太网类网络和令牌环类网络之间，如果在以太网端口接收的帧具有 CFI，那么设置为 1，表示该帧不进行转发，这是因为以太网端口是一个无标签端口。

（4）虚拟局域网识别符（VLAN Identifier, VID）字段长度为 12 位，用来具体指出帧是属于哪个特定 VLAN。VLAN ID 是对 VLAN 的识别字段，在 IEEE 802.1Q 中常被使用。支持 4096 个 VLAN 的识别，在这些 VID 中，VID = 0 用于识别帧优先级，表示帧不属于任何一个 VLAN；VID = 4095 作为预留值，所以 VLAN 配置的标识符共 4094 个。

对于以太帧中增加了 VLAN 标签的 802.1Q 头文件后，CRC 值需要重新计算包含 TPID、TCI 后的整个数据帧校验值。当数据帧离开汇聚链路时，TPID 和 TCI 会被去除，这时还会进行一次 CRC 的重新计算。

基于 IEEE 802.1Q 附加的 VLAN 信息，就像在传递物品时附加的标签。因此，它也被称为“标签型 VLAN（Tagging VLAN）”。对于交换机来说，如果它所连接的以太网段的所有主机都能识别和发送这种带 802.1Q 标签头的数据报，那么把这种端口称为 Trunk 端口；相反，如果该交换机端口连接的以太网段只要有一台主机不支持这种以太网帧头，那么交换机的这个端口称为 Access 端口。

7.1.4　VLAN 的实现

VLAN 实现机制是利用头文件把用户划分为更小的工作组，实现将大型的广播域细分成几个较小的广播域，减少广播流量，提升网络性能，保持信息的机密性。

结合交换机的工作原理来了解 VLAN 实现机制。交换机初始加电启动后，交换机的所有端口即加入到默认 VLAN 中，这使得所有这些交换机端口全部位于同一个广播域中，即连接到交换机任何端口的任何设备都能与连接到其他端口上的其他设备进行通信。大部分厂商出厂设定的交换机默认 VLAN 是 VLAN 1。VLAN 1 具有 VLAN 的所有功能，但是不能对它进行重命名，也不能删除。通常，为了确保网络安全，最好是将默认 VLAN 从 VLAN 1 更改为其他 VLAN，这种做法要求配置交换机上的所有端口，使这些端口与默认 VLAN 关联而不是与 VLAN 1 关联。

在没有划分 VLAN 的前提下，如果交换机在某个端口上收到广播帧，它会将该帧从交换机的所有端口上转发出去。给交换机配置 VLAN 后，特定 VLAN 中的主机所发出的单播流量、组播流量和广播流量，其传输均仅限于该 VLAN 中的设备。

1. 单交换机 VLAN 划分实现机制

首先，在一台未设置任何 VLAN 的二层交换机上，任何广播数据都会被泛洪（Flooding）转发给除发送端口外的所有其他端口。例如，PC1 通过交换机（Switch）端口 1 发送广播信息后，会被转发给端口 2、3、4。这时，如果在 Switch 上设置端口 1、2 属于 VLAN 10，端口 3、4 属于 VLAN 20，再从 PC1 发出广播帧，交换机就只会把它转发给同属于一个

VLAN 的其他端口，也就是同属于 VLAN 10 的端口 2，而不会再转发给属于 VLAN 20 的端口 3 和 4。同样，PC3 发送广播信息时，只会被转发给其他属于 VLAN 20 的端口 4，而不会被转发给属于 VLAN 10 的端口，如图 7-3 所示。这样，使用不同的"VLAN ID"标识区分的不同的 VLAN，限制广播帧转发的范围分割了广播域。

2. 跨交换机 VLAN 内通信实现机制

如图 7-4 所示，整个网络配置在相同的子网中。当 PC1 要与 PC4 通信时，PC1 和 PC4 二者均位于 VLAN 10，在同一个 VLAN 中与某台设备通信称为 VLAN 内通信。

其通信步骤如下：

1) VLAN 10 中的 PC1 将自己的 ARP 请求帧发送给 Switch A 广播，Switch A 将该 ARP 请求帧从交换机所有属于 VLAN 10 端口发送出去，Switch B 将该 ARP 请求从端口 F0/20 发送给 VLAN 10 中的 PC4。

2) 网络中的交换机将 ARP 应答帧以单播形式从所有配置为属于 VLAN 10 的端口转发出去。PC1 会收到应答帧，该帧包含 PC4 的 MAC 地址。

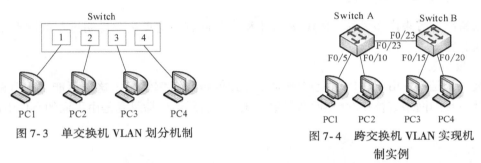

图 7-3　单交换机 VLAN 划分机制　　　　图 7-4　跨交换机 VLAN 实现机
　　　　　　　　　　　　　　　　　　　　　　　　　制实例

3) PC1 有了 PC4 的目的 MAC 地址后，创建以 PC4 的 MAC 地址作为目的地址的单播帧。Switch A 和 Switch B 会将该帧传送给 PC4。

7.2　冗余链路

在许多交换机或交换机设备组成的网络环境中，通常都使用一些备份连接，以提高网络的健全性和稳定性。备份连接也称为冗余链路。

7.2.1　交换技术与冗余链路

为了能够解决共享式局域网的碰撞问题，使用了交换机构成的交换式局域网，它可以识别数据帧中封装的 MAC 地址，并根据地址信息把数据交换到特定端口，把从一个端口接收到的数据复制到所有其他端口。这样的工作方式使交换机的不同端口之间不会产生碰撞，即分割碰撞域，网络性能能大大提高。但单点失败问题难以保证通信正常，因此需要使用冗余链路解决单点失败问题。但冗余链路也带来了广播风暴、MAC 地址不稳定等新问题，如图 7-5 所示。

冗余链路如图 7-6 所示，交换机 SW1 与交换机 SW3 的端口 1 之间的链路就是一个冗余连接。在交换机 SW1 与 SW2 的端口 2 之间的链路或者交换机 SW2 的端口 1 与交换机 SW3

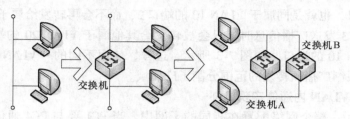

图7-5　交换技术与冗余链路

的端口2之间的链路作为主链路出现故障时，备份链路自动启用，从而提高网络的整体可靠性。

使用冗余备份能够为网络带来健全性、稳定性和可靠性等好处，但是备份链路使网络存在环路。图7-6中SW1—SW2—SW3就是一个环路。环路问题是冗余链路所面临的最为严重的问题，环路问题将会导致广播风暴、多帧复制以及不稳定的MAC地址表等问题。

7.2.2　冗余链路存在问题

冗余链路会带来广播风暴、MAC地址不稳定等问题，这里主要说明这些问题产生的原因及解决方案。

1. 广播风暴

广播风暴是一种由于在网络上广播太多导致的特殊阻塞情况，这也可能由失常的NIC卡、设计不足的网络或桥接/交换回路导致。图7-7所示的广播风暴是由下面的事件引起的。

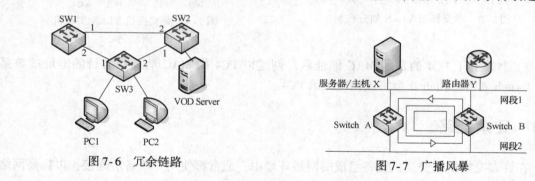

图7-6　冗余链路　　　　　　　　　图7-7　广播风暴

第1步：当服务器/主机X发送一个广播帧时，如ARP广播，在网段1中的所有节点都能收到，包括Switch A和Switch B。以Switch A为例，该帧由Switch A接收。

第2步：因为是广播帧，Switch A将转发到其他所有端口，所以广播帧出现在网段2中。

第3步：当广播帧的副本到达Switch B时，因为数据帧上没有任何迹象表明它曾经被交换机处理过，所以Switch B不知道该数据帧是由Switch A转发来的，Switch B将广播帧向其他所有端口转发，广播帧又被传到网段1上。

第4步：在帧被Switch A接收后，由于该帧起始副本到达网段1的Switch B，它又被Switch B转发到网段2，这些帧在目的站点接收到一个副本后会在回路上沿4个方向传输。

如果没有回路规避服务，每个交换机就会无穷无尽地泛洪广播。这种情况通常称为网络回路（Bridge Loop），这些广播通过回路不停地传播，产生了广播风暴，导致带宽浪费，严重影响网络和主机性能。

消除回路方案是通过在正常操作期间阻止 4 个接口中传输或接收数据来解决这个问题的，也可以看到生成树的工作情况。

2. 重复非广播帧传输

多份非广播帧传给目的站。很多协议期望接收每个传输的单个副本，同一帧的多个副本可能导致不可恢复的错误。多数协议设计既不识别，也不处理传输副本。通常，利用序列号机制的协议假定多数传输失败，序列号被循环使用。其他协议试着传输副本送到上层协议——这会导致不可预测的结果。图 7-8 所示为在一个交换网络中如何发生多传输的情况。下面引证了多个传播是怎样发生的。

第 1 步：当服务器/主机 X 发送单播帧到路由器 Y 时，网段 1 上一个单播帧副本被接收。差不多同时，Switch A 收到一个单播帧副本并放进缓冲区。

第 2 步：如果 Switch A 检查帧中目的地址，在交换机 MAC 地址表中没有找到路由器 Y 的表项，Switch A 将该帧泛洪到除了起始端口外的所有端口。

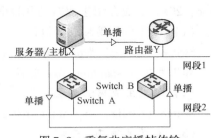

图 7-8　重复非广播帧传输

第 3 步：当 Switch B 通过网段 2 上的 Switch A 接收到该帧的一个副本时，如果 MAC 地址表中没有路由器 Y 的表项，Switch B 也往网段 1 上转发该帧的一个副本。

第 4 步：路由器 Y 第二次接收到同一帧的副本。

消除回路解决方案是在正常操作中通过阻止 4 个接口之一传输或接收数据来解决这个问题的。这也是生成树协议的另一个目的。

3. MAC 地址表不稳定性

当一个帧的多个副本达到交换机不同端口时，导致网络 MAC 地址表信息不稳定。在图 7-8 中，当帧第一次到达时，Switch B 在服务器/主机 X 与到网段 1 的端口间建立一个映射。一段时间后，该帧副本通过 Switch A 传到 Switch B，Switch B 必须移去第一个表项，并且安装主机 X 的 MAC 地址到网段 2 端口的一个映射。

MAC 地址表的不稳定导致同一帧的多副本在交换机的不同端口接收。当交换机在 MAC 地址表中因克服地址变动而消耗资源时，转发的数据可能被损坏。根据交换机的内部结构，不可能处理或不可能很好地处理 MAC 地址表的快速变化问题。因此，阻止 MAC 地址表不稳定性是生成树协议的一个必要功能。

7.2.3　生成树协议

在由交换机构成的交换网络中通常设计有冗余链路和设备。这种设计的目的是防止一个点的失败导致整个网络功能的丢失。虽然冗余设计可能消除了单点失败问题，但也导致了交换回路的产生，它会带来广播风暴、同一帧的多份副本、不稳定的 MAC 地址表等问题。因此，在交换网络中必须有一个机制来阻止回路，而生成树协议（STP）的作用正在于此。

生成树协议定义在 IEEE 802.1D 中，它是一种桥到桥的链路管理协议，它在防止产生自循环的基础上提供路径冗余。为使以太网更好地工作，两个工作站之间只能有一条活动路径。网络环路的发生有多种原因，最常见的一种是故意生成的冗余，一旦其中一个链路或交换机失败，会有另一个链路或交换机替代。所以，STP 协议的主要思想就是当网络中存在冗余链路时，只允许主链路激活，只有主链路因故障而被断开后，备用链路才会被打开。生成树协议的种类有 STP、RSTP 和 MSTP 等。

STP 协议的主要作用是避免回路、冗余备份。

7.2.4　生成树配置方法

生成树协议的作用是在交换网络中提供冗余备份链路，并且解决交换网络中的环路问题。在生成树的默认配置中，是关闭 STP，且交换机优先级是 32768，交换机端口优先级是 128；通信代价根据端口速率自动判断；Hello Time：2s；Forward-delay Time：15s；Max-age Time：20s。下面介绍生成树的几种命令。

（1）打开和关闭生成树协议

Switch（config）#spanning-tree　　开启生成树协议

如果要关闭 spanning Tree 协议，可用 no spanning-tree 全局配置命令进行设置。

（2）配置生成树的类型

Switch（config）#Spanning-tree mode STP/RSTP

（3）配置交换机优先级

Switch（config）#spanning-tree priority ＜0-61440＞

（"0" 或 "4096" 的倍数、共 16 个、默认为 32768）。

如果要恢复到默认值，可用 no　spanning-tree priority 全局配置命令进行设置。

（4）配置交换机端口优先级

Switch（config-if）#spanning-tree port-priority　　＜0-240＞

（"0" 或 "16" 的倍数、共 16 个、默认为 128）。

如果要恢复到默认值，可用 no spanning-tree　port-priority 接口配置命令进行设置。

（5）STP 和 RSTP 信息显示

Switch#show spanning-tree　　　　　　　　！显示交换机生成树的状态

Switch#show spanning-tree　interface　fastEthernet 0/1　！显示交换机接口

7.2.5　链路聚合

链路聚合技术也称为端口聚合，它使用 802.3ad 标准。802.3ad 标准定义了将两个以上的以太网链路组合起来，为高带宽网络连接实现负载共享和负载平衡。端口聚合（Aggregate Port，AP）将交换机上的多个端口在物理上连接起来，在逻辑上捆绑在一起，形成一个拥有较大宽带的端口，形成一条干路，可以实现均衡负载，并提供冗余链路，如图 7-9 所示。

聚合端口符合 IEEE 802.3ad 标准，它可以把多个端口的带宽叠加起来使用，比如全双工快速以太网端口形成的 AP 最大可以达到 800Mbit/s，或者千兆以太网接口形成的 AP 最大可以达到 8Gbit/s。

IEEE 802.3ad 的主要优点：

1）链路聚合技术帮助用户减少了带宽不够的问题。

2）使链路增加了可靠性，提供了冗余链路。

端口聚合的主要应用：

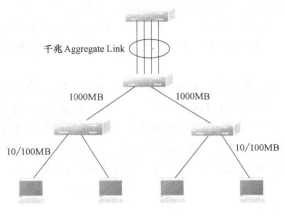

图 7-9   链路聚合

1）交换机与交换机之间的连接：汇聚层交换机到核心层交换机或核心层交换机之间。

2）交换机与服务器之间的连接：集群服务器采用多网卡与交换机连接提供集中访问。

3）交换机与路由器之间的连接：交换机和路由器采用端口聚合，可以解决广域网和局域网连接瓶颈。

4）服务器与路由器之间的连接：集群服务器采用多网卡与路由器连接提供集中访问。特别是在服务器采用端口聚合时，需要专有的驱动程序配合完成。

7.3   网络地址转换

随着 Internet 的快速发展，IPv4 地址已经耗尽。在 IPv6 使用之前，网络地址转换技术是解决 IP 地址不够问题的一个最主要的技术手段。通过地址转换技术，得以让使用私有地址的用户能够访问 Internet。

7.3.1   网络地址转换技术的定义

网络地址转换（Network Address Translation，NAT）技术允许一个机构以一个公有 IP 地址出现在 Internet 上，NAT 将机构中每个局域网节点的地址转换成这个公有 IP 地址，反之亦然。它也可以应用到防火墙技术里，把个别 IP 地址隐藏起来不被外界发现，使外界无法直接访问内部网络设备。同时，它还帮助网络超越地址的限制，合理地安排网络中的公有 Internet 地址和私有 IP 地址的使用。

NAT 主要包括两个方面：

● 正向地址转换是把私有网络内部发出的 IP 数据报文的源 IP 地址和端口号转换为外部代理服务器的 IP 地址和一个端口，通过代理服务器的 IP 地址和一个端口来访问 Internet。

● 反向地址转换是把 Internet 上的 IP 数据报文的目的 IP 地址和端口号转换为私有网络内部的主机 IP 地址和端口号。

7.3.2   NAT 分类

设置 NAT 功能的路由器至少要有一个内部端口（Inside）和一个外部端口（Outside）。

与内部端口连接的网络用户使用的是内部 IP 地址（非法 IP）；与外部端口连接的是外部的网络，使用电信部门分配的 IP 地址。一般来说，内部端口应使用 Ethernet 端口，外部端口使用 Serial 端口。另外，想要使用 NAT 功能，路由器的互联网操作系统（IOS）必须支持 NAT 功能。

NAT 设置可以分为 3 种类型：静态 NAT（Static NAT）、动态地址 NAT（Pooled NAT）和网络地址端口转换 NAPT（Port-Level NAT）。其中，静态 NAT 是设置起来最为简单和最容易实现的一种，内部网络中的每个主机都被永久映射成外部网络中的某个合法的地址；动态地址 NAT 是在外部网络中定义了一系列的合法地址，采用动态分配的方法映射到内部网络；NAPT 是把内部地址映射到外部网络的一个 IP 地址的不同端口上。根据不同的需要，3 种 NAT 方案各有利弊。

1. 静态地址转换

静态地址转换将内部本地地址与内部合法地址进行一对一地转换，且需要指定与哪个合法地址进行转换。如果内部网络有 WWW 服务器或 FTP 服务器等可以为外部用户提供服务，则这些服务器的 IP 地址必须采用静态地址转换，以便外部用户可以使用这些服务。

2. 动态地址转换

动态地址转换也是将内部本地地址与内部合法地址一对一地转换，但是动态地址转换是从内部合法地址池中动态地选择一个未使用的地址来对内部本地地址进行转换的。

动态地址 NAT 只是转换 IP 地址，它为每一个内部的 IP 地址分配一个临时的外部 IP 地址，主要应用于拨号，对于频繁的远程联接也可以采用动态 NAT。当远程用户联接上之后，动态地址 NAT 就会给其分配一个 IP 地址，用户断开时，这个 IP 地址就会被释放而留待以后使用。

3. 网络地址端口转换

网络地址端口转换（Network Address Port Translation，NAPT），也称为复用动态地址转换，或端口地址转换（Port Address Translation，PAT），它是人们比较熟悉的一种转换方式，普遍应用于接入设备，它可以将中小型的网络隐藏在一个合法的 IP 地址后面，实现多个内部本地地址共用一个内部合法地址。这个优点在小型办公室内及只申请到少量 IP 地址但却经常同时有多个用户上外部网络的情况极为有用。这种方式常用于拨号接入 Internet。通过从互联网服务提供商（ISP）处申请的一个 IP 地址，将多个连接通过 NAPT 接入 Internet。实际上，许多远程访问设备支持基于 PPP 的动态 IP 地址。这样，ISP 甚至不需要支持 NAPT，就可以做到多个内部 IP 地址共用一个外部 IP 地址接入 Internet，虽然这样会导致信道的一定拥塞，但考虑到节省的 ISP 上网费用和易管理的特点，用 NAPT 还是很值得的。

NAPT 是一种动态地址转换，但与动态地址 NAT 不同，在 Internet 中使用 NAPT 时，所有不同的 TCP 和 UDP 信息流看起来好像来源于同一个 IP 地址。它将内部连接映射到外部网络中的一个单独的 IP 地址上，同时在该地址上加上一个由 NAT 设备选定的 TCP 端口号，将多个内部地址映射为一个公网地址，但以不同的协议端口号与不同的内部地址相对应。

7.3.3　NAT 技术原理和配置方式

最简单的 NAT 设备有两条网络连接：一条连接到 Internet；另一条连接到内部网络。内部网络中使用私有 IP 地址的主机，通过直接向 NAT 设备发送数据报连接到 Internet。在内部网络中，通过 NAT 把内部地址翻译成合法的 IP 地址在 Internet 上使用，其具体的做法是把 IP 包内的地址用合法的 IP 地址来替换。NAT 功能通常被集成到路由器、防火墙、ISDN 路由器或者单独的 NAT 设备中。

以下通过 NAPT 的配置方法来理解地址转换过程。配置动态 NAPT 的步骤如下：

1）定义接口连接下的内部网络。在定义接口连接下的内部网络时，通常是针对设备某一接口设定，因此配置时首先进入配置接口模式后，设定接口类型为 inside。

Red-Giant（config）# interface *interface-type interface-number*

Red-Giant（config-if）#ip nat inside

2）定义接口连接下的外部网络。在定义接口连接下的外部网络时，通常是针对设备某一接口设定，因此配置时首先进入配置接口模式后，设定接口类型为 outside。

Red-Giant（config）# interface *interface-type interface-number*

Red-Giant（config-if）#ip nat outside

3）定义内部本地地址范围。定义访问列表，只有匹配该列表的地址才转换。

Red-Giant（config）#access-list *access-list-number* permit *ip-address wildcard*

4）定义全局地址池。定义全局 IP 地址池，对于 NAPT，一般就定义一个 IP 地址。

Red-Giant（config）#ip nat pool *address-pool start-address end-address* {netmask *mask* | prefix-length *prefix-length*}

5）建立映射关系。定义内部源地址动态转换关系。

Red-Giant（config）#ip nat *inside* sourcelist *access-list-number* pool *address-pool*　[interface *interface-type interface-number*]} overload

【例 7-1】　　如图 7-10 所示，实现动态 NAPT 配置。假设路由器的名字为 R1，其连接内部网络的端口为 f 1/0，连接外部网络用的地址为 s1/2，动态地址池名为 NAT。

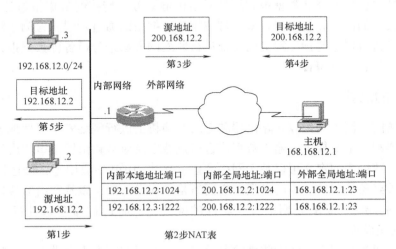

图 7-10　动态 NAPT 配置实例

具体配置过程如下：

Router#conf t

Router（config）#hostname R1

R1（config）#interface serial 1/2

R1（config-if）#ip nat outside

R1（config-if）#ip address 192. 168. 12. 1 255. 255. 255. 0

R1（config-if）#no shutdown

R1（config-if）#exit

R1（config）#interface fastethernet 1/0

R1（config-if）#ip nat inside

R1（config-if）#ip address 200. 168. 12. 2 255. 255. 255. 0

R1（config-if）#no shutdown

R1（config-if）#exit

R1（config）#access-list 1 permit 192. 168. 12. 0 0. 0. 0. 255

R1（config）#ip nat pool NAT 200. 168. 12. 2 200. 168. 12. 2 net 255. 255. 255. 0

R1（config）#ip nat inside source list 1 pool NAT overload

7.4 访问控制列表

访问控制列表（Access Control List，ACL）最直接的功能是报过滤。数据报过滤（Packet Filtering）是一种用软件或硬件设备对向网络上传或从网络下载的数据流进行有选择的控制过程。数据报过滤器通常是在将数据报从一个网络向另一个网络传送的过程中允许或阻止它们的通过。若要完成数据报过滤，就要设置好规则来指定哪些类型的数据报被允许通过和哪些类型的数据报将会被阻止。

数据报过滤器是防火墙中应用的一项重要功能，它对 IP 数据报的报头进行检查以确定数据报的源地址、目的地址和数据报利用的网络传输服务。传统的数据报过滤器是静态的，仅依照数据报报头的内容和规则组合来允许或拒绝数据报的通过。侵入检测系统利用数据报过滤技术和通过将数据报与预先定义的特征进行匹配的方法来分析各种数据报，然后对可能的网络黑客和入侵者予以警告。

7.4.1 ACL 的功能

通过接入访问控制列表可以在路由器和三层交换机上进行网络安全属性配置，可以实现对进入到路由器和三层交换机的输入数据流进行过滤以及对从路由器接口流出的数据流进行控制。认证输入数据流的定义可以基于网络地址、TCP、UDP 的应用等，可选择对于符合过滤标准的流是丢弃还是转发，因此必须知道网络是如何设计的，以及路由器接口是如何在过滤设备上使用的。要完成 ACL 网络安全属性的配置，只有通过命令来进行，而不能通过SNMP 来完成这些设置。

路由器的访问控制列表是网络防御的前沿阵地。访问控制列表提供了一种数据报过滤机制，用以控制通过路由器的不同接口的信息流。这种机制允许用户使用访问列表来管理信息流，以制定内部网络的相关策略。这些策略可以描述安全功能，并且反映信息流的优先级别。例如，某个机构可能希望允许或拒绝外部网对内部 Web 服务器的访问，或者允许内部局域网上一个或多个工作站能够将流量发到广域网的 ATM 骨干网络上。管理员可以通过ACL 落实机构的策略。

7.4.2 ACL 的类型和格式

ACL 的类型主要分为标准访问控制列表和扩展访问控制列表，主要动作为允许（Permit）和拒绝（Deny），主要的应用方法是入栈应用（In）和出栈应用（Out）。标准访问控制列表和扩展访问控制列表应用于路由器上，称为基于编号的访问控制列表；如果应用于三层交换机上，则称为基于名称的访问控制列表，这两种 ACL 的命令格式有所不同。

1. 基于编号的标准 ACL

在路由器上生成的 ACL 是基于编号的访问控制列表。标准访问控制列表是对基本 IP 数据报中的源 IP 地址进行控制，所有的访问控制列表都是在全局配置模式下生成的。

（1）基于编号的标准 ACL 格式

access-list *listnumber* {permit | deny} *source-addr* [*source-mask*]

其中：

- *listnumber* 是 1~99 之间的一个数值，表示这是标准 IP 访问列表的一条规则。
- permit | deny 表明路由器允许或禁止满足条件的报文通过。
- *source-addr* 为源 IP 地址。
- *source-mask* 为反掩码。

注意：在格式中，斜体字的部分是由用户决定的数据或字符。

（2）反掩码的作用　ACL 中所支持的通配符屏蔽码与子网掩码的方式是相反的，所以称为反掩码。路由器使用即反掩码与源地址或目标地址一起来分辨匹配的地址范围。子网掩码告诉路由器 IP 地址的哪一位属于网络号。而反掩码告诉路由器为了判断出匹配，它需要检查 IP 地址中的多少位。

在子网掩码中，将掩码的一位设成"1"表示 IP 地址的对应位属于网络地址部分。相反，在访问列表中将反掩码中的一位设成"1"表示 IP 地址中的对应位既可以是"1"，又可以是"0"。也称为"无关"位，因为路由器在判断是否匹配时并不关心它们。反掩码位设成"0"，则表示 IP 地址中相对应的位必须精确匹配。

假设某机构拥有一个 C 类网络 192.168.16.0，则下面的标准 ACL 语句能够匹配源网络 192.168.16.0 中的所有报文：

access-list 1 permit 192.168.16.0 0.0.0.255

注意：并非所有的掩码的"精确匹配"位和"无关"位的分界都在 8 位组的边界。有时，要看出匹配的范围十分困难。下面这一对地址和反掩码：172.16.16.0 0.0.7.255，它匹配的地址范围是从 172.16.16.0 到 172.16.23.255。

又如，若地址和反掩码描述为 192.168.2.1 0.0.0.254，则它匹配的地址范围是 192.168.2.0 网络中的所有奇数位地址

（3）条件匹配　在使用访问列表进行数据报过滤时，判断其 IP 地址是否匹配的过程实际分为 3 个步骤：

1）用访问列表语句中的反掩码和地址执行逻辑或。对于地址或反掩码中为 1 的位，结果中仍然为 1。

2）用访问列表语句中的反掩码和数据报头中的 IP 地址执行逻辑或，得出第二个结果。

3）将两个结果相减。如果相减的结果为零，表示精确匹配，则执行过滤规则；如果相

减的结果不为零，表示不匹配，则对下一条语句重复执行上述 3 个步骤。

（4）通配符　在 ACL 中，为了指定具体的主机地址，应使用反掩码 0.0.0.0。而表示任意地址的反掩码是 255.255.255.255。路由器提供了通配符 host 和 any 来简化这两个特殊的反掩码，用 host 可以指定某个具体的主机地址，用 any 可以代替 0.0.0.0 255.255.255.255。例如，access-list 1 deny 172.16.2.11 0.0.0.0 可改写为：

access-list 1 deny host 172.16.2.11

【例 7-2】　允许 192.168.2.0 网络的通信流量通过：

access-list 1 permit 192.168.2.0 0.0.0.255

【例 7-3】　禁止地址为 172.16.4.13 的主机的通信流量：

access-list 1 deny 172.16.4.13　0.0.0.0

或 access-list 1 deny host 172.16.4.13

【例 7-4】　拒绝来自 172.16.4.0 网络的通信流量：

access-list 1 deny 172.16.4.0 0.0.0.255

【例 7-5】　允许所有的通信流量通过：

access-list 1 permit any

（5）ACL 中规则的顺序　一个访问控制列表通常是一组具有相同 *listnumber* 的规则的有序集合，它由一系列的 ACL 语句构成，语句的处理顺序自上而下。它通过匹配报文中的信息与访问表参数，允许或拒绝报文通过某个接口。路由器对需要转发的数据报，获取报头信息，与设定的规则进行比较，根据比较的结果决定对数据报进行转发或丢弃。对路由器的每个接口和每一种协议都可以创建一个 ACL。对有些协议，可以建立一个 ACL 过滤流入的数据，同时创建一个 ACL 过滤流出的数据。

【例 7-6】　设计规则拒绝主机 198.78.46.8 的报文，允许其他的所有数据报通过应用该 ACL 的路由器。

access-list 1 deny host 198.78.46.8

access-list 1 permit any

如果将两个语句顺序颠倒，将 permit 语句放在 deny 语句的前面，则不能过滤来自主机地址 198.78.46.8 的报文。

按照 ACL 中语句的顺序，根据每个描述语句的判断条件，对数据报进行检查。一旦找到了某一匹配条件，不再检查以后的其他条件判断语句，所以不同的 ACL 顺序将导致不同的管理效果。因此，访问表中的语句顺序是很重要的，不合理的语句顺序将会在网络中产生安全漏洞。

ACL 列表的另一个特征是每个 ACL 最后有一行默认的 Deny any 规则，这条规则表示的含义是未经 ACL 规则允许的都是禁止的。因此，必须明确允许通过的数据报，否则自动设成禁止。如果不给路由器的接口设置任何 ACL，则默认情况下路由器将传递所有的数据报。

一个 ACL 建立后，任何对该表的增加都被放在表的末端，这表示不能有选择地增加或删除语句。唯一可做的删除是删除整个访问列表。显然，当访问列表很大时，修改 ACL 是比较困难的。由于 ACL 是作为一种全局配置保存在配置文件中，所以对于很大的访问列表，可以在相连的以太网上建立一个 TFTP 服务器，先把路由器配置文件复制到 TFTP 服务器上，利用文本编辑程序修改 ACL 表，然后将修改好的配置文件通过 TFTP 再传给路由器。

2. 基于编号的扩展 ACL

在路由器上可配置基于编号的扩展访问控制列表。扩展访问控制列表不仅可以对源 IP 地址加以控制，还可以对目的地址、协议和端口号进行控制。

扩展 ACL 用于扩展报文的过滤能力，它允许用户根据下列项目过滤报文：源地址和目的地址、协议、源端口和目的端口以及在特定报文字段中允许进行特殊位比较的各种选项。

（1）基于编号的扩展 ACL 格式

access-list *listnumber* {permit | deny} *protocol source-addr source-mask* [*source-port*] *dest-addr dest-mask* [*dest-port*]

其中：

- *listnumber* 是 100 ~ 199 之间的一个数值，表示这是扩展的 IP 访问列表的规则。
- *Protocol* 表示指定的协议，主要是 *TCP*、*UDP*、*IP*。
- *source-addr source-mask* 表示源地址和源地址的反掩码。
- *source-port* 表示源端口号。
- *dest-addr dest-mask* 表示目的地址和目的地址的反掩码。
- *dest-port* 表示目的端口号，表示访问目的。

注意：在格式中，斜体字的部分是由用户决定的数据或字符。

标准的 IP 访问表只限于过滤源地址，所以需要使用扩展的 IP 访问表来满足特殊的过滤需求。

（2）协议表项 *protocol* 的用法　协议表项用于定义要过滤的协议，其关键字可以是 TCP、UDP、IP、ICMP 等。

在 TCP/IP 协议栈中的各种协议之间有很密切的关系。例如，IP 数据报可用于承载 IC-MP、TCP、UDP 及各种路由协议，因而如果指定要过滤 IP 协议，则所有其他字段所指定的匹配将会使报文被允许或拒绝，而不考虑报文是否表示一个由 TCP、UDP 或 ICMP 消息所承载的应用。

若要对具体承载的协议进行报文过滤，就要指定某个协议，并且应将更具体的表项放在靠前的位置。例如，若将允许 IP 地址的语句放在拒绝该地址的 TCP 语句前面，则后一个语句根本不起作用。但是如果将这两条语句换一下位置，则在允许该地址上的其他协议的同时，拒绝了 TCP。

（3）源端口号和目的端口号　在过滤 TCP 和 UDP 的扩展 ACL 中，源端口号 *source-port* 和目的端口号 *dest-port* 可以用下列几种不同的方法来指定。

1）端口的分类。

已使用端口：0 ~ 1023。

注册端口：1024 ~ 49151。

动态或私有端口：49152 ~ 65535。

2）可以使用一个数字或一个可识别的助记符来指定一个端口。例如，可以使用 80 或者 http 指定 Web 的超文本传输协议，使用 23 或者 Telnet 指定远程访问协议等。

3）可以使用操作符与数字或助记符相结合的格式来指定一个端口范围，可用的操作符有"eq"、"lt"等。

4）一些端口与具体承载的协议对应关系如表 7-1 所示。

表 7-1 协议与端口号

应用协议	传输层协议	端口号
FTP	TCP	21
Telnet	TCP	23
HTTP	TCP	80
DNS	TCP 和 UDP	53
SMTP	TCP	25
POP	TCP	110
RIP	UDP	520
QQ	UDP	4000

【例 7-7】 对实现某个 ACL 规则的定义如下。

第一条规则：允许主机 198.16.1.1 接收来自任何网络的电子邮件报文。

第二条规则：允许主机 198.16.1.2 接收来自任何网络的 Web 访问请求。

第三条规则：禁止接收和发送 RIP 报文。

第四条规则：禁止从 172.16.8.0 网段内的主机建立与 202.18.10.0 网段内的主机的端口号大于 128 的 UDP 连接。

规则的序号都为 101。

根据以上规则定义写出相应的 ACL 语句如下：

access-list 101 permit tcp any host 198.16.1.1 eq smtp

access-list 101 permit tcp any host 198.16.1.2 eq www

access-list 101 deny udp any any eq rip

Access-list 101 deny udp 172.16.8.0 0.0.0.255 202.18.10.0 0.0.0.255 gt 128

【例 7-8】 对实现某个 ACL 规则的定义如下。

第一条规则：允许从 129.8.0.0 网段的主机向 202.39.160.0 网段的主机发送 WWW 报文。

第二条规则：禁止从 129.9.0.0 网段内的主机建立与 202.38.160.0 网段内的主机的 WWW 端口（80）的连接。

第三条规则：允许从 129.9.8.0 网段内的主机建立与 202.38.160.0 网段内的主机的 WWW 端口（80）的连接。

第四条规则：禁止从一切主机建立与 IP 地址为 202.38.160.1 的主机的 Telnet（23）的连接。

规则的序号都为 100。

根据以上规则定义写出相应的 ACL 语句如下：

Access-list 100 permit tcp 129.8.0.0 0.0.255.255 202.39.160.0 0.0.0.255 eq www

Access-list 100 deny tcp 129.9.0.0 0.0.255.255 202.38.160.0 0.0.0.255 eq www

Access-list 100 permit tcp 129.9.8.0 0.0.0.255 202.38.160.0 0.0.0.255 eq www

Access-list 100 deny tcp any 202.38.160.1 0.0.0.0 eq telnet

3. 基于命名的标准 ACL

在三层交换机上配置 ACL 是基于命名的 ACL。

基于命名的标准 ACL 格式如下：

ip access-list standard ｛*name*｝

！用名字来定义一条标准 ACL 并进入 access-list 配置模式

deny ｛*SourceAddress source-wildcard-mask* ｜ host-*source* ｜ any｝　或 permit ｛*SourceAddress source-wildcard-mask* ｜ host-*source* ｜ any｝

其中：

- *Name* 是自定义的标准 ACL 名称，代表创建的规则。
- host-*source* 表示一台源主机，其 source-wildcard-mask 为 0. 0. 0. 0。
- any 表示任意主机，即 SourceAddress 为 0. 0. 0. 0，source-wildcard-mask 为 255. 255. 255. 255。

用命令 show access-list［name］显示接入控制列表，如果不指定 access-list 和 name 参数，则显示所有该接入控制列表。

【例7-9】　在下面的配置中，将显示如何创建一条基于命名的标准 ACL 的过程，该 ACL 名字为 deny-host192. 168. l2. x，定义了两条 ACL 规则：第一条规则拒绝来自 192. 168. 12. 0 网段的任意主机，第二条规则允许其他任意主机。

Switch（config）#ip access-list standard deny-host192. 168. l2. x

Switch（config-std-nacl）#deny 192. 168. 12. 0 0. 0. 0. 255

Switch（config-std-nacl）#permit any

Switch（config-std-nacl）#end

Switch# show access-list　　　　！显示 ACL 的内容

4. 基于命名的扩展 ACL

基于命名的扩展 ACL 格式如下：

用名字来定义一条 Extended IP ACL 并进入 access-list 配置模式。

Switch（config）#ip access-list extended ｛*name*｝

Switch（config-std-nacl）# ｛deny ｜ permit｝ protocol ｛*SourceAddress source-wildcard-mask* ｜ host-*source* ｜ any｝［*operator port*］

Switch（config-std-nacl）# ｛*DestinationAddress destination-wildcard-mask* ｜ host-*destination* ｜ any｝［*operator port*］

参数含义与基于编号的扩展 ACL 中的参数相同。

用命令 show access-list［*name*］来显示接入控制列表，如果不指定 access-list 和 name 参数，则显示所有该接入控制列表。

【例7-10】　创建一个扩展 ACL，名称是 allow_ 0xc0a800_ to_ 172. 168. 12. 3。该 ACL 有一条规则，用于允许指定网络（192. 168. x.. x）的所有主机以 HTTP 访问服务器 172. 168. 12. 3，但拒绝其他所有主机使用网络。

Switch（config）# IP access-list extended allow_ 0xc0a800_ to_ 172. 168. 12. 3

Switch（config-exd-nacl）# permit tcp 192. 168. 0. 0 0. 0. 255. 255 host 172. 168. 12. 3 eq www

Switch（config-exd-nacl）#end

Switch#show access-list

Extended IP access list：allow_ 0xc0a800_ to_ 172. 168. 12. 3′

permit tcp 192. 168. 0. 0 0. 0. 255. 255　　host 172. 168. 12. 3 eq www

7. 4. 3　基于时间的 ACL

ACL 可以基于时间进行运行，如 ACL 规则在一个星期的某些时间段内生效等。为了达到这个要求，必须首先配置一个时间段 time-range。time-range 的实现依赖于系统时钟，如果要使用这个功能，必须保证系统有一个可靠的时钟。

在全局配置模式下，通过以下步骤来设置一个 time-range。

（1）time-range *time-range-name*　通过一个有意义的显示字符串作为名字来标识一个 time-range，同时进入 time-range 配置模块。名字的长度为 1～32 个字符，不能包含空格。

（2）absolute {*start time date* [*end time date*] | *end time date*}　此命令设置绝对时间的区间，是可选项，可以不设置。对于一个 time-range，可以设置一个绝对的运行时间区间，并且只能设置一个区间。基于 time-range 的应用将仅在这个时间区间内有效。

（3）periodic *day-of-the-week hh*：*mm* to [*day-of-the-week*] *hh*：*mm*

periodic {weekdays | weekend | daily} *hh*：*mm* to *hh*：*mm*

此命令设置周期时间，是可选项。对于一个 time-range，可以设置一个或多个周期性运行的时间段。如果已经为这个 time-range 设置了一个运行时间区间，则将在时间区间内周期性地生效。

其中：

● *day-of-the-week* 表示一个星期内的一天或几天，Monday，Tuesday，Wednesday，Thursday，Friday，Saturday，Sunday。

● Weekdays 表示一周中的工作日，星期一到星期五。

● Weekend 表示周末，星期六和星期日。

● Daily 表示一周中的每一天，星期一到星期日。

可以在全局配置模式下使用 no time-range *time-range-name* 命令来删除指定的 time-range。

【例 7-11】　在每周工作时间段内禁止 HTTP 的数据流。

Switch（config）# time-range no-http　！建立名为 no-http 的时间段

Switch（config-time-range）# periodic weekdays 8：00 to 17：00　！设置为工作日

Switch（config）# end

Switch（config）# ip access-list extended limit_ udp　！建立名为 limit_ udp 的基于命名的扩展 ACL

Switch（config-ext-nacl）# deny tcp any any eq www time-range no-http　！每周工作时间段内禁止 HTTP 的数据流

Switch（config）# end

Switch（config-ext-nacl）# exit

下面是显示 time-range 的结果：

Switch#show time-range

time-range name：no-http

periodic Weekdays 8：00 to 17：00

7.4.4　ACL 工作准则和流程

1. 访问控制列表的基本准则

在 ACL 中的一组规则的使用中,具有如下基本准则:

- 一切未被允许的就是禁止的。
- 路由器或三层交换机默认允许所有的信息流通过;而防火墙默认封锁所有的信息流,然后对希望提供的服务逐项开放。
- 按规则链从上到下进行匹配,使用从头到尾,至顶向下的匹配方式。
- 使用源地址、目的地址、源端口、目的端口、协议、时间段进行匹配。
- 匹配成功马上停止。
- 立刻使用该规则的"允许"或者"拒绝"。

2. 访问控制列表工作流程

访问控制列表创建之后,可以实施在一个或多个接口上。每个接口都有一组与之相关联的协议。对于每一方向的数据流,每种协议可以创建一个 ACL。路由器将在应用访问列表的接口上对所有的数据报进行规则的匹配检查。

访问控制列表的工作流程如图 7-11 所示。当数据报进入路由器后,路由器对它进行检查,看它是否可以路由。如果遇到任何不可路由的情况,则将之丢弃。如果是可路由的,则在路由表里找出它的目标网络及使用的输出接口。

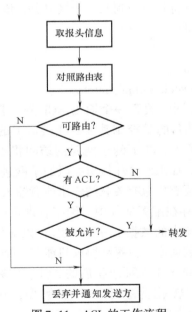

图 7-11　ACL 的工作流程

接着路由器检查相关接口是否应用了某组 ACL。如果没有 ACL,则直接转发;否则,路由器对该数据报与 ACL 依次进行对照。如果某个数据报的报头跟 ACL 的某个规则的判断语句相符合,则执行相应的操作,转发或拒绝该数据报,并忽略剩下的规则。

路由器将通知被拒绝数据报的发送端,该数据报被拒绝。

7.4.5　访问控制列表的应用

要真正实现 IP 数据报的过滤，或者说 ACL 在路由器或者三层交换机上起作用，则必须将所创建的 ACL 应用在路由器或者三层交换机某个接口上。因为通过接口的数据流是双向的，所以要将 ACL 应用到接口的具体方向上，即向外的方向或者向内的方向。

1. 在接口上应用 ACL

将 ACL 应用于某个接口，首先进入该接口的配置模式。

Router（config）#interface 接口名

在接口上应用 ACL 的格式如下：

Router（config-if）#ip access-group *listnumber*｛in｜out｝　　　　　　　　！路由器中使用

Router（config-if）#ip access-group *name*｛in｜out｝　　　　　　　　　！交换机中使用

其中，关键字 in 或 out 指明 ACL 所应用的数据流方向。in 方向用于表示在报文进入路由器接口时对其进行检查，out 方向用于表示在报文离开路由器接口时对其进行检查。

【例 7-12】　将 ACL 应用于 fastethernet0/1 接口，使得名称为 no-http 的 ACL 规则在此接口上生效。

Switch（config）# interface fastethernet0/1

Switch（config-if）# ip access-group no-http in

ACL 可以主要应用于路由器，也可用于交换机。配置 ACL 必须注意如下几点。

1）在生成 ACL 之后，只有将其应用到某一个接口上，该 ACL 才能生效。

2）将 ACL 应用于如下接口：

· 路由接口（Routed Port）。

· 三层接口 L3 Aggregate Port。

· 交换机虚拟接口 SVI（Switch Virtual Interface）。

3）交换机除 SVI 接口允许同时关联一个输出 ACL 外，其他接口只允许关联一个输入 ACL。SVI 接口关联输出 ACL 的目的是控制其他 SVI 接口下的子网访问所关联输出 ACL 的 SVI 下的子网资源的行为，对于该 SVI 下的子网间的访问将不受限制，这种限制只针对 IP 报文，对于其他类型报文无效。如果对 SVI 接口关联的子网进行修改或者对 SVI 对应 VLAN 的成员端口发生变化，那么需要删除原有关联的输出或者输入 ACL，然后重新应用。

ACL 作为一种全局配置保存在配置文件中，网络管理员可根据需要将 ACL 运行在某个端口，并指明是针对流入还是流出的数据。一个 ACL 可以应用在同一路由器的多个不同接口上，在一个接口的每一方向数据流上，每种协议只能有一个 ACL。

如果一个规则既要求标准的 ACL 又要求扩展的 ACL，则有必要将 ACL 的语句统一为同一格式。一般是将标准 ACL 转化为扩展 ACL。例如，access-list 1 deny 192.168.1.0 0.0.0.255 可用下面的列表行来代替：

access-list 101 deny ip 192.168.1.0 0.0.0.255 any

2. 正确放置 ACL

ACL 可以放置在出站接口，也可以放在入站接口。如果 ACL 应用在入站接口，则路由器必需检查从该接口进站的每一个包，然后对照访问控制列表的匹配情况，作出相应的处理；如果 ACL 应用在出站接口，则对从该接口出站的包进行过滤。

把标准 ACL 尽量放在离目的地最近的地方，由于标准访问表只使用源地址，所以将其靠近源地址会阻止报文流向其他接口。

把扩展 ACL 尽量放在离要被拒绝的数据报的来源最近的地方，这样创建的过滤器就不会反过来影响其他接口上的数据流，并且可以减少传输无效的包而无谓地占用线路带宽。

正确放置 ACL 可减少网络中不必要的数据流量。由于 IP 包含 ICMP、TCP 和 UDP，所以应将更为具体的表项放在不太具体的表项前面，以保证位于另一个语句前面的语句不会否定表中后面语句的作用效果。

3. 撤销过滤数据报

若要撤销 ACL 的数据报过滤功能，应采取以下两个措施：

（1）在指定接口停止应用访问列表

no ip access-group *listnumber*

（2）删除访问列表

no access-list listnumber

【例 7-13】   扩展访问列表的应用示例。图 7-12 所示为一个将要限制 IP 通信量的小型网络。

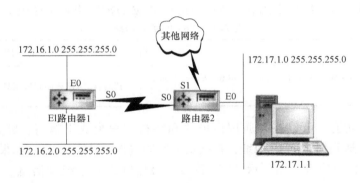

图 7-12   在小型网络中限制 IP 通信量

在路由器 2 上配置 ACL。

access-list 102 permit TCP 172. 16. 1. 0 0. 0. 0. 255 host 172. 17. 1. 1 eq telnet

access-list 102 permit TCP 172. 16. 2. 0 0. 0. 0. 255 host 172. 17. 1. 1 eq FTP

access-list 102 permit ICMP 172. 16. 0. 0 0. 0. 255. 255 any

access-list 102 deny IP any any

注意，同一组规则的列表号必须相同，如本例中的 102。

该访问列表应用在接口 E0 上对路由器出口数据报进行过滤。

interface   E0   ！指定接口

ip access-group 102 out   ！将制作好的 ACL 列表应用于接口 E0

该访问控制列表是非常严格的，172. 17. 1. 0 上只允许三类通信量：一是来自网络 172. 16. 1. 0 到 172. 17. 1. 1 上的 Telnet；二是来自网络 172. 16. 2. 0 到 172. 17. 1. 1 上的 FTP；三是从网络 172. 16. 0. 0 到任何目的地的 ICMP 通信量，其他所有的通信量都被禁止了。最后一条规则，即 deny IP any any 语句其实可以省略不写，因为根据规则要求，任何没有明确允许的通信量都将被禁止。注意 IP、TCP、Telnet 和 FTP 中的关键字。

在路由器 2 的 E0 接口的过滤下，网络 172.16.1.0 和 172.16.2.0 中的用户仍可以通过路由器 2 的 S1 接口访问其他的网络。如果将同一 ACL 配置在路由器 1 上，在路由器 1 的 S0 接口中使用 ip access-group 102 out 命令，将产生不同的效果。在新的配置下，网络 172.16.1.0 和 172.16.2.0 上的主机只能被允许向其他网络发送 ICMP 通信量（如 Ping）；而原先这些主机是可以向其他网络发送任意的通信量。

7.5　网络通信检测工具

1. Ping 连通性测试

为了测试网络的连通性，很多的网络设备都支持 PING 功能，该功能包括发送一个特殊的数据报给指定的网络地址，然后等待该地址应答回来的数据报。通过 PING 功能，可以评估网络的连通性、延时和网络的可靠性，利用 RGNOS 提供的 Ping 工具，可以有效地帮助用户诊断、定位网络中的连通性问题。

Ping 命令运行在普通用户模式和特权用户模式下，在普通用户模式下，只能运行基本的 Ping 功能，而在特权用户模式下，还可以运行 Ping 的扩展功能（见表 7-2）。

表 7-2　Ping 的扩展功能

命　令	作　用
Router# **ping** [*ip*] [*address* [**length** *length*] [**ntimes** *times*] [**time-out** *seconds*]]	**Ping**：网络连通性测试工具

普通的 Ping 功能，可以在普通用户模式和特权用户模式下执行，默认将 5 个长度为 100B 的数据报发送到指定的 IP 地址，在指定的时间（默认为 2s）内，如果有应答，则显示"!"符号；如果没有应答，则显示"."符号。最后输出一个统计信息。下面为普通 Ping 的实例。

Router#ping 192.168.5.1

Sending 5, 100-byte ICMP Echoes to 192.168.5.1, timeout is 2

seconds：

< press Ctrl + C to break >

!!!!!

Success rate is 100 percent（5/5），round-trip min/avg/max = 1/2/10ms

Ping 的扩展功能，只能在特权用户模式下执行。在 Ping 的扩展功能中，可以指定发送数据报的个数、长度、超时的时间等。与普通的 Ping 功能一样，最后也输出一个统计信息。下面为一个 Ping 扩展功能的实例。

RG3660#ping 192.168.5.197 length 1500 ntimes 100 timeout 3

Sending 100, 1000-byte ICMP Echoes to 192.168.5.197, timeoutis 3 seconds：

< press Ctrl + C to break >

!!!

!!!

Success rate is 100 percent（100/100），round-trip min/avg/max = 2/2/3 ms

2. Traceroute 连通性测试

执行 Traceroute 命令，可以显示数据报从源地址到目的地址所经过的所有网关。Traceroute 命令主要用于检查网络的连通性，并在网络故障发生时，准确地定位故障发生的位置。

网络传输的规则是，一个数据报每经过一个网关，数据报中的 TTL 域的数据执行减 1 操作。当 TTL 域的数据为 0 时，该网关便丢弃这个数据报，并送回一个地址不可达的错误数据报给源地址。根据这个规则，Traceroute 命令的执行过程是：首先给目的地址发送一个 TTL 为 1 的数据报，第一个网关便送回一个 ICMP 错误消息，以指明此数据报不能被发送，因为 TTL 超时，之后将数据报的 TTL 域加 1 后重新发送，同样第二个网关返回 TTL 超时错误，这个过程一直继续下去，直到到达目的地址，记录每一个回送 ICMP TTL 超时信息的源地址，便记录下了数据从源地址到达目的地址，IP 数据报所经历的整个完整的路径。

Traceroute 命令可以在普通用户模式和特权用户模式下执行，具体的命令格式如表 7-3 所示。

表 7-3　Traceroute 连通性测试

命　令	作　用
Router# **traceroute** [*protocol*] [*destination*]	跟踪数据报发送网络路径

下面为应用 Traceroute 的两个例子，一个为网络连接畅通，另一个为网络连接存在某些网关不通的情况。

网络畅通的 Traceroute 例子。

Router# traceroute 61. 154. 22. 36

< press Ctrl + C to break >

Tracing the route to 61. 154. 22. 36

1 192. 168. 12. 1 0 msec 0 msec 0 msec

2 192. 168. 9. 2 4 msec 4 msec 4 msec

3 192. 168. 9. 1 8 msec 8 msec 4 msec

4 192. 168. 0. 10 4 msec 28 msec 12 msec

5 202. 101. 143. 130 4 msec 16 msec 8 msec

6 202. 101. 143. 154 12 msec 8 msec 24 msec

7 61. 154. 22. 36 12 msec 8 msec 22 msec

从上面的结果可以清楚地看到，从源地址要访问 IP 地址为 61. 154. 22. 36 的主机，网络数据报经过了网关（1-6），同时给出了到达该网关所花费的时间，这对于网络分析，是非常有用的。

网络中某些网关不通的 Traceroute 例子。

Router# traceroute 202. 108. 37. 42

< press Ctrl + C to break >

Tracing the route to 202. 108. 37. 42

1 192. 168. 12. 1 0 msec 0 msec 0 msec

2 192. 168. 9. 2 0 msec 4 msec 4 msec

3 192. 168. 110. 1 16 msec 12 msec 16 msec

4 * * *

5 61. 154. 8. 129 12 msec 28 msec 12 msec

6 61. 154. 8. 17 8 msec 12 msec 16 msec

7 61. 154. 8. 250 12 msec 12 msec 12 msec

8 218. 85. 157. 222 12 msec 12 msec 12 msec

9 218. 85. 157. 130 16 msec 16 msec 16 msec

10 218. 85. 157. 77 16 msec 48 msec 16 msec

11 202. 97. 40. 65 76 msec 24 msec 24 msec

12 202. 97. 37. 65 32 msec 24 msec 24 msec

13 202. 97. 38. 162 52 msec 52 msec 224 msec

14 202. 96. 12. 38 84 msec 52 msec 52 msec

15 202. 106. 192. 226 88 msec 52 msec 52 msec

16 202. 106. 192. 174 52 msec 52 msec 88 msec

17 210. 74. 176. 158 100 msec 52 msec 84 msec

18 202. 108. 37. 42 48 msec 48 msec 52 msec

从上面的结果可以清楚地看到，从源地址要访问 IP 地址为 202. 108. 37. 42 的主机，网络数据报经过了哪些网关，并且网关 4 出现了故障。

习　题

1. 生成树的作用是什么？为什么要引入生成树？

2. 什么是 VLAN？VLAN 有何优点？

3. VLAN 可以看做是广播域，而且可以由交换机定义。不过，既然交换机能形成较多的广播域，即形成较多的逻辑网段，那么，在网络上为什么还需要设置路由器呢？

4. 虚拟局域网中可以设定多少个 VLAN？为什么？

5. 说明 Port VLAN 和 Tag VLAN 的使用场合。

6. 简要说明交换网络中为什么形成环路和产生广播风暴的原理？

7. 什么是 NAT？NAT 有哪些分类？

8. 简述 NAT 和 NAPT 的特点和优势。

9. Ping 命令的作用是什么？如何使用 Ping 命令？

10. 访问控制列表的功能是什么？

11. 访问控制列表有哪几种类型？基于编号和基于命名的 ACL 格式有什么区别？

12. 在应用访问控制列表时，如何区分 in 和 out 方向？举例说明。

13. 访问控制列表的隐含规则是什么？

14. 在 ACL 配置命令中，any 和 host 的含义是什么？

15. 在路由器上配置一个标准的访问列表，只允许所有源自 B 类地址：172. 16. 0. 0 的 IP 数据报通过，那么在下列的反掩码中，哪一个是正确的？

(1) 255. 255. 0. 0 　　　　 (2) 255. 255. 255. 0 　　　　 (3) 0. 0. 255. 255

(4) 0. 255. 255. 255

16. 在网络中，为保证 192. 168. 10. 0/24 网络中 WWW 服务器的安全，假设只允许访问 Web 服务，现在采用访问控制列表来实现，正确的 ACL 是什么？

（1）access-list 100 permit tcp any 192. 168. 10. 0 0. 0. 0. 255 eq www

（2）access-list 10 deny tcp any 192. 168. 10. 9 eq www

（3）access-list 100 permit 192. 168. 10. 0 0. 0. 0. 255 eq www

（4）access-list 110 permit ip any 192. 168. 10. 0 0. 0. 0. 255

第8章 网络规划与设计

本章主要介绍网络拓扑的层次化结构设计，学习网络拓扑层次化结构设计的优点，掌握网络拓扑层次化结构设计中各层的功能及特点，掌握在层次化网络中各种网络设备的应用场合，对网络综合布线方案进行案例式分析，了解网络综合布线的各种方案。

8.1 网络拓扑层次化结构设计

随着网络建设的需求不断增多，网络建设的总体思路以及如何总体设计工程蓝图是网络建设的核心任务，建设一个好的网络对每个企业来说都不是一件容易的事情，都要经过周密的论证、谨慎的决策和正确的施工。而对网络有一个明晰地、有层次地设计，更能让网络建设事半功倍。

8.1.1 网络拓扑层次化结构设计思想

对于多数企业，对网络的基本要求如下：

1）网络应该全天候正常运行，即使在链路、设备故障或过载的情况下都应如此。

2）网络应该将应用程序可靠地从一台主机传送到另一台主机，并保证合理的响应时间。

3）网络应该具有安全性。它应该保护网络中传输的数据和网络设备上存储的数据。

4）网络应该易于调整，以适应网络增长和一般的业务变更。

5）对于网络可能发生的故障，排查应简单易行。

经过分析，用户对网络的要求可转化为网络设计的4个基本目标：

1）可扩展性。在可扩展网络设计中，网络的规模可以不断扩大，以容纳新的用户群与远程站点，并且可以在不影响现有用户服务水平的情况下，支持新的应用。

2）可用性。为实现可用性而设计的网络可以提供全天候一致和可靠的服务。此外，如果单个链路或设备发生故障，网络性能应该不会受到显著影响。

3）安全性。安全性必须体现在网络设计的每个方面，而不是网络设计完成后附加到网络上的特性。规划安全设备、过滤器与防火墙功能的部署位置对于保护网络资源至关重要。

4）管理便利性。无论最初的网络设计如何优秀，网络必须便于网络维护人员管理与支持，太过复杂的网络，或者很难维护的网络都不能高效率地正常运行。

为了满足这4个基本的设计目标，网络必须建设在支持灵活性和扩展性的体系架构上。因此，网络拓扑的层次化结构设计应运而生。

分层设计用于将设备分组为多个网络，这些网络采用分层的方法来组织。分层设计模型有3个基本层：

1）核心层——连接分布层设备。

2）分布层——将较小的本地网络相互连接起来。

3）接入层——为网络中的主机与终端设备提供连接。

通常将网络中直接面向用户连接或访问网络的部分称为接入层，将位于接入层和核心层之间的部分称为分布层或汇聚层，接入层的目的是允许终端用户连接到网络，因此接入层交换机具有低成本和高端口密度特性。

分布层交换层是多台接入层交换机的汇聚点，它必须能够处理来自接入层设备的所有通信量，并提供到核心层的上行链路，因此分布层交换机与接入层交换机相比，需要更高的性能，更少的接口和更高的交换速率。

将网络主干部分称为核心层，核心层的主要目的是通过高速转发通信，提供优化和可靠的骨干传输结构，因此核心层交换机应拥有更高的可靠性、性能和吞吐量。

图 8-1 和图 8-2 分别是平面交换网络和分层网络的示意图。从中可以看到，平面交换网络只有一个大型的广播域，而分层网络包含 3 个不同的广播域。

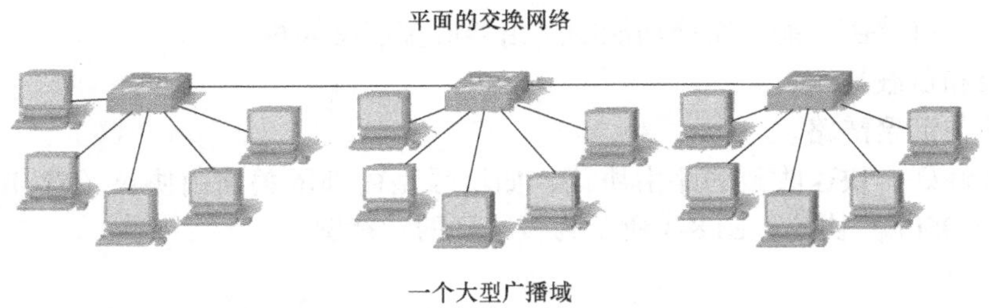

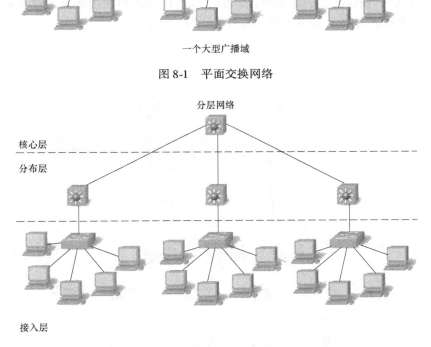

图 8-1　平面交换网络

图 8-2　分层网络

相对于平面网络，分层设计的网络具有如下优势：

●平面网络中的第二层设备基本不能控制广播或过滤不需要的流量。随着平面网络中设备和应用程序的增多，响应时间也逐渐变慢，最后导致网络不可用。

●分层网络设计较平面网络设计更有优势，它将平面网络分为较小、更易于管理的模块，本地流量只会留在本地，只有发往其他网络的流量进入更高的层。

8.1.2　层次化结构设计中各层的工作原理及特点

1. 核心层工作原理及特点

核心层又称为网络主干，核心层的路由器和交换机可以提供高速连接。在企业局域网中，核心层可能连接多栋大楼或多个站点，并为服务器群提供连接。核心层包含数个连接到企业边缘设备的链路，以支持 Internet、虚拟专用网络（VPN）、外联网和 WAN 接入。通过实施核心层，可以减小网络复杂性，使管理网络和排查故障更加容易。

核心层使网络不同区域之间的数据传输更高效、速度更快。它的主要设计目标是：

1）确保全天候运作。

2）使吞吐量最大化。

3）便于网络增长。

核心层使用的技术包括：

1）同时具有路由功能和交换功能的路由器或多层交换机。

2）冗余和负载均衡。

3）高速与汇聚链路。

4）扩展性好、快速收敛的路由协议，如增强型内部网关路由协议（EIGRP）和开放最短路径优先（OSPF）协议。图 8-3 所示为核心层的示意图。

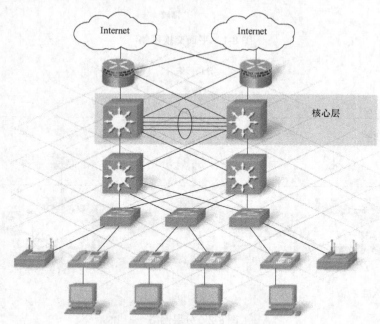

图 8-3　核心层的示意图

核心层的主要特点如下：

1）提供高可靠性。

2）提供冗余链路。

3）提供故障隔离。

4）迅速适应升级。

5）提供较少的延时和良好的可管理性。

6）避免由滤波器或其他处理引起的慢包操作。

7）有限和一致的直径。

2. 分布层工作原理及特点

分布层是接入层与核心层之间的路由边界，也是远程站点与核心层之间的连接点。

接入层一般通过第二层交换技术构建，分布层通过第三层设备构建。分布层的路由器或多层交换机可以提供多种关键功能，有助于满足网络设计的目标。这些目标包括：

1）过滤与管理流量。

2）强制访问控制策略。

3）向核心层通告路由之前总结路由。

4）将核心层与接入层的故障或中断相隔离。

5）在接入层 VLAN 之间路由。

分布层设备的用途还包括，在数据进入园区核心层之前，管理队列和确定流量的优先顺序。

分布层网络通常以部分网状拓扑布线。该拓扑提供了多条冗余路径，可确保链路故障或设备故障时网络不瘫痪。如果分布层的多台设备位于同一个配线间或数据中心，则这些设备通过千兆链路相连。如果设备之间距离遥远，则会使用光纤。支持多个高速光纤连接的交换机可能很昂贵，所以必须仔细规划，确保有足够的光纤端口来实现所需的带宽和冗余。图8-4 所示为分布层的示意图。

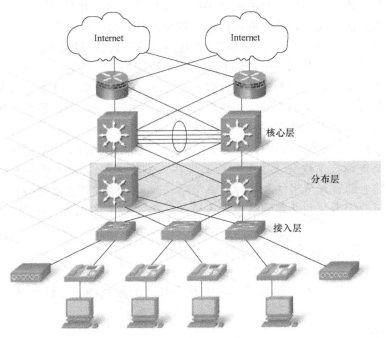

图 8-4　分布层的示意图

分布层的特点如下：

1）策略。

2）安全。

3）部门或工作组级访问。

4）广播/多播域的定义。

5）虚拟 LAN（VLAN）之间的路由选择。

6）介质翻译。

7）在路由选择域之间重分布。

8）在静态和动态路由选择协议之间的划分。

3. 接入层工作原理及特点

接入层是连接终端设备的网络边缘。接入层服务与设备位于园区的每栋大楼、每个远程站点和服务器群以及企业边缘。

从物理因素考虑，园区基础架构的接入层使用第二层交换技术来接入网络。这种接入可能通过永久的有线基础架构，也可能通过无线接入点来提供。通过铜线架设的以太网有距离局限。因此，在设计园区基础架构的接入层时，一个主要考虑因素是设备的物理位置。

配线间可以是实际上的储藏室，也可以是很小的电信机房。它可以充当整栋大楼或大楼不同楼层基础架构布线的端接点。配线间的位置与物理大小由网络大小和网络扩展计划决定。

配线间的设备为 IP 电话和无线接入点等终端设备供电。许多接入层交换机具有以太网供电（PoE）功能。

服务器群或数据中心的接入层设备与一般的配线间不同，它们一般是结合了路由和交换功能的冗余多层交换机。多层交换机可提供防火墙和入侵保护并具有第三层的功能。

在融合网络方面，现代计算机网络已经不仅是连接到接入层的个人计算机和打印机。很多种设备都可以连接到 IP 网络，其中包括 IP 电话、摄像头和视频会议系统。

以上所有服务均可融合到一个物理的接入层基础架构上。然而，支持这些服务的逻辑网络的设计却变得更加复杂，因为这些设计要考虑 QoS、流量分离、过滤等因素。由于出现了这些新的终端设备类型以及相关的应用程序和服务，对接入层的可扩展性、可用性、安全性和管理便利性的要求也随之改变。

在可用性方面，早期的网络中，通常只有网络核心、企业边缘和数据中心网络才要求具有高可用性。IP 电话技术改变了这个局面，现在人们要求每个电话都必须全天候可用。可以通过在接入层上部署冗余组件和故障转移策略，改进终端设备的可靠性和可用性。

改进接入层的管理便利性是网络设计人员的一个主要考虑因素。接入层管理非常重要，这是因为：

1）接入层上连接设备的数量和种类都有所增加。

2）局域网内引入了无线接入点。

除了在接入层提供基本连接功能，为了改进管理的便利性，设计人员还需要考虑以下因素：

1）命名结构。

2）VLAN 体系结构。

3）流量模式。

4）优先排序策略。

　　对于大型融合网络，配置与使用网络管理系统非常重要。尽可能使配置与设备标准化也非常重要。

　　遵循好的设计原则可以改进网络的管理便利性和对网络的持续支持，因为这样可以：

　　1）确保网络不会变得太复杂。

　　2）使故障排除变得简单。

　　3）使将来添加新功能和新服务时更简单。

　　图 8-5 所示为接入层的示意图。

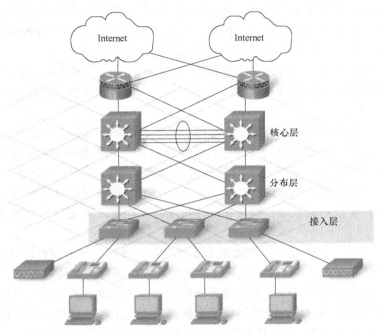

图 8-5　接入层的示意图

　　接入层的特点如下：

　　1）对分布层的访问控制和策略进行支持。

　　2）建立独立的冲突域。

　　3）建立工作组与分布层的连接。

8.2　网络综合布线

8.2.1　综合布线系统构成

　　综合布线系统（Network Premises Distribution System，NPDS）又称为网络开放式布线系统（Network Open Cabling System，NOCS），它是在计算机技术和通信技术发展的基础上进一步适应社会信息化和经济国际化的需要发展而来的，是办公自动化进一步发展的结果，是建筑技术与信息技术相结合的产物，是智能建筑系统工程的重要组成部分。

　　20 世纪 50 年代，大型高层建筑在经济发达的国家中开始兴建，为了改善建筑的使用功能以及提高其服务水平，楼宇自动化的设计要求也被提了出来。通过在建筑物内装设各种仪表、控制和显示装置等设备，来进行集中监控、运行操作和维护管理。这些设备都需要分别装设独立的传输线路，将分布在建筑各个区域的设备相连，组成各自独立的集中监控系统，这种线路就是传统的专业布线系统。由于这些系统基本都是采用人工手动或简单的自动控制方式，所需的设备和器材种类繁多，铺设的线路不但数量多而且长度长，既增加了工程造价，也不利于施工和维护。

20 世纪 80 年代以来，随着科技的迅猛发展，通信技术、网络技术、图形显示技术和自动控制技术之间的融合也越来越紧密，现代高层建筑的服务功能和客观要求也大大提高，传统的专业布线系统已经不能满足需要。因此，发达国家开始研究和设计网络综合布线系统，我国也于 20 世纪 80 年代后期逐步引入和使用网络综合布线系统。

迄今为止，网络综合布线技术已经经历了 30 多年的历史，随着网络在国民经济及社会生活各个领域的不断扩张，综合布线的需求逐年增长，综合布线技术已经深入到了人们生活的各个方面。

由于各个国家产品类型有所不同，所以综合布线系统的定义也有一定的差异。本书所指的综合布线系统是指一幢建筑物内（或综合性建筑物）或建筑群体中的信息传输媒质系统。它将相同或相似的线缆（如双绞线、同轴电缆或光缆）、连接硬件组合成一套标准且通用的、按一定秩序和内部关系而集成的整体。因此，目前它是以通信自动化为主的综合布线系统。但是，随着科学技术的发展，综合布线体统最终会向着真正充分满足智能化建筑要求的全系统发展。

2000 年 8 月 1 日，我国发布了《建筑与建筑群综合布线工程系统设计规范》，其中对综合布线系统所做的定义为："综合布线系统是建筑物或建筑群内的传输网络。它既是话音和数据通信设备、交换设备和其他信息管理系统彼此相连，又使这些设备与外部通信网络相连接。它包括建筑物到外部网络或电话局线路上的连线点与工作区的话音或数据终端之间的所有电缆及相关联的布线部件。"这基本反映了当前综合布线系统的实施内容。

在实际实施中，网络综合布线系统需要依靠科学规范地执行布线的相关标准规范来完成，以此来确保工程的先进性、实用性、灵活性、开放性以及可维护性等。

综合布线系统的主要标准包括国际标准、美洲标准、欧洲标准和国内标准。

1. 综合布线性能、设计的主要国外标准

1）国际标准 ISO/IEC 11801《信息技术——用户建筑物综合布线》。

2）美洲标准 ANSI/TIA/EIA-568《商务建筑电信布线标准》。

3）欧洲标准 EN 50173《信息技术——布线系统》。

其中，国际标准化组织（International Organization for Standardization，ISO）是一个非官方的国际性标准制定机构，它在综合布线方面与国际电工委员会（International Electrical Commission，IEC）合作开发的国际布线标准 ISO/IEC 11801《信息技术——用户建筑物综合布线》是世界上综合布线技术的重要参考文献。美国国家标准学会（American National Standards Institute，ANSI）与通信工业协会（Telecommunications Industry Association，TIA）/电子工业协会（Electronic Industry Alliance，EIA）共同颁布的 ANSI/TIA/EIA-568《商务建筑电信布线标准》是综合布线的权威标准之一。而欧洲标准 EN 50173《信息技术——布线系统》主要适用于屏蔽系统，在我国并不常见。

2. 综合布线系统的国内标准：协会标准、行业标准和国家标准

（1）协会标准　中国工程建设标准化协会在 1997 年颁布的新版《建筑与建筑群综合布线系统工程设计规范》（CECS 72:97）标准代号为 CECS72:97 的协会标准，经过两次修改，在 2000 年修改为国家标准。

（2）行业标准　2001 年 10 月 19 日，由我国信息产业部发布了中华人民共和国通信行业标准 YD/T 926— 2001《大楼通信综合布线系统》第 2 版

（3）国家标准　国家标准《综合布线系统工程设计规范》（GB/T 50311—2007）于 2007 年 4 月 26 日发布。此规范是对原《建筑与建筑群综合布线系统工程设计规范》GB/T 50311—2000 工程建设国家标准进行修订而成的，适用于新建、扩建、改建建筑与建筑群综合布线系统工程设计。

网络综合布线系统应该按照结构化、模块化的基本原则进行构筑，每个模块化子系统都相互独立，同时又相互协作，构成了一个完整的网络综合布线系统。每一个子系统的设计和安装都独立于其他的子系统，所有的子系统互相连接形成一个单独的网络综合布线系统共同工作。这使得设计和使用者可以在不影响其他子系统的情况下对一个子系统进行改变和维护，从而增加了系统的可扩展性、可维护性和灵活性。

网络综合布线系统是由 6 个独立的子系统组成的，介绍如下。

（1）工作区子系统　工作区子系统（Work Location）又称为服务区子系统，它由 RJ- 45 跳线与信息座所连接的设备组成，如图 8-6 所示。其中，信息座分为墙上型、地面型、桌上型等多种。

在进行终端设备和 I/O 连接时，有时可能需要某种传输电子装置，但这种装置并不是工作区子系统的一部分。比如调制解调器，它能为终端与其他设备之间的兼容性传输距离的延长提供所需的转换信号，但其本身并不是工作区子系统的一部分。

工作区子系统中所使用的连接器必须具备符合综合业务数字网（ISDN）国际标准的 8 位接口，这种接口能

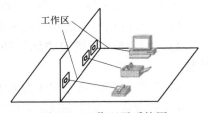

图 8-6　工作区子系统图

接受楼宇自动化系统所有低压信号及高速数据网络信息和数码声频信号。工作区子系统设计时要注意如下要点：

1）从 RJ-45 插座到设备之间的连线应使用双绞线，通常不应该超过 5m。

2）应该选择墙壁上不易碰到的地方来安装 RJ- 45 插座，插座距离地面不能低于 30cm。

3）插座和插头之间的线头不能接错。

（2）水平干线子系统　水平干线（Horizontal Backbone）子系统又称为水平子系统（Horizontal），它是整个网络综合布线系统的一部分，主要是从工作区的信息插座开始到管理间子系统的配线架，其结构通常为星形结构，如图 8-7 所示。水平干线子系统与垂直干线子系统的主要区别在于：水平干线子系统仅与信息插座、管理间连接，并且总是在同一个楼层上。在综合布线系统中，水平干线子系统由 4 对 UTP（非屏蔽双绞线）组成，能支持包括语音、数字信号传输等大多数现代化通信设备，如果是在磁场干扰比较严重的地方或者是对信息保密有特殊要求时，可以选择屏蔽双绞线。在对带宽有特殊要求时，则可以使用"光纤到桌面"的方案。当水平区面积相当大时，在一个区间内可能有一个或多个卫星交接

间，水平线除了要连接到交接间外，还要通过卫星交接间把终端接到信息出口处。

　　在水平干线子系统的设计中，综合布线的设计
必须具有全面介质设施方面的知识，能够向用户或
用户的决策者提供完善而又经济的设计。水平干线
子系统设计时要注意如下要点：

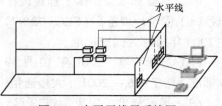

图 8-7　水平干线子系统图

　　1）水平干线子系统的用线通常为双绞线。

　　2）长度通常不应超过 90m。

　　3）用线必须走线槽，尽量不要选择地面线槽，
而应该在顶棚吊顶内布线。

　　4）3 类双绞线的可传输速率为 16Mbit/s，而 5 类双绞线的可传输速率为 100Mbit/s。

　　5）确定介质布线方法和线缆的走向。

　　6）确定距服务接线间距离最近和距离最远的 I/O 位置。

　　7）要计算水平区所需的线缆总长度。

　　（3）管理间子系统　管理间子系统（Administration）分布在楼层配线设备的房间内，
由交接间的配线设备、互连和输入/输出设备等组成。同时，它也可应用于设备间子系统。
它是垂直干线子系统和水平子系统的桥梁，同时又可为同层组网提供条件。管理间子系统包
括双绞线配线架、跳线，在需要有光纤的布线系统中，还应有光纤配线架和光纤跳线。当终
端设备位置或局域网的结构变化时，只要改变跳线方式即可解决，而不需要重新布线，如图
8-8 所示。

　　管理间子系统设计时要注意如下要点：

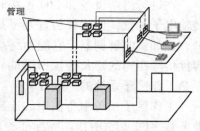

图 8-8　管理间子系统图

　　1）管理的信息点数决定配线架的配线对数。

　　2）注意利用配线架的跳线功能增强布线系统的灵
活性。

　　3）配线架通常由光配线盒和铜配线架组成。

　　4）管理间子系统应有足够的空间放置配线架和网络
设备，如集线器、交换机等。

　　5）集线器、交换机的使用应该配备专用稳压电源。

　　6）要保持合适的温度和湿度，注意设备的保养。

　　（4）垂直干线子系统　垂直干线子系统（Vertical）又称为骨干（Riser Backbone）子系
统，它是整个建筑物综合布线系统的重要组成部分。它提供建筑物的干线电缆，负责连接管
理间子系统到设备间子系统的子系统。此外，它也提供了建筑物垂直干线电缆的路由。垂直
干线子系统通常是在两个单元之间，由所有的布线电缆组成，或有导线和光缆以及将此光缆
连到其他地方的相关支撑硬件组合而成，如图 8-9 所示。传输介质可能包括一幢多层建筑物
的楼层之间垂直布线的内部电缆或从主要单元（如计算机房或设备间）和其他干线接线间
来的电缆。

　　垂直干线子系统设计时要注意如下要点：

　　1）出于速率方面的考虑，垂直干线子系统通常选择光缆作为传输介质。

　　2）室外远距离可以选择多模光缆，室内则可以选择单模光缆。

　　3）光缆如需拐弯，切勿直角拐弯，应保持一定的弧度，以免光缆受损。

4）埋入地下的垂直干线电缆要防止挖路、修路对其造成危害，架空的电缆注意要防止雷击。

5）确定每层楼及整幢大楼的干线要求和防雷电的设施。

（5）建筑群子系统 建筑群子系统是将一个建筑物中的电缆延伸到另一个建筑物的通信设备和装置，它包括可架空安装或沿地下电缆管道（或直埋）敷设的铜缆和光缆，以及防止电缆的浪涌电压进入建筑的电气保护装置等，如图 8-10 所示。

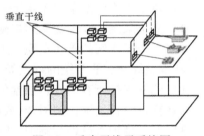

图 8-9 垂直干线子系统图

在建筑群子系统中，室外铺设电缆通常分为以下情况：架空电缆、直埋电缆、地下管道电缆，或者是这 3 种的任意组合，具体情况由施工现场的环境来决定。

建筑群子系统设计时与垂直干线子系统设计相同。

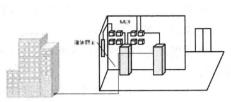

图 8-10 建筑群子系统图

（6）设备间子系统 设备间子系统（Equipment）简称设备子系统，由设备间的电缆、建筑物配线架及相关支撑硬件、电气保护装置等构成，如图 8-11 所示。比较理想的设置是把计算机房、交换机房等设备间设计在同一楼层中，这样既便于管理，又节省投资。当然，也可根据建筑物的具体情况设计多个设备间。

设备间是在每一幢大楼设置进线设备，进行网络管理及管理人员值班的场所。设备间子系统主要是由综合布线系统的建筑物进线设备，电话、计算机等各种主机设备等组成，因此设备间位置及大小必须根据设备的数量、网络中心规模等内容综合考虑确定。

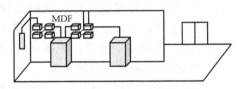

图 8-11 设备间子系统图

设备间子系统设计时要注意如下要点：

1）设备间的空间要足够大，以保障设备的存放。

2）设备间应该有良好的工作环境，保证合适的温度和湿度。

3）设备间的建设标准应该按照机房建设标准进行设计。

8.2.2 综合布线的特点

对于网络综合布线系统而言，通常分为 3 种不同的布线系统等级，分别是基本型网络综合布线系统、增强型网络综合布线系统和综合型网络综合布线系统。下面分别对这 3 种不同等级的布线系统的概念及特点进行介绍。

1. 基本型网络综合布线系统

基本型网络综合布线系统方案是一个相对经济有效的布线方案。它支持语音或综合型语音/数据产品，并能够全面过渡到数据的异步传输或综合型网络综合布线系统，其基本配置如下：

1）每个工作区配备一个信息插座。

2）每个工作区配备一条水平布线 4 对 UTP 系统。

3）完全采用 110 A 交叉连接硬件，并且能够与未来的附加设备兼容。

4）每个工作区的干线电缆至少有两对双绞线。

基本型综合布线系统的特点如下：

1）能够支持所有语音和数据传输应用。

2）支持语音、综合型语音/数据的高速传输。

3）便于维护人员进行维护和管理。

4）对众多厂家的产品设备和特殊信息的传输提供良好的支持。

2. 增强型网络综合布线系统

增强型网络综合布线系统除了支持语音和数据的应用之外，还支持图像、影像、影视、视频会议等多种其他应用。

增强型网络综合布线系统具备进一步扩展功能的能力，并能够通过接线板进行管理，其基本配置如下：

1）每个工作区有两个以上信息插座。

2）每个信息插座均有水平布线 4 对 UTP 系统。

3）具有 110A 交叉连接硬件。

4）每个工作区的电缆至少有 8 对双绞线。

增强型网络综合布线系统的特点如下：

1）每个工作区有两个信息插座，功能更加齐全，也更加灵活方便。

2）任何一个插座都可以提供语音和数据高速传输。

3）便于维护人员进行维护和管理。

4）能够为众多厂商提供服务环境的布线方案。

3. 综合型网络综合布线系统

综合型网络综合布线系统将双绞线和光缆纳入了建筑物的布线之中，其基本配置如下：

1）在建筑或建筑群的干线或水平干线子系统中配置 62.5μm 的光缆。

2）在每个工作区的电缆内配有 4 对双绞线。

3）每个工作区的电缆中应有两对以上的双绞线。

综合型网络综合布线系统的特点如下：

1）每个工作区有两个以上的信息插座，功能更加齐全，也更加灵活方便。

2）任何一个信息插座都可供语音和数据高速传输。

3）有一个很好环境，为客户提供服务。

8.2.3　网络综合布线案例

1. 网络综合布线项目概述

基于某高校的实际情况，将该高校校园网络综合布线工程分为 3 个阶段完成。第一阶段实现校园网基本连接，第二阶段校园网将覆盖校园所有建筑，第三阶段完成校园网应用系统的开发。

校园网建设的一期工程覆盖了教学、办公、学生宿舍区、教工宿舍区，接入信息点约为 2600 个，总投资 400 万元左右。为了实现网络高带宽传输，骨干网将采用千兆以太网为主干，百兆光纤到楼，学生宿舍 10MB 带宽到桌面，教工宿舍 100MB 带宽到桌面。

2. 校园建筑物布局介绍

本次校园网建设，覆盖了 41 栋楼房，其中学生宿舍 12 栋，教工宿舍 20 栋，办公楼、实验大楼、计算中心、电教楼、图书馆、招待所、青工楼各一栋，教学楼两栋。网络管理中心已定在电教楼 3 楼。具体的建筑物布局如图 8-12 所示。

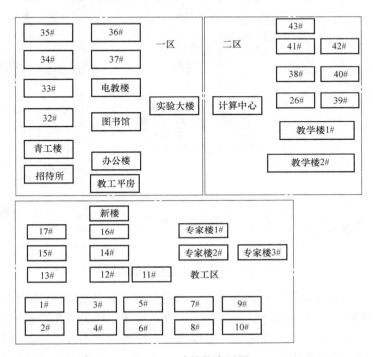

图 8-12　建筑物布局图

3. 网络拓扑结构分析

根据用户需求分析，决定采用星形网络拓扑结构。

学院网络中心的核心交换机为中心点，二区学生宿舍的核心交换机通过 2GB 聚合链路连接网络中心的核心交换机，教工区的核心交换机也通过 2GB 聚合链路连接网络中心的核心交换机。学生宿舍一区的各楼宇交换机直接汇聚到网络中心交换机。校园网网络拓扑结构如图 8-13 所示。

4. 网管中心位置

网管中心位置设立在电教楼 3 楼，位于学院建筑平面的中心点。

5. 设计目标

（1）标准化　本设计综合了楼内所需的所有的语音、数据、图像等设备的信息的传输，并将多种设备终端插头插入标准的信息插座或配线架上。

（2）兼容性　本设计对不同厂家的语音、数据设备均可兼容，且使用相同的电缆与配线架、相同的插头和模块插孔。因此，无论布线系统多么复杂、庞大，不再需要与不同厂商进行协调，也不再需要为不同的设备准备不同的配线零件，以及复杂的线路标志与管理线路图。

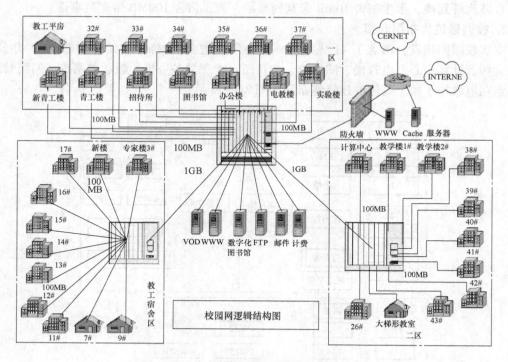

图 8-13　校园网网络拓扑结构图

（3）模块化　综合布线采用模块化设计，布线系统中除固定于建筑物内的水平线缆外，其余所有的接插件都是积木标准件，易于扩充及重新配置，因此当用户因发展而需要增加配线时，不会因此而影响到整体布线系统，可以保证用户先前在布线方面的投资。综合布线为所有语音、数据和图像设备提供了一套实用的、灵活的、可扩展的模块化的介质通路。

6. 网络综合布线总体方案设计

（1）工作区子系统的设计　学生宿舍通常使用 HUB 接入校园网网络，从工程造价方面考虑，每个宿舍安装一个单口信息插座即可。多媒体教室、办公室、计算中心机房等信息点较密集的房间，可以选用两口或四口信息插座，具体数量要根据用户的需求决定。考虑到未来的发展，工作区的信息插座数量要预留一定的余量。

为了方便用户接入网络，信息插座安装的位置结合房间的布局及计算机安装位置而定，原则上与强电插座要相距一定的距离，安装位置距地面应该 30cm 以上，信息插座与计算机之间的距离不应超过 5m。

（2）水平干线子系统的设计　综合布线系统的水平干线子系统可以考虑采用屏蔽双绞线和非屏蔽双绞线。若是预算充足，也可以考虑使用光缆。对于屏蔽双绞线，考虑到它存在以下问题：

屏蔽双绞线本身特性决定对低频噪声（如交流 50Hz）难以抑制，在一般情况下与非屏蔽双绞线的效果相当。屏蔽双绞线的连接要求制作工艺精良，否则不但起不了屏蔽的作用，反而会引起干扰。因此，经过全面的考虑，校园的综合布线系统的水平干线子系统全部采用非屏蔽双绞线。如果随着环境的变化，校园建筑中确定存在电磁干扰很强的环境，也可以直接考虑使用光缆，而不必采用安装施工较为复杂的屏蔽双绞线。考虑以后的校园网网络的应用，建议整个校园网的楼内水平布线全部采用超 5 类非屏蔽双绞线，以便满足今后网络的升级需要。

考虑到该校园实施布线的建筑物都没有预埋管线，所以建筑物内的水平干线子系统全部采用 PVC 管槽，并在槽内布设超 5 类非屏蔽双绞线的布线方案。原则上 PVC 管槽的铺设应与强电线路相距 30cm，由于特殊情况 PVC 管槽与强电线路相距很近的情况下，可在 PVC 管槽内安装白铁皮然后再安装线缆，从而达到较好的屏蔽效果。

（3）设备间子系统的设计 考虑到每幢学生宿舍都有两个楼道，而且在 2 层或 3 层楼道都已设置了配电房，可以利用现有的配电房作为设备间。对于学生宿舍楼层较长的，建议采用双设备间的配置方案。教工宿舍和办公楼信息点较少，不考虑专门设置设备间。整个校园网的主设备间放置于电教楼 3 楼的网管中心。

由于学生宿舍信息点特别密集，每幢楼分别采用两个高密度交换机堆叠组解决网络接入，因此楼道的设备间必需放置多个交换机、配线架、理线架等设备。考虑设备的密集程度，学生宿舍的管理间必须采用 20U 以上的落地机柜。由于该设备间与配电房共用，所以网络线布设时，注意与强电线路保持 30cm 的距离。

教工宿舍的信息点较分散且信息点较少，没有必要设立专门的设备间，可以在楼道内安装 6U 墙装机柜，机柜内只需容纳一个交换机和两个配线架即可。办公楼、图书馆、实验大楼、教学楼的信息点不多，而且以后的信息点扩展的数量不会太多，因此也没有必要设立专门的设备间，可以在合适的楼层处安装 6U 墙装机柜。机柜内应配备足够数量的配线架和理线架设备。计算中心已组建了局域网，并已建好了设备间，因此该楼不再考虑设备间的设计问题。

电教楼 3 楼的网络中心根据功能划分为两个区域，一半空间作为机房，另一半作为行政办公区域。网络中心机房采用铝合金框架支撑的玻璃墙进行隔离，全部铺设防静电地板，地板已进行良好接地处理。机房内还安装了一个 10kV·A 的 UPS，配备的 40 个电池可以满足 8 个小时的后备电源供电。为了保证机房内温度的控制，机房内配备了两个 5 匹的柜式空调，空调具备来电自动开机功能。为了保证机房内设备的正常运行，所有设备的外壳及机柜均做好接地处理，以实现良好的电气保护。

（4）管理子系统的设计 为了配合水平干线子系统选用的超 5 类非屏蔽双绞线，每个设备间内都应配备超 5 类 24 口/1U 模块化数据配线架，配线架的数量要根据楼层信息点数量而定。为了方便设备间内线缆管理，设备间内安装相应规格的机柜，机柜内的两个配线架之间还应安装理线架，以进行线缆的整理和固定。

为了便于光缆的连接，每幢楼内的设备间内应配备光缆接线箱或机架式配线架，以便连接室外布设进入设备间的光缆。为了连接每个交换机的光纤模块，还应配备一定数量的光纤跳线，以便连接交换机光纤模块和配线架上的耦合器。

（5）垂直干线子系统的设计 综合布线系统的垂直干线子系统一般采用大对数双绞线或光缆，将各楼层的配线架与设备间的主配线架连接起来。由于大多数建筑物都在 6 层以下，考虑到工程造价，可以采用 4 对 UTP 双绞线作为主干线缆。对于楼层较长的学生宿舍，将采用双主干设计方案，两个主干通道分别连接两个设备间。

对于新建的学生宿舍及教学大楼都预留了电缆井，可以直接在电缆井中铺设大对数双绞线，为了支撑垂直主干电缆，在电缆井中固定了三角钢架，可将电缆绑扎在三角钢架上。对于旧的学生宿舍、办公大楼、实验大楼、图书馆，要开凿直径 20cm 的电缆井，并安装 PVC 管，然后再布设垂直主干电缆。

（6）建筑群子系统的设计　从校园建筑布局图可以看出，整个校园比较分散，且相互距离较远，因此把校园划分为 3 个区，每个区的光纤汇集到该区设备间，再从各区设备间铺设光纤到主配线终端。

主配线终端位于电教楼 3 层网络中心机房内，它直接连接学生宿舍一区内的光纤，并连接学生宿舍二区和教学宿舍区的上行光纤。学生宿舍二区的设备间位于 26 栋的配电房，教工宿舍区的设备间位于 12 栋。校园内建筑物之间的距离很近，只有网络中心机房与教工区设备间之间的跨距、网络中心机房与学生宿舍二区设备间之间的跨距较远，均已超过 550m，其他建筑物之间的跨距不超过 500m，因此除了网络中心机房与教工区、学生宿舍二区设备间之间布设 12 芯单模光纤外，其他建筑物之间的光缆均选用 6 芯 50μm 多模光缆进行布线。由于该校园原有的闭路电视线、电话线全部采用架空方式安装，而且目前建筑物之间没有现成的电缆沟，经过考虑，决定所有光纤采用架空方式铺设。在铺设光纤时，尽量沿着现有的闭路电视或电话线路的路由进行安装，从而保持校园内的环境美观要求，也可以加快工程进度。

教工宿舍中有 10 幢平房，每幢平房的信息点只有 5 个，每幢平房之间采用光纤连接造价太高。通过实地考察，决定拉两条光缆分别接 7 栋和 9 栋，然后各幢平房之间埋设铁管，在铁管内布设充油非屏蔽双绞电缆，以连接各幢与 7 栋或 9 栋的交换机，最后要对埋设的铁管实施接地处理。

7. 校园网综合布线系统结构图

图 8-14 所示为该高校校园网综合布线系统结构图，由学生宿舍一区、学生宿舍二区和教工宿舍区 3 个部分组成。3 个区域都通过室外多模光缆汇聚到网管中心。

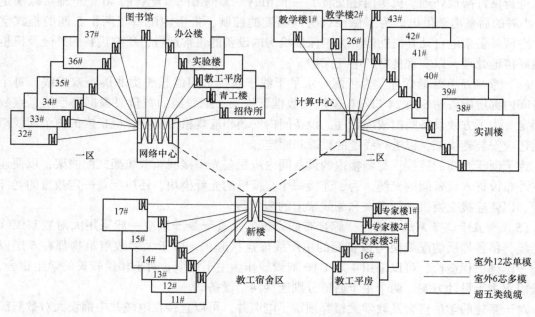

图 8-14　校园网综合布线系统结构图

习　题

1. 分层网络设计的基本设计目标是什么？
2. 理想中的网络拓扑层次包括几个层次？各层有什么功能？
3. 核心层、分布层和接入层的主要特点有哪些？
4. 简述综合布线的基本概念。
5. 网络综合布线系统由哪 6 个独立的子系统组成？
6. 请讲述在规划设计一个网络时，需要用到哪些类型的设备？分别用在什么位置？
7. 计算机网络中的主干网和本地接入网的主要区别是什么？

第9章 广域网技术

广域网又称为远程网，是一种跨地区的数据通信网络，使用公共通信网络提供的设备作为信息传输平台。对照 OSI 模型，广域网技术主要位于底层的 3 个层次，分别是物理层、数据链路层和网络层。本章将主要介绍广域网的特点、数据交换方式、广域网协议和公共通信网，以及各种网络的接入方法。

9.1 广域网概述

广域网（Wide Area Network，WAN）是覆盖范围很广的一种跨地区的数据通信网络。广域网的主要组成部分是公共数据通信网，由一些节点交换机及连接这些交换机的传输线路组成，这些传输线路大多采用光纤线路或点对点的卫星链路等高速链路，其距离没有限制。公共数据通信网在广域网中完成通信子网的作用，为用户提供电路交换服务、分组交换服务、租用线路或专用线路服务。通过广域网连接，可以实现局域网之间的远程连接，以及单个远程用户到主机或到 LAN 的远程连接，从而实现远距离计算机之间的数据传输和资源共享。广域网通常可以传输各种各样的通信类型，如语音、数据和视频。

由图 9-1 可以看出，广域网的主干部分主要负责互联网络的通信子网的功能。广域网内的节点交换机一般采用点到点之间的专用线路连接起来。各个局域网络通过不同的接入方式接入广域网中，形成互联网络。常见的公共数据通信网有公用电话网、公用分组交换网、宽带综合业务数字网、帧中继网和其他专用网。

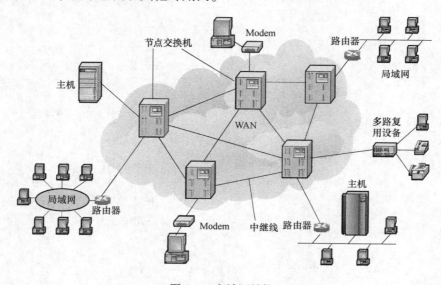

图 9-1　广域网结构

9.2　广域网的主要特点

广域网的主要特点是：

1）覆盖范围广，通信的距离远，广域网的连接能够跨越多个城市和国家。广域网主要提供面向通信的服务，支持用户使用计算机进行远距离的信息交换。通过广域网可实现全球网络互连，进而实现全球范围内的资源共享。

2）广域网建立在电信网络的基础上。通常由政府或跨国企业投资，由电信部门或公司负责组建、管理和维护，属于公用网络。

3）广域网应用情况复杂。广域网的链路的跨度大，需要考虑的因素很多，传输介质可以有双绞线、同轴、光纤、地面微波、卫星等。在主干网上数据传输速率高，而用户接入速率相对较低，且接入方式多种多样，涉及技术较多。因此，建网的成本高，技术难度大，一般单位和个人不能独自承担。

4）传输速率一般比局域网低，而误码率相对较高。广域网的典型速率是从 56kbit/s 到 155Mbit/s。但随着通信技术的发展，广域网的主干传输速率已大大提高，现在已有 622Mbit/s、2.4Gbit/s 甚至更高速率的主干线路，传播延迟可从几毫秒到几百毫秒（使用卫星信道时）。

9.3　广域网数据交换

广域网是由许多交换机组成的，交换机之间采用点到点线路连接。点到点连接提供的是一条预先建立的从客户端经过网络运营商网络到达远端目标网络节点的广域通信链路。网络运营商负责链路的维护和管理。几乎所有的点到点通信方式都可以用来建立广域网，包括租用线路、光纤、微波、卫星信道。而广域网交换机实际上就是一台计算机，有处理器和输入/输出设备进行数据包的收发处理。

从层次上看，广域网中的最高层就是网络层。网络层为连接在网络上的主机提供的服务有两大类，即无连接的网络服务和面向连接的网络服务。这两种服务的具体实现在广域网中就是电路交换（Circuit Switching）和包交换（Packet Switching）。

1. 电路交换方式

电路交换是广域网所使用的一种交换方式。远程端点之间通过呼叫为每一次会话过程建立、维持和终止一条专用的物理电路。经呼叫建立的物理连接只提供物理层承载服务，在两个端点之间传输二进制位流。电路交换在电信运营商的网络中被广泛使用，其操作过程与普通的电话拨叫过程非常相似。公用交换电话网络（PSTN）和综合业务数字网（ISDN）都是采用电路交换技术的通信网络。

电路交换的特点是传输时延小、透明传输（即传输通路不必对用户数据进行任何修正或解释），但所占带宽固定，线路利用率低。

2. 包交换方式

包交换是广域网上经常使用的一种交换方式。通过包交换，网络设备可以共享一条点对点链路，通过运营商网络在设备之间进行数据包的传递。包交换主要采用统计复用技术在多台设备之间实现电路共享。包交换包含分组交换和信元交换。X.25、帧中继、ATM 和 SMDS 等都是采用包交换方式的广域网技术。

包交换的特点是带宽可以复用，线路利用率高，但实时性不好。

包交换又分为面向连接的虚电路方式和无连接的数据报方式。虚电路方式为每一对节点之间的通信预先建立一条虚电路，后续的数据通信沿着建立好的虚电路进行，交换机不必为每个报文进行路由选择；而在数据报方式中，每一个交换机为每一个进入的报文进行一次路由选择。也就是说，每个报文的路由选择独立于其他报文。

虚电路又分为永久虚电路（Permanent Virtual Circuit，PVC）和交换虚电路（Switching Virtual Circuit，SVC）两种。永久虚电路由公共传输网络提供者设置，这种虚电路经设置后，长期存在。交换虚电路需要两个远程端点通过呼叫控制协议来建立，并在完成当前数据传输后拆除。

虚电路和电路交换的最大区别在于：虚电路只给出了两个远程端点之间的传输通路，并没有把通路上的带宽固定分配给通路两端的用户，其他用户的信息流可以共享传输通路上物理链路的带宽。由于分组交换网络提供的不是物理层的承载服务，所以必须把要求传输的数据信息封装在物理网络所要求的数据链路帧的数据字段中才能传输。

9.4　广域网协议

广域网协议是相对于局域网协议而言的，互联网是一种广域网。在地域分布很广、分散，以致无法用直接连接来接入局域网的场合，广域网通过专用的或交换式的连接把计算机连接起来。这种广域连接可以是通过公众网建立的，也可以是通过服务于某个专门部门的专用网建立起来的。相对来说，广域网显得比较错综复杂。

9.4.1　广域网协议概述

广域网是一种跨地区的数据通信网络，它使用电信运营商提供的设备作为信息传输平台。对照 OSI 模型，广域网技术主要涉及 OSI/RM 中的物理层、数据链路层和网络层。图 9-2 中列出了一些经常使用的广域网协议与 OSI 模型的对应关系。图 9-3 所示为广域网中的协议。

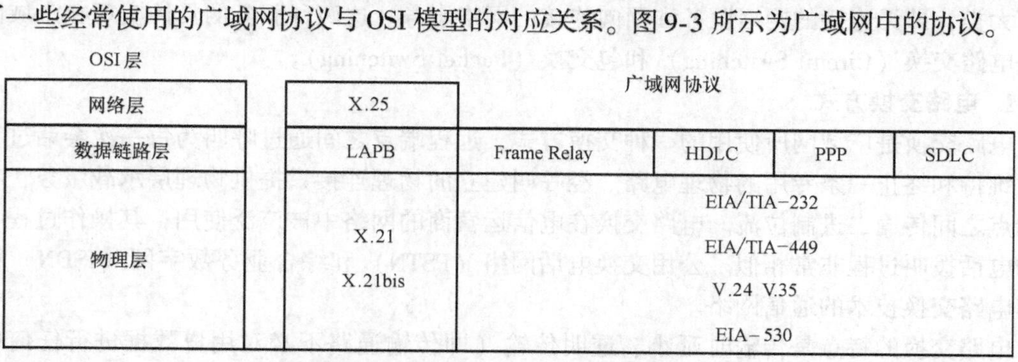

OSI 层	广域网协议				
网络层	X.25				
数据链路层	LAPB	Frame Relay	HDLC	PPP	SDLC
物理层	X.21 X.21bis	EIA/TIA-232 EIA/TIA-449 V.24 V.35 EIA-530			

图 9-2　广域网协议与 OSI 模型的对应关系

1. 物理层协议

物理层协议描述了如何为广域网服务提供电气、机械、操作和功能的连接到通信服务提供商。广域网物理层描述了数据终端设备（DTE）和数据通信设备（DCE）之间的接口。

连接到广域网的设备通常是一台路由器，它被认为是一台 DTE，而连接到另一端的设备为服务提供商提供接口，它就是一台 DCE。

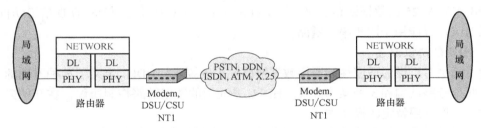

图 9-3　广域网中的协议

2. 数据链路层协议

在每个 WAN 连接上，数据在通过 WAN 链路前都被封装到数据帧中。为了保障广域网中传输数据的正确性，必须对数据进行差错控制等验证服务，因此在 WAN 的第二层中，必须根据 WAN 的拓扑结构和通信设备配置恰当的第二层数据封装。WAN 数据链路层定义了传输到远程站点的数据的封装形式。广域网数据链路层协议主要有以下几种，它描述了在单一数据路径上各系统间的帧传输方式。

（1）点对点协议（PPP）　PPP 是一种标准协议，规定了同步或异步电路上的路由器对路由器、主机对网络的连接。

（2）串行线路互连协议（SLIP）　SLIP 是 PPP 的前身，用于使用 TCP/IP 的点对点串行连接。SLIP 已经基本上被 PPP 取代。

（3）高级数据链路控制协议（HDLC）　它是点对点、专用链路和电路交换连接上默认的封装类型。HDLC 是按位访问的同步数据链路层协议，它定义了同步串行链路上使用帧标识、校验和的数据封装方法。当连接不同设备商的路由器时，要使用 PPP 封装（基于标准）。HDLC 同时支持点对点与点对多点的连接。

（4）X.25/平衡式链路访问程序（LAPB）　X.25 是帧中继的原型，它指定 LAPB 为一个数据链路层协议。LAPB 是定义 DTE 与 DCE 之间如何连接的 ITU-T 标准，是在公用数据网络上维护远程终端访问与计算机通信的。LAPB 用于包交换网络，用来封装位于 X.25 中第二层的数据报。X.25 提供了扩展错误检测和滑动窗口的功能，因为 X.25 是在错误率很高的传输模拟信号的铜线电路上实现的。

（5）帧中继协议（FR）　帧中继是一种高性能的包交换式广域网协议，可以被应用于各种类型的网络接口中。帧中继适用于更高可靠性的数字传输设备上。

（6）ATM　ATM 是信元交换的国际标准，在定长（53B）的信元中能传输各种各样的服务类型，如语音、音频、数据。ATM 适于利用高速传输介质，如 SONET。

（7）综合业务数字网（ISDN）　它是一组数字服务，可经由现有的电话线路传输语音和数据资料。

最常用的两个广域网数据链路层协议是 HDLC 和 PPP，FR 协议也逐渐被广泛使用。下面介绍这 3 种协议。

9.4.2　HDLC 协议

在 ISO 标准协议集中，数据链路层采用了面向比特型的 HDLC 协议。它来源于 IBM 的同步数据链路控制协议 SDLC。HDLC 经过多个国际标准化组织的修改，成为多个版本的协议集，它是数据链路协议的超集，从中衍生出了许多有影响的子集。例如，CCITT 采用其子集 LAPB 作为 X.25 的数据链路协议；而 LAPB 的子集 LAPD 又是 ISDN 的 D 信道访问协议。但标准 HDLC 只能用于同步串行链路。

1. HDLC 协议概述

为了满足对广泛的适应性和通用数据链路规程的要求，HDLC 定义了 3 种不同的通信站类型、两种链路结构和 3 种操作方式。HDLC 是通用的数据链路控制协议，在开始建立数据链路时，允许选用特定的操作方式。

（1）HDLC 定义了 3 种站点　在链路上负责控制数据链路的操作与运行的站点称为主站，在主站的控制下辅助主站进行工作的称为从站。主站向链路上的从站发送命令，依次接收来自从站的响应。如果链路是多点共享的，那么主站负责与链路上的每一个从站维持一个单独的会话。从站接收来自主站的命令并作出响应。从站只维持一个会话，即与主站的会话。从站之间不能直接进行通信。主站对数据流进行组织，并且对链路上的差错实施恢复。在一个站连接多级链路的情况下，该站对于一些链路而言可能是主站，而对于另一些链路而言又可能是从站。有些站可兼备主站和从站的功能，这种站称为组合站，用于组合站之间信息传输的协议是对称的，即在链路上双方具有同样的传输控制功能。

由主站发往从站的帧称为命令帧，而从从站返回主站的帧称为响应帧。连接有多个站点的链路通常使用轮询技术，由主站轮询其他站点。

（2）HDLC 支持两种链路结构　一种称为平衡链路结构，如图 9-4a 所示。由两个组合站点对点地互连而成。两个站点地位均等，负有同等的链路控制责任，可以相互发送未经邀请的数据帧。

相对的，由一个主站和一个或多个从站构成的是非平衡链路结构，如图 9-4b 所示。主站控制从站实现链路管理。信道可以是点对点链路，也可以是多点共享的链路。

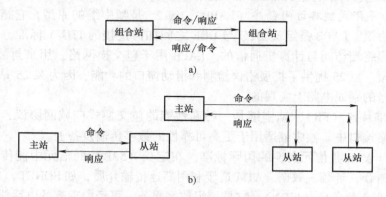

图 9-4　HDLC 支持的两种链路结构
a）平衡链路结构　b）非平衡链路结构

（3）HDLC 支持 3 种操作方式

1）正常响应方式（Norma Responses Model，NRM）是一种非平衡链路操作方式。在这种操作方式中，传输过程由主站启动，从站只有收到主站某个命令帧后，才能作出响应。响应信息可以由一个或多个帧组成，若信息由多个帧组成，则应指出哪一个是最后一帧。主站负责整个链路，且具有轮询、选择从站及向从站发送命令的权利，同时也负责对超时、重发及各类恢复操作的控制。

2）异步响应方式（Asynchronous Responses Mode，ARM）是一种非平衡链路操作方式。与 NRM 不同的是，ARM 下的传输过程由从站启动。从站在发现链路空闲时未经主站许可主动启动发送过程。在发送给主站的一个或一组帧中可包含信息，也可以是仅以控制为目的而发的帧。在这种操作方式下，由从站来控制超时和重发。

3）异步平衡方式（Asynchronous Balanced Mode，ABM）是一种平衡链路操作方式。每个组合站无须对方许可就可以平等地启动发送过程。各站都有相同的一组协议，任何站点都可以发送或接收命令，也可以给出应答，并且各站对差错恢复过程都负有相同的责任。

2. HDLC 帧格式和帧类型

（1）帧格式　HDLC 的帧格式如图 9-5 所示。

8bit	8bit	8bit	任意	16bit	8bit
帧标志 F	地址字段 A	控制信息 C	数据信息 I	校验码 FCS	帧标志 F

图 9-5　HDLC 的帧格式

1）帧标志 F：标志字段的比特模式为 01111110（7EH），用以标识帧的起始和终止。标志字段也可以作为帧与帧之间的填充字符。连续的 7 个 "1" 表示链路故障；15 个连续的 "1" 表示信道空闲。HDLC 采用 "0 比特插入法" 来实现数据的透明传输，该法在发送端检测除标志码以外的所有字段，若发现连续 5 个 "1" 出现时，便在其后添插 1 个 "0"，然后继续发送后面的比特流；在接收端同样检测除标志码以外所有字段，若发现连续 5 个 "1" 后是 "0"，则将其删除以恢复为原始的比特流。

2）地址字段 A：地址字段的内容取决于帧的类型。命令帧中的地址字段携带的地址是对方站的地址，而响应帧中的地址字段所携带的地址是本站的地址。某一地址也可分配给多个站，这种地址称为组地址，利用一个组地址传输的帧能被组内所有拥有该组地址的站接收，但当一个从站或组合站发送响应帧时，它仍应使用它唯一的地址。全 "1" 的地址是广播地址，全 "0" 的地址是无效的测试地址。地址的长度可以是一个字节或多个字节，每个字节的最低位为地址扩充标志。当该位为 "1" 表示最后一个字节。

3）控制字段 C：控制字段用于构成各种命令和响应，以便对链路进行监视和控制。发送方主站或组合站利用控制字段来通知被寻址的从站或组合站执行约定的操作；相反，从站用该字段作为对命令的响应，报告已完成的操作或状态的变化。

4）信息字段 I：信息字段用来承载上层数据，可以是任意的二进制比特流。该字段长度的上限由 FCS 字段或站点的缓冲器容量来确定，目前用得较多的是 1000 ~ 2000bit，而下限可以为 0，即无信息字段。但是，监控帧（S 帧）中规定不可有信息字段。

5）帧校验序列字段 FCS：该字段是 16 位的 CRC 校验字，对两个标志字段之间的整个帧的内容进行校验。CCITT V. 41 建议规定了 HDLC 的生成多项式为 $X16 + X12 + X5 + 1$。

从 HDLC 的帧格式可知，它可以对任意的二进制比特流实现透明的传输，但它不包含标识所承载的协议的字段。因此，它只能承载单一的网络层协议。

（2）帧类型　HDLC 将命令和响应都封装在帧内传送。帧的类型有 3 种，由控制字段内的信息标识。控制字段的结构如图 9-6 所示。

控制字段中的第1位或第1、2位表示帧的类型。第7位是P/F位，即轮询/终止（Poll/Final）位。在命令帧中，该位为轮询位P，P=1表示启动从站的一次传输，要求地址所指定的站必须响应。在响应帧中，该位为终止位F，F=1表示为最后一帧。

	1	2	3	4	5	6	7	8
信息帧（I）	0	N(S)			P/F	N(R)		
监控帧（S）	1	0	类别SS		P/F	N(R)		
无编号帧（U）	1	1	类别MM		P/F	类别MMM		

图9-6 控制字段的结构

1）信息帧（I帧）：用于传送有效信息或数据，通常简称I帧。I帧的控制字段第1位为"0"。N（S）为发送序号，它是本帧的序号。N（R）是接收序号，表示本方下一个预期要接收的帧的序号，同时也是给对方的捎带确认，表示序号在N（R）之前的帧已经正确接收。N（S）和N（R）均为3位二进制编码，可取值0~7。但控制字段可扩充一个字节，相应地，序号均可扩充到7位，最多允许传送127帧。通过N（R）和N（S）可以实现可靠保序的传输，还可以使用滑动窗口技术进行流量控制。

2）监控帧（S帧）：用于差错控制和流量控制，通常简称S帧。S帧以控制字段第1、2位为"10"来标志。S帧不带信息字段，其控制字段的第3、4位为S帧类型编码，共有4种不同组合，分别是RR帧，SS=00，表示接收就绪；RNR帧，SS=10，表示接收未就绪；REJ帧，SS=01，请求重发从序号N（R）开始的所有信息帧；SREJ帧，SS=11，要求选择重发序号为N（R）的信息帧。

3）无编号帧（U帧）：这类帧因其控制字段中不包含编号N（S）和N（R）而得名，简称U帧。U帧用于提供对链路的建立、拆除和多种控制功能，这些控制功能用5个M位（M1~M5，也称为修正位）来定义，可以定义32种附加的命令或应答功能。目前已定义了15种无编号帧。

典型的无编号帧有：

SNRM——置正常响应方式。

SARM——置异步响应方式。

SABM——置异步平衡方式。

DISC——断开连接。

UP——无编号探询。

UA——无编号确认。

FRMR（CMDR）——帧拒绝。

9.4.3 PPP

点对点协议（PPP）是在串行线路网际协议（Serial Line Internet Protocol，SLIP）的基础上发展起来的面向字符型的协议，既可以用于同步串行链路，也可以用于异步串行链路。它是各种主机、网桥和路由器之间简单连接的一种共同的解决方案。

1. PPP概述

PPP主要由两类协议组成，一是链路控制协议（Link Control Protocol，LCP），二是网络控制协议（Network Control Protocol，NCP）。

LCP 负责创建、配置、维护或终止数据链路连接；NCP 是一族协议，负责协商在链路上运行什么网络协议，并为上层网络协议提供服务。此外，它还提供网络安全认证协议，最常用的有密码认证协议（Password Authentication Protocol，PAP）和询问握手认证协议（Challenge Handshake Authentication Protocol，CHAP）。PPP 分层结构如图 9-7 所示。

PPP 的优点是它不仅适用于拨号用户，而且适用于租用的路由器对路由器线路。在线路建立时检查链路质量，采用 NCP（如 IPCP、IPXCP），支持更多的网络层协议（见图 9-8），采用 CHAP、PAP 认证协议，更好地保证了网络的安全性。

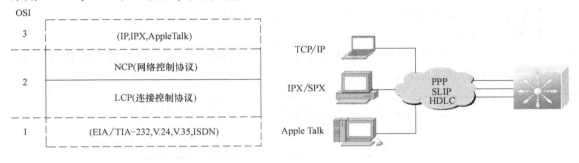

图 9-7　PPP 分层结构　　　　　　　　　图 9-8　PPP 支持多种网路层协议

从图 9-8 可以看出，TCP/IP、IPX/SPX、AppleTalk 等协议数据都可以被封装成 PPP 帧，从而都能穿过链路到达目的地。

PPP 的 NCP 层可以封装携带多个高层协议的数据包，而 PPP 的 LCP 层负责建立和控制链路连接，如图 9-9 所示。

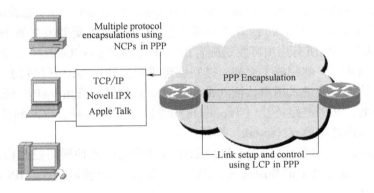

图 9-9　LCP 和 NCP 层的作用

2. PPP 的帧格式

PPP 帧格式类似于 HDLC，只是在控制字段和信息字段之间增加了一个 2B 的协议字段，用以标识所承载的上层协议。

PPP 的帧首尾标志与 HDLC 完全一致，都是 7EH，如果在帧的信息字段出现该标志，则必须进行填充，以示区别。当 PPP 用于同步传输链路时，由硬件来完成比特填充，做法与HDLC 一样。当 PPP 用于异步传输链路时，使用特殊的字符填充法，即在 7EH 之前增加一个转义字符 7DH，并将该字符的第 6 位取反变为 5EH。如果信息字段出现了 7DH，则采用同样的方法，用 7D5DH 表示；默认情况下，对所有小于 20H 的字符也进行填充。

PPP 的地址字段的值总是 FFH，表示所有站点都接收。

控制字段的默认值是 03H，表明 PPP 在默认情况下不使用编号，不提供捎带确认的可靠传输机制。但在线路噪声较大的环境中可以选用有编号的传输模式。

协议字段的编码指明信息字段承载的数据类型。以 0 开始的编码表示网络层的数据分组，如 0021H 表示承载的是 IP 分组。以 1 开始的编码表示用于协商的分组，如 C021H 表示携带的是 LCP 分组；8021H 表示携带的是 NCP 分组。协议字段的长度可以用 LCP 协商成一个字节。

校验字段是 CRC 冗余码，默认为 2B，可以协商为 4B。

3. PPP 链路建立过程

PPP 中提供了一整套方案来解决链路建立、维护、拆除、上层协议协商和认证等问题。其协商过程的链路状态如图 9-10 所示。

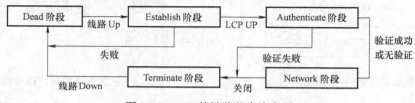

图 9-10　PPP 的链路状态有向图

当物理链路不通时，PPP 链路处于 Dead 阶段，链路最终必须结束于该阶段。当物理链路接通时，就进入 Establish 阶段。此时，LCP 开始协商一些配置选项，选择基本的通信方式、链路上的最大帧长度、所使用的认证协议等。链路两端设备通过 LCP 向对方发送配置信息报文。链路的一端首先发出配置请求帧（Configure Request）。另一端若接受所有选项就发送配置确认帧（Configure Ack）；若理解所有选项但不能接受就发送配置否认帧（Configure Nac）；若无法识别所有选项可发送配置拒绝帧（Configure Reject）。一旦一个配置确认帧被成功发送且被接收，就完成了交换，链路创建成功，进入 LCP 开启状态。

如果配置了认证，就进入用户认证（Authenticate）阶段，开始 PAP 认证或 CHAP 认证。

如果认证失败，转到链路终止（Terminate）阶段。拆除链路，LCP 转为关闭状态；如果认证成功就进入网络协商（Network）阶段。

认证阶段完成之后，PPP 将调用在链路创建阶段选定的各种网络控制协议（NCP）。选定的 NCP 配置 PPP 链路之上的高层协议。例如，在该阶段 IP 控制协议（IPCP）可以向拨入用户分配动态地址。

当网络协议配置成功后，该链路建立。

4. PPP 认证方式

PPP 提供了 PAP 和 CHAP 两种认证方式。

（1）密码认证协议（PAP）　PAP 使用一种安全认证方式避免第三方窃取数据或冒充远程客户接管与客户端的连接。在认证完成之前，禁止从认证阶段前进到网络层协议阶段。

PAP 是一种简单的明文认证方式。客户端（被认证方）首先发起认证请求，将自己的身份（用户名和密码）发送给远端的接入服务器（Network Access Server, NAS）。NAS 作为主认证方检验用户的身份是否合法，密码是否正确。如果正确，则通告客户允许进入下一阶段；如果失败次数达到一定值，则关闭链路。PAP 以明文方式返回用户信息。显然，这种认证方式的安全性较差，第三方可以很容易地获取被传送的用户名和密码，并利用这些信息与 NAS 建立连接获取 NAS 提供的所有资源。密码认证协议（PAP）认证过程如图 9-11 所示，Client 端为被认证端，Server 端为认证端。

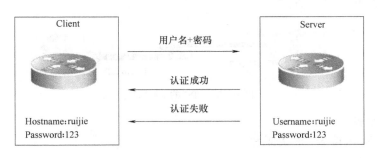

图 9-11　PAP 认证过程

（2）询问握手认证协议（CHAP）　CHAP 是一种加密的认证方式，能够避免建立连接时传送用户的真实密码。主认证方 NAS 向被认证的远程用户发送一个询问报文（Challenge），其中包括本端主机名和一个随机生成的询问字串（Arbitrary Challenge String）。远程客户必须根据询问报文，在本地数据库中查找 NAS 的主机名、密码密钥，使用 MD5 单向散列算法（One-way Hashing Algorithm）生成加密的询问报文，与用户主机名一起送回 NAS，其中用户名以非散列方式发送。NAS 收到应答后在本端查找用户主机名和密码密钥，使用 MD5 单向散列算法对保存的随机生成的询问报文进行加密，与被认证方的应答进行比较，根据比较结果决定是通过还是拒绝。

CHAP 对 PAP 进行了改进，不再直接通过链路发送明文密码，而是使用询问密码以散列算法对密码进行加密，因此安全性要比 PAP 高。在整个连接过程中，CHAP 不定时地向客户端重复发送询问密码，从而避免第三方冒充远程客户进行攻击。CHAP 认证过程如图 9-12 所示，其中 Server 端为认证端，Client 端为被认证端。Client 端收到"RB + 挑战报文"后，用"RA + 加密后的密文"作为响应。其中，加密后的密文是用 MD5 单向散列算法对挑战报文、RB 用户的密码和收到的随机挑战报文进行加密运算后得到的密文，在响应报文中，RA 不需用 MD5 单向散列算法加密。

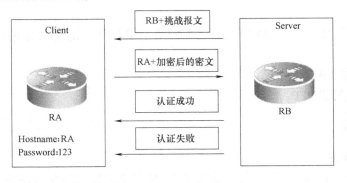

图 9-12　CHAP 认证过程

5. PPP 配置实例

（1）组网需求　在图9-13中，假如某公司为了满足不断增长的业务需求，申请了专线接入。这时，客户端路由器 RA 与 ISP 进行链路协商时要认证身份。需要配置路由器来保证链路的建立，并考虑其安全性。在链路协商时保证安全认证，用户名和密码以明文的方式传输，采用 PPP 的 PAP 认证方式。

图 9-13　PPP 的 PAP 认证

（2）配置步骤

1）对 RouterA 的配置（被认证方）。

RouterAt#config terminal

RouterA（config）#interface Serial 1/2　　　　　　！进入 s1/2,配置 IP 地址

RouterA（config-if）#ip address 172. 16. 2. 1　255. 255. 255. 0

RouterA（config-if）#no shutdown

RouterA（config-if）#encapsulation ppp　　　　　　！将接口协议封装为 PPP

RouterA（config-if）#ppp pap sent-username RA password 0 123

　　　　　　　　　！传送 PAP 认证的用户名 RA 和密码 123,0 表示明文

2）ISP 的配置（认证方）。

ISP#config terminal

ISP（config）#username RA password 0 123

　　　　　　　！认证方设置用户名 RA 和密码 123，以便认证被认证方传来的认证信息

ISP（config）#interface Serial 1/2

ISP（config-if）#ip address 172. 16. 2. 2　255. 255. 255. 0　　　　　！配置 IP 地址

ISP（config-if）#no shutdown

ISP（config-if）#clock rate 64000　　　　！配置时钟速率

ISP（config-if）#encapsulation ppp　　　　！封装 PPP

ISP（config-if）#ppp authentication pap　　　！PPP 启用 PAP 的认证方式

【注意事项】

1）封装广域网协议时，要求 V. 35 线缆的两个端口封装的协议必须一致，否则无法建立链路。

2）在 DCE 端要配置时钟。

3）在接口下封装 PPP。

9.4.4　FR 协议

1. FR 协议概述

帧中继（Frame Relay，FR）技术是由 X. 25 分组交换技术演变而来的。它是在通信环境改善和用户对高速传输技术需求的推动下发展起来的。帧中继是一种减少节点处理时间的技

术，它仅完成 OSI 模型中的物理层和数据链路层核心层的功能，将流量控制、纠错等留给智能终端去完成，大大简化了节点机之间的协议。同时，帧中继还采用虚电路技术，可充分利用网络资源，因而它具有吞吐量高、时延低、适合突发性业务等特点。

帧中继采用 D 通道链路接入协议（Link Access Procedure on the D-Channel，LAPD）。LAPD 协议能在链路层实现链路的复用和转接，所以帧中继的层次结构中只有物理层和数据链路层。

帧中继可以看做一条虚拟专线。用户可以在两节点之间租用一条永久虚电路并通过该虚电路发送数据帧，其长度可达 1600B。用户也可以在多个节点之间通过租用多条永久虚电路进行通信。

实际租用专线（DDN 专线）与虚拟租用专线的区别在于：对于实际租用专线，用户可以每天以线路的最高数据传输率不停地发送数据；而对于虚拟租用专线，用户可以在某一个时间段内按线路峰值速率发送数据，当然用户的平均数据传输速率必须低于网络的承诺速率。所以虚拟专线的租用费比物理专线便宜得多。

帧中继技术只提供最简单的通信处理功能，如帧开始和帧结束的确定以及帧传输差错检查。当帧中继交换机接收到一个损坏帧时只是将其丢弃，帧中继技术不提供确认和流量控制机制。由于帧中继网对差错帧不进行纠正，简化了协议，所以帧中继交换机处理数据帧所需的时间大大缩短，端到端用户信息传输时延低于 X.25 网，而帧中继网的吞吐率也高于 X.25 网。帧中继网还提供一套完备的带宽管理和拥塞控制机制，在带宽动态分配上比 X.25 网更具优势。帧中继网可以提供从 2Mbit/s 到 45Mbit/s 速率范围的虚拟专线。

2. 帧中继的帧格式

帧中继采用 Q.922 LAPD 的帧格式，如图 9-14 所示。帧格式中各段的含义如下。

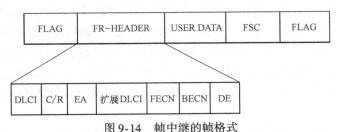

图 9-14　帧中继的帧格式

（1）帧标志（FLAG）　其用于帧定位，帧中继标志的编码是 01111111。

（2）帧中继头（FR-HEADER）　帧中继头包括下面一些内容：

1）数据链路连接标识（DLCI）。其用于区分不同的帧中继连接。它是帧中继的地址字段。根据地址字段把帧送到适当的邻近节点，并选择路由到达目的地。根据需要，地址字段还可扩展为两个 8 个比特组。在目前实施的帧中继中，对地址字段的分配还存在某些限制。根据 ITU-T 的有关的建议，DLCI 的 0 号保留为通路接收控制信令使用。DLCI 的 1~15 号和 1008~1022 号保留为将来使用；DLCI 的 1023 号保留为在本地管理接口（LMI）通信时使用；DLCI 从 16~1007 号共有 992 个地址可为帧中继使用。对于标准的帧中继接口，DLCI 的号具有本地的含义。在帧中继连接中，两个端口的用户/网络接口（UNI）可以具有不同的 DLCI 值。

2）命令响应比特（C/R）。该比特在帧中继网路中透明传输。

3）地址段扩张比特（EA）。EA 比特用于指示地址是否扩张，地址字段仅使用两个 8 比特组，第一个 8 比特组的 EA 置为"0"，第二个 8 比特组的 EA 置为"1"。

4）扩展的 DLCI（扩展 DLCI）。

5）前向拥塞告知比特（FECN）和后向拥塞告知比特（BECN）。

BECN 可以由拥塞的网络置位来通知帧中继接入设备启动避免拥塞的程序。当帧中继网络拥塞时，网路的任务是识别拥塞的状态及设置前向拥塞告知比特（FECN）。当接收端帧中继接入设备发现 FECN 被置位后，必须在发送端发送的帧中将 BECN 置位。

6）丢弃指示（DE）。丢弃指示比特用于指示在网路拥塞情况下丢弃信息帧的适用性。通常当网路拥塞后，帧中继网络会将 DE 比特置"1"。但目前有关该比特的确切定义和使用方法尚在研究之中。

（3）用户数据（USER DATA）　其包括控制字段和信息字段，其长度是可变的。信息字段的内容应由 8 比特组的倍数构成。

（4）FSC 为帧序列校验序列　其用于保证在传输过程中帧的正确性。在帧中继接入设备的发送端及接收端都要进行 CRC 校验的计算。如果结果不一致，则丢弃该帧。如果需要重新发送，则由高层协议来处理。

3. 帧中继的应用

帧中继既可作为公用网络的接口，也可作为专用网络的接口。专用网络接口的典型实现方式是，为所有的数据设备安装带有帧中继网络接口的 T1 多路选择器，而其他如语音传输、电话会议等应用仅需安装非帧中继的接口。在这两类网络中，连接用户设备和网络装置的电缆可以用不同速率传输数据，一般速率在 56kbit/s 到 E1 速率（2.048Mbit/s）之间。

帧中继的常见应用简介如下：

（1）局域网的互连　由于帧中继具有支持不同数据速率的能力，使其非常适于处理局域网和局域网之间的突发数据流量。传统的局域网互连，每建立一条端到端的线路，就要在用户的路由器上增加一个端口。因为帧中继允许将多条不同的 DLCI 逻辑信道复用在一条物理信道中，所以基于帧中继的局域网互连，只要局域网内每个用户至网络间有一条带宽足够的物理线路，则既不用增加物理线路也不占用物理端口，就可增加端到端线路，而不致对用户性能产生影响。

（2）语音传输　帧中继不仅适用于对时延不敏感的局域网的应用，还可以用于对时延要求较高的低档语音（质量优于长途电话）的应用。

（3）文件传输　帧中继既可保证用户所需的带宽，又有令人满意的传输时延，非常适合大流量文件的传输。

4. 帧中继协议配置实例

（1）组网需求　在图 9-15 中，有 4 台路由器，其中的一台路由器仿真成帧中继交换机，使用帧中继交换的功能。路由器 R1 封装帧中继并且用多个 IP 地址静态映射，路由器 R2、R3 在物理层接口上封装帧中继，都工作在 DTE 方式，R1 的 DLCI 号分别是 16 和 17，R2 的 DLCI 号是 20，R3 的 DLCI 号

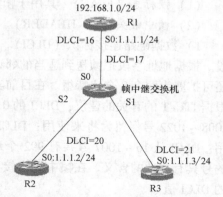

图 9-15　帧中继点到多点子接口配置示例图

是 21。然后，路由器 R1 将被作为点到多点的帧中继接口。路由器 R2 和 R3 分别映射到中心路由器 R1。

（2）配置步骤　首先配置帧中继交换，然后配置路由器 R1、R2、R3。帧中继交换机由图 9-15 中间的路由器模拟。配置步骤如下：

1）对帧中继交换机的配置。

① 开启帧中继交换功能。

Router（config）#frame-relay switching

② 在接口 S0 配置层上，首先封装帧中继协议，指定封装格式 DCE，然后配置本地的帧中继的 DLCI 号 16 和接口 S2 的 DCLI 号 20 进行交换，配置本地的 DLCI 号 17 和 S1 的 DCLI 号 21 进行交换。

```
Router(config)#interface S0
Router(config-if)#encapsulation frame-relay            ! 封装 Frame-Relay 帧中继协议
Router(config-if)#frame-relay intf-type dce            ! 封装 Frame-Relay 帧中继协议
                                                          的接口类型为 DCE
Router(config-if)#frame-relay route 16 interface S2 20 ! 配置帧中继交换路由
Router(config-if)#frame-relay route 17 interface S1 21 ! 配置帧中继交换路由
```

③ 在接口 S1 上，先封装帧中继协议，指定封装格式 DCE，然后配置本地的帧中继的 DCLI 号 21 和接口 S0 的 DCLI 17 进行交换。

```
Router(config)#interface S1
Router(config-if)#encapsulation frame-relay
Router(config-if)#frame-relay intf-type dce
Router(config-if)#frame-relay route 21 interface S0 17    !配置帧中继交换路由
```

④ 在接口 S2 上，先封装帧中继协议，指定封装格式 DCE，然后将本地的帧中继的 DCLI 号 20 和接口 S0 的 DCLI 16 进行交换。

```
Router(config)#interface S2
Router(config-if)#encapsulation frame-relay
Router(config-if)#frame-relay intf-type dce
Router(config-if)#frame-relay route 20 interface S0 16 ! 配置帧中继交换路由
```

2）对路由器 R1 的配置。

```
Router(config)#interface S0
Router(config-if)#encapsulation frame-relay ietf        ! 封装 Frame-Relay 帧中继协议
                                                          为 ietf
Router(config-if)#frame-relay map ip 1.1.1.2 16         ! 建立帧中继静态地址映射
Router(config-if)#frame-relay map ip 1.1.1.3 17         ! 建立帧中继静态地址映射
```

3）对路由器 R2 的配置。

```
Router(config)#interface S0
Router(config-if)#encapsulation frame-relay ietf
Router(config-if)#frame-relay map ip 1.1.1.1 20
```

4）对路由器 R3 的配置。

Router(config)#interface S0

Router(config-if)#encapsulation frame-relay ietf

Router(config-if)#frame-relay map ip 1. 1. 1. 1 21

（3）测试结果　在路由器 R1 上使用 Ping 1. 1. 1. 2 和 Ping 1. 1. 1. 3 命令，检查其正确性。在路由器 R2 和 R3 上分别使用 Ping 1. 1. 1. 1 命令，检查其正确性。

9.5　公共通信网

一般广域网的通信子网的功能由公共通信网实现。公共通信网一般由国家的电信部门建立并管理，如我国的中国电信、中国移动、中国联通、国家广电部门等。随着通信技术的不断发展，公共通信网络也有了快速的发展，有传统的公用电话网、分组数据交换网、数字数据网、帧中继网、ISDN 网、光纤网络和卫星通信网等，为高速接入广域网提供了广泛的基础。

公共通信网主要提供 3 种服务：电路交换服务，如 PSTN 和 ISDN 网络；分组交换服务，如 X. 25 网和帧中继网等；租用线路或专线服务，如 DDN 网。

下面介绍几种主要的公共通信网。

9.5.1　公共交换电话网

公共交换电话网（Public Switched Telephone Network，PSTN）是公共通信网络中的基础网，它是以电路交换技术为基础的用于传输模拟语音的网络。

公共交换电话网一般由本地电话网和长途电话网组成。本地电话网是指一个城市或一个地区的电话网，由端局和汇接局组成，端局主要与长途电话网进行交换任务，汇接局主要是进行本地区的电话交换，与端局构成一个交换网络，如图 9-16 所示。电话网概括起来主要由 3 个部分组成：本地回路、干线和交换机。其中，干线和交换机一般采用数字传输和交换技术，而本地回路（也称为用户环路）基本上采用模拟线路。由于 PSTN 的本地回路是模拟的，所以当两台计算机想通过 PSTN 传输数据时，中间必须经双方调制解调器（Modem）实现计算机数字信号与模拟信号的相互转换。

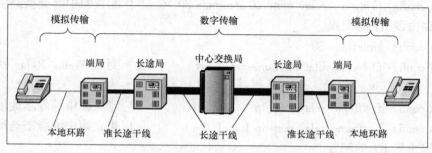

图 9-16　公共交换电话网

PSTN 通信区域覆盖全国，利用电话网进行远程通信投资少、见效快，是实现大范围数字通信最便捷的方法。利用现有的电话网，只要在计算机或终端设备进入电话网的前端装入调制解调器，将数字数据信号变换成模拟信号进入公共交换电话网即可。

利用电话网进行数据传输的电路有 2 线式和 4 线式两种。2 线式特点是发送数据和接收数据都在 2 条线路中传输；4 线式指发送和接收各用 2 条线连接。在 2 线式中，Modem 需将内部的调制、解调 4 线方式增加一个 2/4 式的变换电路才能使用。

PSTN 是一种电路交换的网络，它是物理层的一个延伸，在 PSTN 内部没有上层协议可进行差错控制。因此，PSTN 线路的传输质量较差，带宽有限，目前通过 PSTN 进行数据通信的最高速率为 56kbit/s。

如图 9-17 所示，PSTN 拨号接入是通过 Modem 拨号实现用户接入 Internet 的方式。由于电话网络非常普及，用户终端设备 Modem 便宜，所以只要家里有计算机，把电话线接入 Modem 就可以直接上网了。

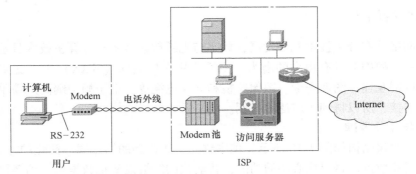

图 9-17　PSTN 拨号接入 Internet

电话拨号上网的优缺点：

1）设备简单，成本低，已基本成为大多数计算机中的标准配置，通信费用低。

2）需要有连接过程，连接后独占信道。

3）收发双方传输速率必须相同，速度慢，不超过 56kbit/s。

4）无差错控制能力，通信质量不高。

9.5.2　公用分组交换数据网

公用分组交换数据网是实现不同类型计算机之间进行远距离数据传送的重要公共通信平台，它采用的 X.25 协议是世界上许多电信组织和厂商支持和遵守的国际标准。X.25 网是国际上广泛采用的公用数据网络。

从 ISO/OSI 体系结构观点看，X.25 协议对应于 OSI 模型中的物理层、数据链路层和网络层。

X.25 的物理层协议是 X.21，用于定义主机与物理网络之间物理、电气、功能和过程特性。实际上目前支持该物理层标准的公用网非常少，原因是该标准要求用户在电话线路上使用数字信号，而不能使用模拟信号。作为一个临时性措施，CCITT 定义了一个类似于使用广泛的 RS-232 标准的模拟接口。

X.25 的数据链路层描述用户主机与分组交换机之间数据的可靠传输，包括帧格式定义、差错控制等。X.25 的数据链路层一般采用高级数据链路控制（HDLC）协议。

X.25 的网络层描述主机与网络之间的相互作用，网络层协议处理诸如分组定义、寻址、流量控制和拥塞控制等问题。网络层的主要功能是允许用户建立虚电路，然后在已建立的虚电路上发送最大长度为 128 个字节的数据报文。报文可靠且按顺序到达目的端。X. 25 协议在第 3 章中已介绍。

X. 25 网络是在物理链路传输质量很差的情况下开发出来的。为了保障数据传输的可靠性，它在每一段链路上都要执行差错校验和出错重传。这种复杂的差错校验机制虽然使它的传输效率受到了限制，但为数据的安全传输提供了很好的保障。

X. 25 网络的优点是可以在一条物理电路上同时开放多条虚电路供多个用户同时使用；网络具有动态路由功能和复杂完备的误码纠错功能。X. 25 分组交换网可以满足不同速率和不同型号的终端与计算机、计算机与计算机间以及局域网之间的数据通信。X. 25 网络提供的数据传输率一般为 64kbit/s。

9.5.3　帧中继网

帧中继网络是在分组技术充分发展，数字与光纤传输技术和计算机技术日益成熟的条件下发展起来的。帧中继具有很大的潜力，主要应用在广域网（WAN）中，支持多种数据型业务，如局域网互连、图像查询、图像监视和会议电视等。由于帧中继高效简单，又可以实现一对多的连接，所以得到了广泛地应用。

1. 帧中继工作原理

帧中继的协议结构如图 9-18 所示。帧中继在 OSI 模型的第二层以简化的方式传送数据，仅完成物理层和数据链路层核心层的功能，智能化的终端设备把数据发送到链路层，并封装在 D 通道链路接入协议（LAPD）帧结构中，实施以帧为单位的信息传送。帧中继网络不进行纠错、重发、流量控制等。

帧不需要在第三层处理，能在每个交换机中直接通过，即帧的尾部还未收到前，交换机就可以把帧的头部发送给下一个交换机，一些属于第三层的处理，如流量控制，留给了智能终端去处理。帧中继把通过节点间的分组重发并把流量控制、纠错和拥塞的处理程序从网内移到网外或终端设备，从而简化了交换过程，使得吞吐量大、时延小。

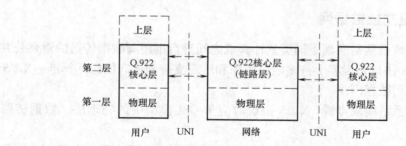

图 9-18　帧中继的协议结构

帧中继采用统计复用，即按需分配带宽，适用于各种具有突发性数据业务的用户。用户可以有效地利用预先约定的带宽，并且当用户的突发性数据超出预定带宽时，网络可及时提供所需带宽。

2. 帧中继与 X. 25 协议的主要差别

帧中继是继 X. 25 协议后发展起来的数据通信方式。从原理上看，帧中继与 X. 25 协议都同属于分组交换。帧中继与 X. 25 协议的主要差别如下：

1）帧中继带宽较宽。

2）帧中继的层次结构中只有物理层和数据链路层，舍去了 X. 25 协议的分组层。

3）帧中继采用 D 通道链路接入协议（LAPD），X. 25 协议采用 HDLC 的平衡链路接入协议（LAPB）。

4）帧中继可以不用网络层而只使用数据链路层来实现复用和转接。

5）与 X. 25 协议相比，帧中继在操作处理上做了大量的简化。不需要考虑传输差错问题，其中间节点只进行帧的转发操作，不需要执行接收确认和请求重发等操作，差错控制和流量均交由高层端系统完成，大大缩短了节点的时延，提高了网内数据的传输速率。

3. 帧中继技术特点

帧中继技术具有下列特点：

（1）DTE/DCE　帧中继建立连接时是非对等的，在用户端一般是数据终端设备（DTE），而提供帧中继网络服务的设备是数据电路终接设备（DCE）。一般 DCE 端由帧中继运营商提供。在用户端某种测试环境中，也可以组建帧中继的 DTE 和 DCE 相连，或者组建帧中继交换的方案来搭建帧中继的相连。

（2）帧中继地址　帧中继协议是一种统计方式的多路复用服务，它允许在同一物理连接上共存有很多个逻辑连接（通常也称为信道）。这就是说，它在单一物理传输线路上能够提供多条虚电路。每条虚电路是用数据链路连接标识（Data Link Connection Identifier, DL-CI）来标识的，DLCI 只具有本地的意义，即在 DTE 和 DCE 之间有效。DLCI 不具有端到端的 DTE 和 DTE 之间的有效性，即在帧中继网络中，不同的物理接口上相同的 DLCI 并不表示是同一个虚连接。帧中继网络用户接口上最多可支持 1024 条虚电路，其中用户可用的 DLCI 范围是 16～991。由于帧中继虚电路是面向连接的，本地不同的 DLCI 连接到不同的对端设备，所以可以认为 DLCI 就是 DCE 提供的"帧中继地址"。

（3）静态地址映射　帧中继的地址映射是把对端设备的 IP 地址与本地的 DLCI 相关联，以使网络层协议使用对端设备的 IP 地址能够寻址到对端设备。帧中继主要用来承载 IP，在发送 IP 报文时，根据路由表只知道报文的下一跳 IP 地址。发送前必须由下一跳 IP 地址确定它对应的 DLCI。这个过程通过查找帧中继地址映射表来完成，因为地址映射表中存放的是下一跳 IP 地址和下一跳的 DLCI 的映射关系。地址映射表的每一项都可以手工配置。

（4）反转 ARP　使用反转 ARP 可以使帧中继动态地学习到网络协议的 IP 地址，利用反转 ARP 的请求报文请求下一跳的协议地址，并在反转 ARP 的响应报文中获取 IP 地址放入 DCLI 和 IP 地址的映射表中。默认情况下，路由器支持反转 ARP 来协商 DLCI 和 IP 地址。动态地址映射专用于多点帧中继配置。在点到点配置中，只有一个单一目的地，所以不需要发现地址，当 PVC 远端设备不支持反转 ARP 协议时，禁止该协议或者该 DLCI 的反转 ARP。

（5）永久虚电路和交换虚电路　根据建立虚电路的不同方式，可以将虚电路分为两种类型：永久虚电路（PVC）和交换虚电路（SVC）。手工设置产生的虚电路称为永久虚电路，通过某协议协商产生的虚电路称为交换虚电路，这种虚电路不需人工干预，可自动创建和删除。在帧中继中，使用较多的方式是永久虚电路方式，即手工配置虚电路方式。

（6）本地管理信息　在永久虚电路方式下，需要检测虚电路是否可用。本地管理信息（LMI）协议就是用来检测虚电路是否可用。在路由器中实现了 3 种本地管理信息协议：ITU-T Q. 933 Annex A、ANSI T1. 617 Annex D 和 CISCO 格式。它们的基本工作方式都是：

DTE 设备每隔一定时间发送一个全状态请求（Status Enquiry）报文去查询虚电路的状态，DCE 设备收到全状态请求报文后，立即用 Status 报文通知 DTE 当前接口上所有虚电路的状态。

（7）CIR 技术　帧中继主要用于传递数据业务，传递数据时不带确认机制，没有纠错功能。但它提供一套合理的带宽管理和防止阻塞的机制，用户有效地利用预先约定的带宽，即承诺的信息速率（CIR），并且还允许用户的突发数据占用未预定的带宽。

9.5.4　数字数据网

数字数据网（Digital Data Network，DDN）是一种利用数字信道提供数据通信的传输网，提供点到点和点到多点的数字专线或专网。DDN 既可用于计算机远程通信，也可传送数字化传真、数字语音、图像等各种数字化业务，这与在模拟信道上通过 Modem 来实现数据传输有很大区别。

DDN 由数字专线、DDN 节点、网管系统（NMC）和接入设备（DSU/CSU）及用户环路组成，如图 9-19 所示。DDN 的传输介质主要有光纤、数字微波、卫星信道等。DDN 提供的信道是非交换、用户独占的永久虚电路（PVC）。一旦用户提出申请，网络管理员便可以通过软件命令改变用户专线的路由或专网结构，而无须经过物理线路的改造扩建工程。因此，DDN 容易根据用户的需要，在约定的时间内接通所需带宽的线路。

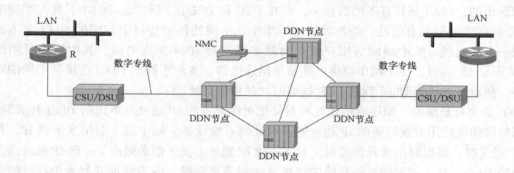

图 9-19　DDN 示意图

DDN 提供的服务类型如下：

● 专用电路（专线）服务。它是在两个用户之间的一条双向的点对点专线（逻辑线路），传输速率可在 64kbit/s ~ 2.048Mbit/s 之间。

● 帧中继。DDN 也可提供帧中继业务，传输速率为 2.048Mbit/s。

● 虚拟专网。用户租用 DDN 线路构成自己的虚拟专用网，能够对租用的网络资源参与调度和管理。

DDN 为用户提供的基本业务是点到点的专线。从用户角度来看，租用一条点到点的专线就是租用了一条高质量、高带宽的数字信道。用户在 DDN 上租用一条点到点数字专线与租用一条电话专线十分类似。DDN 专线与电话专线的区别在于：电话专线是固定的物理连接，而且电话专线是模拟信道，带宽窄、质量差、数据传输率低；而 DDN 专线是半固定连接，其数据传输率和路由可随时根据需要申请改变。另外，DDN 专线是数字信道，其质量高、带宽宽，并且采用热冗余技术，具有路由故障自动迂回功能。

　　DDN 与 X. 25 网相比，X. 25 网是一个分组交换网，X. 25 网本身具有 3 层协议，用呼叫建立临时虚电路。X. 25 网具有协议转换、速度匹配等功能，适合于不同通信协议、不同速率的用户设备之间的相互通信。DDN 是一个全透明的网络，它不具备交换功能，利用 DDN 的主要方式是定期或不定期地租用专线。从用户所需承担的费用角度看，X. 25 网是按字节收费，而 DDN 是按固定月租收费，所以 DDN 适合于需要频繁通信的 LAN 之间或主机之间的数据通信。

　　DDN 专线和 FR 虚拟专线相比，对于 DDN 专线，DDN 提供的信道是非交换、用户独占的永久虚电路（PVC），用户可以每天以线路的最高数据传输率不停地发送数据；对于 FR 虚拟专线，用户可以在某一个时间段内按线路峰值速率发送数据，用户的平均数据传输速率必须低于预先约定的水平。

　　DDN 网络主要应用在主机和主机互连、局域网与局域网互连、局域网与广域网互连等需要实时性、突发性、高速和大通信量的应用场合。DDN 网络主要特点如下：

- 传输速率高。数据传输率从 64kbit/s 开始，以 N × 64kbit/s 直到 2. 048Mbit/s 的最高传输速率。
- 传输质量好。误码率低，网络时延小（每节点小于 450μs）。
- 多协议支持。全透明网络，可支持任何高层协议。
- 多种业务。可以支持数据、语音、图像的传输。
- 可靠性高。多路由网状拓扑，故障时传输路由能自动迂回改道。
- 无需拨号，永远在线。

9.5.5　综合业务数字网

　　综合业务数字网（Integrated Services Digital Network，ISDN）是由综合数字网（Integrated Digital Network，IDN）为基础发展起来的通信网，它以公共交换电话网作为通信网络，即利用电话线进行传输，提供包括语音、文字、数据、图像等综合业务的数字服务。它的基本特点是在各用户之间实现以 64kbit/s 或 128kbit/s 速率为基础的端到端的透明通信。

　　ISDN 的标准是在 1984 年由 CCITT 发布的。其技术已经历了两代。第一代 ISDN 是窄带 ISDN，即 N-ISDN，电信运营商称为“一线通”服务。它利用现有电话交换系统，采用电路交换技术，可同时支持多个通信任务在一条电话线路上，可以用一条信道保持语音通话，另一条信道提供上网服务。上网需要拨号连接过程，但拨号连接速度快于 PSTN。第二代 ISDN 称为宽带 ISDN，即 B-ISDN。它支持更高的数据传输速率，采用基于异步传输模式（ATM），是以信元为单位的分组交换技术，数据传输速率可达 622Mbit/s 或更高。通常所提到的 ISDN 是指 N-ISDN。

　　（1）ISDN 的主要信道　　ISDN 提供两种主要信道类型：D 信道用于传输信令的数字信道，数据传输率为 16kbit/s；B 信道用于传输用户的数据信息，数据传输率为 64kbit/s。B 信道既可以单独使用，也可以捆绑使用，以提供更高的通信速率，如图 9-20 所示。分开使用时，信道互不干扰。在 B 信道上可以建立 4 种类型的连接：

- 电路交换，通过拨号建立点到点连接。
- 半永久电路（租用专线），无需拨号，始终处于连接状态。
- 分组交换，通过 ISDN 连接到 X. 25 分组交换网。

● 帧中继，通过 ISDN 连接到帧中继网络。

电信公司通常把多个信道组合起来，称为数字管道或通道（见图 9-20），提供给用户使用。标准的组合方式有两种。

1）基本速率接口（Basic Rate Interface，BRI）：由两个速率为 64kbit/s 的 B 信道和一个速率为 16kbit/s 的 D 信道组成（2B + D）。B 信道用于传送用户数据；D 信道用于传送控制信息；加上分帧、同步等其他开销，总速率为 192kbit/s。

2）基群速率接口（Primary Rate Interface，PRI）：基群访问速率有两种标准，在北美洲国家和日本使用 23B + D 的结构，与 T1 线路相对应，速率为 1.544Mbit/s；而在欧洲国家使用 30B + D 的结构，与 E1 线路相对应，速率为 2.048Mbit/s，其中 B、D 信道均为 64kbit/s。

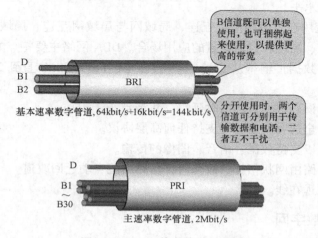

图 9-20　ISDN 数字管道示意图

基本访问速率可利用现有用户电话线支持，提供电话、传真等常规业务。基群访问速率则是针对专用小型电话交换机（PBX）或 LAN 等业务量大的单位用户而设计的。

（2）ISDN 用户接入结构　用户通过 ISDN 技术接入广域网，需要使用 ISDN 的接入设备，如图 9-21 所示。从 ISDN 用户的接入结构图中可以看出，ISDN 中设备分为若干个功能组。

● 网络端接设备，称为 NT1。NT1 的功能是将 ISDN 所提供的适合长距离两线传输的 U 形接口转换为适合短距离传输，可连接多个 ISDN 客户终端设备的 4 线 S/T 接口。该设备本身不处理协议，它仅是一个处理 OSI 模型中物理层的设备。每个 U 形接口只能连接一个 NT1。它属于端局设备，安装在用户接入部分。

● 执行交换和集中功能的智能设备（如程控交换机、终端控制器、LAN），称为 NT2。

● 支持 ISDN 功能的用户设备（如 ISDN 数字电话、ISDN 终端等），称为 TE1 类终端。例如，ISDN 电话机（也称为数字电话机）、可视电话、G4 传真机等 ISDN 多媒体设备。

● 普通用户设备（如个人计算机），称为 TE2 类终端。

● ISDN 终端适配器，又称为 TA，用于连接 TE2。

ISDN 相比于 PSTN，网络连接速度较快；它在用户设备与端局电话线之间实现数字传输，比传统的模拟传输的抗干扰性好，可靠性较高；可处理包括语音、文本、图像、视频等在内的几乎所有类型的信息；可同时完成多个通信任务，如语音处理和上网服务同时进行。在 ISDN 中允许使用现有的模拟设备，如普通电话机等。

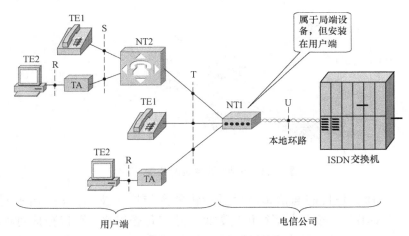

图 9-21　ISDN 用户接入结构

用户通过 ISDN 接入 Internet 有如下 3 种方式：

（1）单用户 ISDN 适配器接入　这是最简单的一种 ISDN 连接方式。将 ISDN 适配器（内置适配卡或外置的 TA 设备）安装于计算机（及其他非 ISDN 终端）上；创建和配置拨号连接。通过 ISDN 适配器拨号接入 Internet。具体端口连接方式如图 9-22 所示。

（2）小型局域网通过 ISDN 适配器接入　对于一个小型局域网，如几台设备组成的小网络，一个 ISDN 出口，希望实现共享上网。这种方式接入 Internet，需要设置一个网关服务器，网关服务器安装两块网卡，ISDN 适配器连接到这台服务器上，由它拨号接入 Internet，连接方式与（1）中相同。

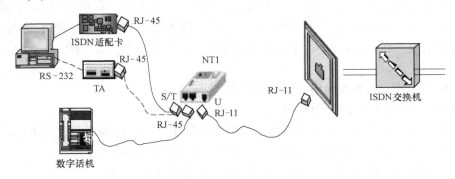

图 9-22　单用户 ISDN 接入所示图

（3）ISDN 专用交换机方式　适用于局域网中用户数较多（如中型企业单位）的情况，如图 9-23 所示。它可用于实现多个局域网、多种 ISDN 设备的互连及接入 Internet，这种方案比租用线路更加灵活和经济。此方式中用 NT1 设备已不能满足需要，必须增加一个设备——ISDN专用交换机 PBX，即第二类网络端接设备 NT2。NT2 一端和 NT1 连接，另一端和电话、传真机、计算机、集线器等各种用户设备相连，为它们提供接口。

随着宽带接入技术的发展，窄带 ISDN 也不能满足高质量的 VOD 等宽带应用的需求。

9.5.6　非对称数字用户环路

非对称数字用户环路（Asymmetric Digital Subscriber Loop，ADSL）是数字用户环路技术

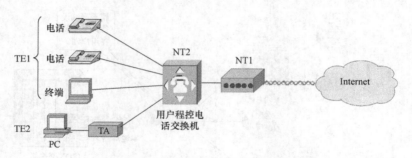

图 9-23　企业/机构通过 ISDN 接入

xDSL 系列之一。xDSL 是目前通信领域发展最快的宽带接入技术，x 是指不同的 DSL，如 ADSL、HDSL 和 RADSL。按照上下行传送数据的速率是否对称，可以分成对称的 DSL 技术和非对称的 DSL 技术两类，其中非对称 DSL 技术包括 ADSL、RADSL、UDSL 和 VDSL 等，对称的 DSL 技术包括 HDSL、SHDSL 等。

　　DSL 是在普通电话线路上实现高速数字传输的技术，属于广域网中的接入网部分。它的主要思想是：利用现有的电话铜线，利用 4kHz 以上语音通信未使用的频带，实现满足视频、音频、多媒体、互联网等需要的高带宽接入。

　　ADSL 使用最为广泛，它采用 FDM（频分复用）技术和离散多音频（DMT）调制技术，在保证不影响正常电话使用的前提下，利用原有的电话双绞线进行高速数据传输。

　　（1）ADSL 的主要特点

　　• 为用户提供了上行速率与下行速率不相同。上行（从用户到网络）为低速的传输，从 512kbit/s 到最高 1Mbit/s；下行（从网络到用户）为高速传输，可从 1.5Mbit/s 到 8Mbit/s。用户的实际可用速率与线路质量、距离和电信运行商的市场策略有关。这个特点与 Internet 访问特点相适应，在 Internet 中，下载数据量远大于上传数据量，如 FTP、WWW、视频点播等服务。

　　• 直接利用原有的电话网络，无需重新布线。

　　• ADSL 的最大传输距离为 5.5km。

　　• 语音和数据同时传输，互不干扰。采用频分复用技术，语音通信使用 0～4kHz 频带；数据通信使用 30kHz～1.1MHz。ADSL 中的电话线频谱分配如图 9-24 所示。

　　• 用户端和局端都需要安装专用接入设备——语音/数据分离器。

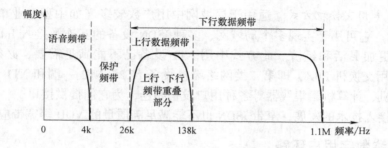

图 9-24　ADSL 中的电话线频谱分配

●上网时不用拨号，一直在线。

从图 9-24 所示可以看出，电话线理论上有接近 2MHz 的带宽，传统的语音通信只使用了 0 ~ 4kHz 的低频段，而 ADSL 使用了 26kHz 以后的高频带，因而能提供很高的速度。

ADSL 接入的关键部件是 ADSL Modem。当电话线两端连接 ADSL Modem 时，在这段电话线上便产生了 3 个信息通道：一个速率为 1.5 ~ 8Mbit/s 的高速下行通道，用于用户下载信息；一个速率为 16kbit/s ~ 1Mbit/s 的中速双工通道，用于 ADSL 控制信号的传输和上行的信息；还有一个普通的电话服务通道。这 3 个通道可以同时工作。

（2）ADSL 的系统构成　　ADSL 的系统主要由用户端设备和中央交换局端设备两部分组成，如图 9-25 所示。

中央交换局端设备包括 DSL 接入复用器（DSL Access Multiplexer，DSLAM），实现 ADSL 接入和复用功能；分离器/ATU-C 机架，主要实现语音信号和数据信号的分离，用来将电话线路中的高频数字信号和低频语音信号分离。低频语音信号接到电话机用来传输普通语音信息，高频数字信号则接入 ADSL Modem，用来传输数据信息。局端的 ADSL Modem 被称为 ATU-C（ADSL Transmission Unit-Central）。

用户端主要由用户 ADSL Modem 和信号分离器组成，用户端 ADSL Modem 通常被称为 ATU-R（ADSL Transmission Unit-Remote），也称为 ADSL 路由器或宽带路由器。

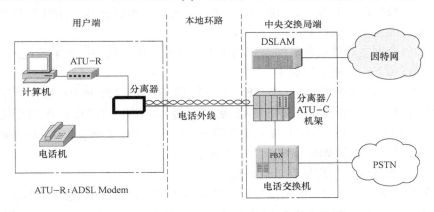

图 9-25　ADSL 的系统构成

多个用户可共享一条 ADSL 线路实现上网。在单机使用时，用户的计算机可以通过双绞线把网卡与 ATU-R 相连；局域网可以通过以太网的 HUB 或交换机用双绞线连接到 ATU-R。

ADSL 接入技术的最大特点是不需要改造信号传输线路，完全可以利用普通铜质电话线作为传输介质，配上专用的 ADSL Modem 即可实现数据高速传输。

用户使用 ADSL 技术接入互联网，首先需要到电信运营商处开户，不同的地区，资费标准不一。

ADSL 有如下几种接入方式：

（1）单用户 ADSL Modem 接入　　单用户 ADSL Modem 如图 9-25 所示，一般多为家庭用户使用，连接时用电话线将滤波器一端接于电话机，一端接于 ADSL Modem，再用交叉网线将 ADSL Modem 和计算机网卡连接即可（如果使用 USB 接口的 ADSL Modem，则不必用网线）。

（2）多用户 ADSL Modem 连接　若有多台计算机，就先用交换机组成局域网，其他计算机可通过此交换机接入互联网。

（3）小型网络用户通过 ADSL 路由器接入　使用 ADSL 路由器，它兼有路由功能和 Modem 功能，可与计算机直接相连，不过由于它提供的以太网端口数量有限，所以只适合于用户数量不多的小型网络。如果用无线路由则更方便，笔记本电脑开机即可找到本地无线信号，选择连接即可，无需连线。

（4）局域网通过 ADSL 路由器接入　计算机组成局域网通过 ADSL 路由器接入互联网，只需要将 ADSL 路由器与交换机相连。在每一台计算机控制面板中，打开"网络连接"，在"网络任务"中创建一个新的连接，按宽带进行设置即可。

9.5.7　光纤同轴混合网

光纤同轴混合网（Hybrid Fiber Coax，HFC）是利用传统有线电视网（Cable Television，CATV）作为访问互联网络的技术。HFC 是对 CATV 的一种改造。它在干线传输中用光纤作为传输介质，代替了原来的同轴电缆；配线网部分仍采用原来的同轴电缆，但这部分还负责收集用户的上传数据向前端发送。HFC 和 CATV 的一个根本区别是：HFC 提供双向通信业务，而 CATV 仅提供单向通信业务。

光纤同轴混合网主要特点是其网络传输主干为光纤，用户端为同轴电缆接入，采用频分复用技术，上行和下行占用不同频带。

HFC 频谱的具体分配为：5 ~ 42MHz 为上行信道；50 ~ 550MHz 是下行信道，用于 CATV，可传输 60 ~ 100 路模拟广播的 PAL 制电视信号；550 ~ 750MHz 可用于附加的模拟 CATV 或数字 CATV，或用于双向交互式业务和视频点播 VOD 业务；750 ~ 1000MHz 仅用于双向通信业务，其中 2 × 50MHz 保留作为个人通信用。

HFC 网络和其他网络相比具有以下特点：

1）能充分利用现有资源，为用户提供高速率接入因特网。HFC 建设成本低、接入带宽高，采用组合总线型的分层树形拓扑结构，最低接入带宽一般为 10Mbit/s，可实现各种数据业务及多媒体应用。

2）不占用电话线路及无须拨号专线连接，与利用 ADSL 等电信网络实现宽带接入的成本相比，费用较低。这是它在应用中的一大优势。

3）有线电视网的带宽为所有用户所共享，即每一用户所占的带宽并不固定，它取决于某一时刻对带宽进行共享的用户数。随着用户的增加，每个用户分得的实际带宽将明显降低，甚至低于用户独享的 ADSL 带宽。

4）由于有线电视网为共享型网络，数据传送基于广播机制，所以通信的安全性不够高。

5）覆盖的范围不及电话网络。

6）要实现 HFC 网络，必须对现有的有线电视网（CATV）进行双向化和数字化改造。

HFC 能充分适应信息网络的发展，如现有的有线电视网络的一个光节点所带的用户数逐渐减少，直至最终仅带一个用户，HFC 将实现光纤到户，由 HFC 网络过渡到全光纤网络。

但由于涉及产业政策和技术标准统一的问题，HFC 始终在小范围中试点。HFC 网络和电信网络的融合，将会从现在的小规模试点应用逐步走向大规模的应用，最终实现三网融合，即电信网络（包括有线、无线网络）、有线电视网络和互联网络融合。

因此，HFC 接入技术是采用模拟频分复用技术，综合应用模拟和数字传输技术、射频技术和计算机技术所产生的一种宽带接入网技术。由于有线电视网采用的是模拟传输协议，所以网络需要用一个 Cable Modem（线缆调制解调器）来协助完成数字数据的转化。

Cable Modem 连接方式可分为两种：对称速率型和非对称速率型。前者的数据上传速率和数据下载速率相同，都在 500kbit/s ~ 2Mbit/s 之间；后者的数据上传速率在 500kbit/s ~ 10Mbit/s 之间，数据下载速率为 2Mbit/s ~ 40Mbit/s。HFC 的接入方式如图 9-26 所示。

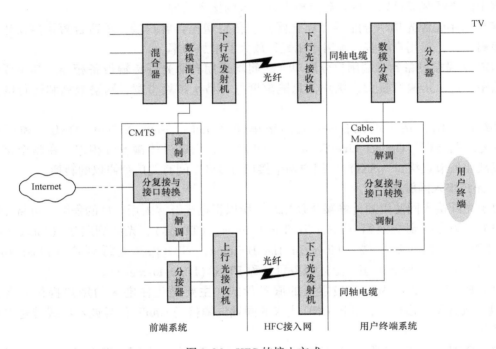

图 9-26　HFC 的接入方式

前端系统是有线电视一个重要的组成部分，如常见的有线电视基站，它用于接收、处理和控制信号，包括模拟信号和数字信号，完成信号调制与混合，并将混合信号传输到光纤。处理数字信号的主要设备之一就是电缆调制解调器端接系统（Cable Modem Termination System，CMTS），它包括分复接与接口转换、调制器和解调器。

用户终端系统指以电缆调制解调器（Cable Modem，CM）为代表的用户室内终端设备连接系统。Cable Modem 将数据终端设备连接到 HFC 网，以使用户能和 CMTS 进行数据通信，访问 Internet 等信息资源。

Cable Modem 是一种高速 Modem，它利用现成的有线电视（CATV）网络进行数据传输，已经是比较成熟的一种技术了。采用 HFC 接入上网的缺点是由于 Cable Modem 模式采用的是相对落后的总线型网络结构，所以网络用户共同分享有限的接入带宽。

9.5.8　光纤接入网

1. 光纤接入网概述

光纤接入网（Optical Access Network，OAN）是指采用光纤传输技术的接入网，泛指在本地交换机或远端模块与用户之间全部或部分采用光纤通信的系统。光纤通信可以传输高速的数字信号，通信容量很大。为了充分利用光纤的带宽，在光纤网中通常采用波分复用、频分复用、时分复用、空分复用、副载波复用和码分多址等多种光复用技术。

光纤接入网从技术上可分为两大类：有源光网络（Active Optical Network，AON）和无源光网络（Passive Optical Network，PON）。有源光网络又可分为基于同步数字体系（SDH）的 AON 和基于准同步数字体系（PDH）的 AON；无源光网络可分为窄带 PON 和宽带 PON。接入网中的光纤区段可以采用点到点或点到多点的接入结构。

PON 采用无源光功率分配器（耦合器）将信息送至各客户端，较适合短距离使用；若传输距离较长，或用户较多，则需采用光纤放大器增加功率。

AON 从局端设备到远端用户分配单元之间均采用有源光纤传输设备相连。其主要优点是传输距离远、传输容量大、用户信息隔离度好、易于扩展带宽、网络规划和运行的灵活性大。

光纤接入网包括远端设备——光网络单元（Optical Network Unit，ONU）和局端设备——光线路终端（Optical Line Terminal，OLT）。它们通过传输设备相连，在整个接入网中完成从业务节点接口（SNI）到用户网络接口（UNI）间有关信令协议的转换。

2. 光纤接入网服务

由于光纤接入网使用的传输媒介是光纤，所以根据光纤深入用户群的程度，可将光纤接入网服务分为光纤到交换箱（Fiber To The Cabinet，FTTCab）、光纤到路边（Fiber To The Curb，FTTC）、光纤到大楼（Fiber To The Building，FTTB）及光纤到户（Fiber To The Home，FTTH）4 种服务形态。上述服务可统称 FTTx（Fiber-to-the-x）。

（1）FTTC　FTTC 为目前最主要的服务形式，主要是为住宅区的用户提供服务，将 ONU 设备放置于路边机箱，利用 ONU 出来的同轴电缆传送 CATV 信号或双绞线传送电话及上网服务。

（2）FTTB　FTTB 依服务对象区分有两种，一种是为公寓大厦的用户服务；另一种是为商业大楼的公司行号服务，两种皆将 ONU 设置在大楼的地下室配线箱处，只是公寓大厦的 ONU 是 FTTC 的延伸，而商业大楼是为了中大型企业单位，必须提高传输的速率，以提供高速的数据、电子商务、视频会议等宽带服务。

（3）FTTH　从光纤端头的光电转换器或称为媒体转换器（MC）到用户桌面不超过 100m 的情况才是 FTTH。FTTH 将光纤的距离延伸到终端用户家里，使得家庭内能提供各种不同的宽带服务，如 VOD、在家购物、在家上课等，提供更多的商机。若搭配 WLAN 技术，将使得宽带与移动结合，则可以达到未来宽带数字家庭的远景。

FTTH 是光纤接入网的最终目标，但是每一个用户都需一对光纤和专用的 ONU，因而成本昂贵。

目前采用的较多的方案是 FTTx 与其他铜线或无线技术相结合的方式，如 FTTx + LAN、FTTx + xDSL、FTTx + WLAN 等。

以 FTTx + LAN 的接入方案，将企业的局域网连接到互联网中，即以光纤到企业大楼的网关中心，企业的局域网通过路由器和外网连接。这种方案的局域网部分基于以太网技术，能实现千兆到大楼、百兆到楼层、十兆到桌面，为用户提供高速接入。

这种接入方案实际上采用的是虚拟专线技术，也可以称为专线接入。

FTTx + LAN 接入的网络结构如图 9-27 所示。

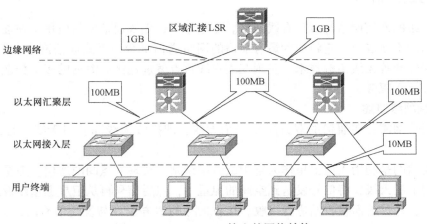

图 9-27　FTTx + LAN 接入的网络结构

局域网部分以千兆以太网技术为基础，采用分层汇接式的网络结构。网络的拓扑以星形为主，进一步分为汇聚层、边缘层和接入层 3 个层次。其中，以太网接入层通过 HUB 或二层交换机接入到用户的主机；汇聚层是以太局域网的骨干部分，一般是三层交换设备，主要通过 VLAN 防止广播风暴，实现虚拟局域网间的通信；边缘网络主要是局域网接入互联网的部分，主要有路由设备、防火墙等，实现局域网和骨干网络的连接，保障网络安全。

这种接入方式一般要租用网络带宽，需要按带宽支付费用，相对费用较高。该接入方案主要是面向大的商业用户、集团用户或需求比较集中的住宅用户群。

3. 光纤接入技术的特点

1）光纤可用带宽大，数据传输速率高，上行可达 155Mbit/s，下行可达 622Mbit/s，还有巨大潜力可以开发，能满足用户对各种业务的需求。

2）光纤不受电磁干扰，传输质量好，网络可靠性高；损耗低、传输距离长、节约管道资源。

3）光纤接入网提供数据业务，有完善的监控和管理系统，能适应将来宽带综合业务数字网的需要，打破"瓶颈"，使信息高速公路畅通无阻。

当然，与其他接入网技术相比，光纤接入网也存在一定的劣势。最大的问题是成本比较高，尤其是光纤节点离用户越近，每个用户分摊的接入设备成本就越高。另外，与无线接入网相比，光纤接入网还需要管道资源，施工难度相对较大。

现在，影响光纤接入网发展的主要原因不是技术，而是成本。在光纤宽带网络建设中，仍存在小区内网络部署困难、城市农村地区发展不平衡、宽带应用相对匮乏等问题。同时，由于在经济不发达的农村地区开展光纤宽带网络建设投入大、效益差，使得电信企业缺乏积极性。但是采用光纤接入网是光纤通信发展的必然趋势，尽管目前各国发展光纤接入网的步骤各不相同，但光纤到户是公认的接入网的发展目标。

一般来说，电信运营商要以光纤尽量靠近用户为原则，加快光纤宽带接入网络部署。具体来说，新建区域直接部署光纤宽带网络，已建区域加快"光进铜退"的网络改造。有条件的商业楼宇和园区直接实施光纤到楼、光纤到办公室，有条件的住宅小区直接实施光纤到楼、光纤到户。优先采用光纤宽带方式加快农村信息基础设施建设，推进光纤到村。

9.5.9　无线通信网

前面介绍的通信网络都属于有线网络。近些年来，无线通信网的应用也在逐渐展开，随着无线技术的不断成熟，它将成为最有前途的网络通信平台。无线通信网中一般采用微波、卫星、无线蜂窝等无线传输技术，实现在用户线盲点偏远地区和海岛的多个分散的用户或用户群的业务接入服务。

1. 无线网络概述

微波通信网需要在通信的双方架设一个天线，即接收天线和发射天线，且必须精确的对准。

卫星通信网是利用人造卫星作为空中微波中继站，实现站点间的通信。卫星通信网某一位置上使用卫星天线，将信号发送到空间的卫星中，然后信号再从卫星上重新发送回地面的某个位置上，通过地面接收站进行接收。接收信号的地方也许与发送信号的地方相距遥远。卫星通信具有覆盖面广、传输距离长、传输质量好、传输速率快等特点，因此常用于互联网的骨干网的连接应用中。

在无线通信网中，蜂窝移动通信是采用蜂窝无线组网方式，在终端和网络设备之间通过无线通道连接起来，进而实现用户在活动中可相互通信。其主要特征是终端的移动性，并具有越区切换和跨本地网自动漫游功能。蜂窝移动通信业务是指经过由基站子系统和移动交换子系统等设备组成蜂窝移动通信网，提供的语音、数据、视频图像等业务。

近年来，Internet 技术和蜂窝移动无线通信技术都取得了突飞猛进的发展，人们想通过移动无线终端（如手机、PDA、手持式 PC 等）收发 E-mail、WWW 浏览、电子商务，甚至视频点播等，目前通过移动通信网络接入 Internet 技术方式已成为接入网研究热点。

无线通信网络大致可分成 3 种类型：永久性无线网络、半永久性无线网络和移动通信系统。

永久性无线网络适合在不便于敷设电缆的场合下应用。例如，名胜古迹建筑、老式水泥建筑以及一些危险性的环境等，这种应用场合一般要求无线网络具有较大的吞吐量和较强的可靠性。

半永久性无线网络的应用主要有灾难恢复、约定服务、季节性的零售系统以及移动工作组等，即在一定的时间内需要将计算机联系在一起工作的地方都可以使用无线网络来实现。

移动通信系统是为那些使用便携式计算机的用户提供移动通信服务，这些用户的特点是随身携带、自由移动、随时使用，通过 PCMCIA 或并行口无线网卡连网工作。

2. 无线通信的发展

自 20 世纪 80 年代以来，移动通信系统的发展经历了 3 代。在发展过程中，第 2 代移动通信系统起到了至关重要的作用，同时也存在着一些缺陷，只能为用户提供语音服务和低速数据服务。随着 Internet 高速发展和广泛应用，基于高速无线 IP 网的多种传输业务相互融合已成为移动通信技术发展的必然趋势。

20 世纪 80 年代诞生的移动蜂窝通信系统是第 1 代 （1G） 移动通信系统。1G 系统采用模拟传输方式实现语音业务，采用频分多址复用技术来划分和利用频带，通过频分调制技术将语音信号转换到高频的载波频率上，载波频率和相位随着语音信号频率而变化。模拟通信方式的缺点包括频带利用率低、保密性差、通信容量小、通话质量差、易受干扰、无法传输数据等。

第 2 代 （2G） 移动通信系统是数字移动通信系统。2G 移动通信标准主要有基于时分多址复用 （TDMA） 技术的标准、基于码分多址复用 （CDMA） 技术的标准和全球移动通信系统 （GSM） 标准等。GSM 标准是由欧洲提出的，也是 2G 移动通信系统的最重要标准之一。GSM 标准考虑了与 ISDN 标准的一致性问题，因此它相当于一个移动的 ISDN，能够支持多种服务。GSM 还支持移动环境中的智能网，如虚拟家庭环境和其他高级的数据服务。另外，GSM 系统中还可以集成通用分组无线服务 （GPRS） 技术，提供无线分组交换业务。GSM 系统是一种技术成熟、比较完善的 2G 系统。它的频谱利用率高、容量大、保密性强，并与 IS-DN 标准相兼容，为发展新业务提供了良好的基础。GSM 网络为用户提供较大的业务平台，语音业务包括电话、紧急呼叫、语音信箱等，数据业务包括传真、智能电报、可视图文、计算机数据、短信息等。

国际电信联盟 （ITU） 在 2000 年确定 W-CDMA、CDMA2000 和 TD-SCDMA 三大主流无线接口标准，第三代移动通信系统采取在传统移动通信技术基础上逐步演进的策略，核心网络仍以传统的电路交换为主，无线传输技术则采用宽带 CDMA 技术，提高频谱的利用率。第三代与前两代的主要区别是在传输声音和数据的速度上的提升，它能在全球范围内更好地实现无缝漫游，并处理图像、音乐、视频流等多种媒体形式，提供包括网页浏览、电话会议、电子商务等多种信息服务，同时也要考虑与已有第二代系统的良好兼容性。

3. 无线通信协议

全球有代表性的 3G 协议标准有 W-CDMA、CDMA2000 和 TD-SCDMA，它们主要基于 CDMA 技术。

（1） CDMA CDMA 是码分多址的英文缩写 （Code Division Multiple Access），它是在数字技术的分支——扩频通信技术上发展起来的。CDMA 是为现代移动通信网所要求的大容量、高质量、综合业务、软切换、国际漫游等要求而设计的一种移动通信技术。

CDMA 技术的原理是基于扩频技术，即将需传送的具有一定信号带宽信息数据，用一个带宽远大于信号带宽的高速伪随机码进行调制，使原数据信号的带宽被扩展，再经载波调制后发送出去。接收端使用完全相同的伪随机码，与接收的带宽信号作相关处理，把宽带信号换成原信息数据的窄带信号即解扩，以实现信息通信。

CDMA 移动通信网是由扩频、多址接入、蜂窝组网和频率复用等几种技术结合而成，含有频域、时域和码域三维信号处理的一种协作，因此它具有抗干扰性好，抗多径衰落，保密安全性高，同频率可在多个小区内重复使用，容量和质量之间可做权衡取舍等属性。这些属性使 CDMA 比其他系统有很大的优势。

（2） W-CDMA 英文名称是 Wideband CDMA，中文译名为 "宽带码分多址存取"，它可支持 384kbit/s 到 2Mbit/s 不等的数据传输速率，支持者主要是以 GSM 系统为主的欧洲厂商。

W-CDMA 技术的工作原理与 CDMA2000 相类似，但在核心网络和关键技术上与 CD-

MA2000 技术有所不同，其目的是为了保护知识产权利益和维护已占据的移动通信市场分额。W-CDMA 技术具有系统容量大、覆盖范围广、传输速率高、支持多种同步业务等优点。

（3）CDMA2000　CDMA2000 技术是在 CDMA/IS-95 的基础上，对窄带 CDMA 技术进行改进而形成的。CDMA2000 技术在提供高质量的移动语音服务的同时，可以提供无线 IP 服务，实际的数据速率为 300kbit/s 左右。

（4）TD-SCDMA　该标准是由我国制定的 3G 标准，由于我国的庞大的市场，该标准受到各大主要电信设备厂商的重视，全球一半以上的设备厂商都宣布可以支持 TD-SCDMA 标准。

TD-SCDMA 技术是以我国为主提出的宽带 CDMA 技术，在系统框架和网络结构上，TD-SCDMA 与 CDMA2000 和 W-CDMA 基本相同，只是 TD-SCDMA 采用时分多址复用模式，而 CDMA2000 和 W-CDMA 采用频分多址复用模式。

（5）WAP　无线应用协议（Wireless Application Protocol，WAP）是由诺基亚、摩托罗拉等通信业巨头制定的，它是在数字移动电话、互联网或其他个人数字助理机（PDA）、计算机应用乃至未来的信息家电之间进行通信的全球性开放标准协议。WAP 能够运行于各种无线网络之上，如 GSM、GPRS、CDMA 等，可以把网络上的信息传送到移动电话或其他无线通信终端上，实现手机上网的功能。通过 WAP，用户可以随时随地利用无线通信终端来获取互联网上的即时信息或公司网站的资料。CMWAP 多用于浏览 WAP 开头的网站为主，CMNET 可以浏览 WWW 网站。

WAP 使用一种类似于 HTML 的标记式语言 WML（Wireless Markup Language），并可通过 WAP Gateway 直接访问一般的网页。WML 是以 XML 为基础的标记语言，用于规范窄频设备（如手机、呼叫器等）如何显示内容和使用者接口。

在带宽考虑方面，WAP 优化协议层对话，将无线手机接入 Internet 的带宽需求降到最低，保证了现有无线网络能够满足手机上网的带宽要求。

4. Wi-Fi 接入网

无线保真技术（Wireless Fidelity，Wi-Fi）是一种无线接入技术标准。它是一种短程无线传输技术，能够在约 100m 的范围内支持互联网接入的无线电信号，为用户提供了无线的宽带互联网访问。与蓝牙一样，同属于在办公室和家庭中使用的短距离无线技术。

由于 Wi-Fi 的频段在世界范围内是无需任何电信运营执照的免费频段，所以 WLAN 无线设备提供了一个世界范围内可以使用的，费用极其低廉且数据带宽极高的无线空中接口。用户可以利用 Wi-Fi 技术和设备组建无线接入网，在 Wi-Fi 覆盖区域内快速浏览网页，随时随地接听拨打电话。

（1）Wi-Fi 无线网络结构　Wi-Fi 是由 AP（Access Point）和无线网卡组成的无线网络。AP 为 Access Point 的简称，一般翻译为"无线访问节点"或"桥接器"。它被当做传统的有线局域网络与无线局域网络之间的桥梁，有了 AP，就像一般有线网络的 HUB 一般，无线工作站可以快速且轻易地与网络相连。因此，任何一台装有无线网卡的计算机都可透过 AP 去分享有线局域网络甚至广域网络的资源。AP 的工作原理相当于一个内置无线发射器的 HUB 或者是路由，而无线网卡是负责接收由 AP 所发射信号的客户端设备。特别是对于宽带的使用，Wi-Fi 更显优势，有线宽带网络（ADSL、小区 LAN 等）到户后，连接到一个 AP，然后在计算机中安装一块无线网卡即可。普通的家庭有一个 AP 已经足够，甚至用户的邻居得到授权后，也能以共享的方式上网。

（2）Wi-Fi 网络的优点

1）无线电波的覆盖范围广，基于蓝牙技术的电波覆盖范围半径大约 15m，而 Wi-Fi 的半径则可达 100m，甚至更远，基本上一个遵循 Wi-Fi 标准的设备几乎可以在一幢楼中使用。

2）Wi-Fi 技术传输速度非常快，可以到 54Mbit/s。根据无线网卡使用的标准不同，Wi-Fi 的速度也有所不同。其中，IEEE802.11b 可达 11Mbit/s，IEEE802.11a 和 IEEE802.11g 可达 54Mbit/s。

3）接入方便。在任何接入因特网的场所，通过设置 Wi-Fi "热点"（能够访问 Wi-Fi 网络的地方被称为 "热点"），用户只要将支持无线局域网的计算机、PDA、手机等设备处在 "热点" 所发射出的电波可达范围内，即可高速接入因特网。

5. 无线接入方式

通过无线网络接入互联网的方式有很多种，如通过支持 WAP 协议的手机接入、无线局域网接入、卫星接入等。

也可以通过 Wi-Fi 接入互联网中。目前通过无线路由器或无线 AP 上网，已经成为众多上网用户的选择。计算机使用无线网卡，就可以在无线路由器的无线电信号覆盖范围内实现上网。

也可以通过移动网络实现无线上网。3G 网络有中国电信的 EVDO、联通的 WCDMA、移动的 TD-SCDMA，将 USB 接口的上网卡插入计算机，即可通过移动网络实现因特网的接入。

9.5.10 电力供电网络

随着因特网应用的不断扩展和各种新技术的出现，电力线通信开始应用于高速数据接入和室内组网，通过电力线载波方式传送语音和数据信息，把电力网用于网络通信，以节省通信网络的建设成本。

电力线通信技术（PLC）利用 1.6～30MHz 频带范围传输信号。在发送时，利用 GMSK 或 OFDM 调制技术将用户数据进行调制，然后在电力线上进行传输，在接收端，先经过滤波器将调制信号滤出，再经过解调，就可得到原通信信号。PLC 设备分局端和调制解调器，局端负责与内部 PLC 调制解调器的通信和与外部网络的连接。在通信时，来自用户的数据进入调制解调器调制后，通过用户的配电线路传输到局端设备，局端将信号解调出来，再转到外部的因特网。现有的各种网络应用，如语音、电视、多媒体业务、远程教育等，都可通过电力线向用户提供，以实现接入和室内组网的多网合一。

9.6 Windows 常用网络命令

当主机接入因特网后，网络可能会发生一些故障，导致网络无法连接。Windows 操作系统提供了一些常用的网络测试命令。

1. IPConfig 命令

（1）IPConfig 命令的用途 该诊断命令显示所有当前的 TCP/IP 网络配置值。IPConfig 命令可以了解计算机是否成功地租用到一个 IP 地址，如果租用到，则可以了解它目前分配到的是什么地址。了解计算机当前的 IP 地址、子网掩码和默认网关，实际上是进行测试和故障分析的必要项目。

（2）IPConfig 命令的常用参数

● IPConfig：当使用 IPConfig 命令时不带任何参数选项，那么它为每个已经配置了的接口显示 IP 地址、子网掩码和默认网关值。

● IPConfig /all：当使用 all 选项时，IPConfig 命令能为 DNS 和 Windows 服务器显示它已配置且所要使用的附加信息（如 IP 地址等），并且显示内置于本地网卡中的物理地址（MAC）。如果 IP 地址是从 DHCP 服务器租用的，IPConfig 命令将显示 DHCP 服务器的 IP 地址和租用地址预计失效的日期。

● IPConfig /renew：更新 DHCP 配置参数。该选项只在运行 DHCP 客户端服务的系统上可用。

● IPConfig /release：发布当前的 DHCP 配置。该选项禁用本地系统上的 TCP/IP，并只在 DHCP 客户端上可用。

2. Ping 命令

（1）Ping 命令的用途　认证与远程计算机的连接。该命令只有在安装了 TCP/IP 后才可以使用。Ping 命令用于确定本地主机是否能与另一台主机交换（发送与接收）数据报。根据返回的信息，就可以推断 TCP/IP 参数是否设置得正确以及运行是否正常。需要注意的是：成功地与另一台主机进行一次或两次数据报交换并不表示 TCP/IP 配置就是正确的，本地主机与远程主机必须执行大量的数据报交换，才能确信 TCP/IP 配置正确。

简单的说，Ping 就是一个测试程序，如果 Ping 运行正确，大体上就可以排除网络访问层、网卡 MODEM 的输入输出线路、电缆和路由器等存在的故障，从而减小了问题的范围。

按照默认设置，Windows 上运行的 Ping 命令发送 4 个 ICMP 回送请求，每个 32B 数据，如果一切正常，应能得到 4 个回送应答。

Ping 能够以毫秒为单位显示发送回送请求与返回回送应答之间的时间量。如果应答时间短，则表示数据报不必通过太多的路由器或网络连接速度比较快。Ping 还能显示 TTL（Time To Live 存在时间）值，TTL 值表示 Ping 的过程中一过经过了多少个路由器。可以通过 TTL 值推算数据报已经通过了多少个路由器：用与它最近的一个 2 的 N 次数（大于它的）减去返回时 TTL 值。例如，如果 TTL 的值是 53，那么最近的一个 2 的 N 次方数就是 64，用 64 − 53 得到 11 就是经过的路由器的个数；如果返回 TTL 值为 255，那么与 255 最近的 2 的 N 次数是 256，源地点到目标地点要通过一个路由器网段（256 − 255）。

例如，c : \ > ping 172. 16. 12. 15。

Pinging 172. 16. 12. 15 with 32 bytes of data:

Reply from 172. 16. 12. 15：bytes = 32 time < 10ms TTL = 255

Reply from 172. 16. 12. 15：bytes = 32 time < 10ms TTL = 255

Reply from172. 16. 12. 15：bytes = 32 time < 10ms TTL = 255

Reply from 172. 16. 12. 15：bytes = 32 time < 10ms TTL = 255

Ping statistics for 172. 16. 12. 15：

　　　Packets：Sent = 4, Received = 4, Lost = 0（0% loss），

Approximate round trip times in milli- seconds：

Minimum = 0ms, Maximum = 0ms, Average = 0ms

（2）Ping 命令的常用参数

● Ping-t：Ping 指定的计算机，直到按 < Ctrl + c > 组合键中断。Ping 命令可反映出网络的连接是否有中断或者丢包的现象出现，用于检测网络的连接情况。

● Ping-1　length：发送包含有 length 指定的数据量的 ECHO 数据报。默认为 32B；最大值是 65527。例如，Ping-12000 就是指定 Ping 命令中的数据长度为 2000B，而不是默认的 32B。

● Ping IP-n：执行特定次数的 Ping 命令。

3. Netstat 命令

（1）Netstat 命令的用途　显示协议统计和当前的 TCP/IP 网络连接，一般用于检验本机各端口的网络连接情况。如果累计的出错情况数目占到所接收的 IP 数据报相当大的百分比，或者它的数目正迅速增加，那么就应该使用 Netstat 检查为什么会出现这些情况了。

（2）Netstat 命令的常用参数

● Netstat-s：本选项能够按照各个协议分别显示其统计数据。如果应用程序（如 Web 浏览器）运行速度比较慢，或者不能显示 Web 页之类的数据，那么就可以用本选项来查看所显示的信息。需要仔细查看统计数据的各行，找到出错的关键字，进而确定问题所在。

● Netstat-e：本选项用于显示关于以太网的统计数据。它列出的项目包括传送的数据报的总字节数、错误数、删除数、数据报的数量和广播的数量。这些统计数据既有发送的数据报数量，也有接收的数据报数量。这个选项可以用来统计一些基本的网络流量。

● Netstat-r：本选项可以显示关于路由表的信息和当前有效的连接。

● Netstat-an：显示所有连接和侦听端口。服务器连接通常不显示，以数字格式显示地址和端口号。

例如，C:\ > netstat-an。

Active Connections

Proto	Local Address	Foreign Address	State
TCP	0. 0. 0. 0:80	0. 0. 0. 0:0	LISTENING
TCP	0. 0. 0. 0:135	0. 0. 0. 0:0	LISTENING
TCP	127. 0. 0. 1:1025	0. 0. 0. 0:0	LISTENING
TCP	172. 16. 12. 45:139	0. 0. 0. 0:0	LISTENING
UDP	127. 0. 0. 1:123	* : *	

4. ARP 命令

（1）ARP 命令的用途　ARP 是一个重要的 TCP/IP，用于确定对应 IP 地址的网卡物理地址。使用 ARP 命令，能够查看本地计算机或另一台计算机的 ARP 高速缓存中的当前内容。

例如，c:\ > arp-a。

Interface:172. 16. 12. 45 on Interface 0x2

Internet Address	Physical Address	Type
172. 16. 12. 56	00-09-73-a6-02-5c	dynamic
172. 16. 12. 94	00-07-95-c7-ec-4a	dynamic
172. 16. 12. 139	00-14-2a-46-09-11	dynamic

（2）ARP命令的常用参数

● arp-a 或 arp-g：用于查看高速缓存中的所有项目。

● arp-a IP：如果有多个网卡，那么使用 arp-a 加上接口的 IP 地址，就可以只显示与该接口相关的 ARP 缓存项目。

● arp-s IP 物理地址：可以向 ARP 高速缓存中人工输入一个静态项目。该项目在计算机引导过程中将保持有效状态，或者在出现错误时，人工配置的物理地址将自动更新该项目。）

例如，arp　-s　172. 16. 1. 1　00-d0-f8-ac-cc-01。

5. Tracert 命令

（1）Tracert 命令的用途　当数据报从本地计算机经过多个网关传送到目的地时，Tracert 命令可以用来跟踪数据报使用的路由。该诊断实用程序将包含不同生存时间（TTL）值的 ICMP，回显数据报发送到目标，以决定到达目标采用的路由。

（2）Tracert 命令常用参数　Tracert　/d 指定不将地址解析为计算机名。

例如，C:\ > tracert 127. 0. 0. 1。

Tracing route to localhost [127. 0. 0. 1]

over a maximum of 30 hops：

　1　<10ms　<10ms　<10ms　localhost [127. 0. 0. 1]

Trace complete.

习　题

1. 广域网主要采用哪些数据交换方式？试比较不同交换方式的主要特点。

2. 什么是 ISDN？ISDN 的目的是什么？N-ISDN 有哪些速率接口？

3. 什么是 ADSL？ADSL 的主要特点是什么？适用于什么场合？

4. 什么是 HFC？什么是 CA？它和普通 Modem 有何区别？

5. 试比较 PSTN、ISDN、ADSL、HFC 和 DDN 各种接入方式的不同特点。

6. 光纤接入技术有何特点？与其他接入方式比较，它的优势和劣势是什么？

7. 简述 ADSL 的工作原理和当前的应用情况。

8. DDN 用户接入方式有哪些？所用的设备是什么？

9. 常用的点到点通信协议有哪些？

10. 什么是 HDLC？试述 HDLC 的链路模式和数据响应方式。

11. PPP 的主要特点是什么？它适用于什么场合？

12. 理解 PPP 的 PAP 认证和 CHAP 认证的实现原理。

13. 什么是 X. 25？什么是帧中继？两者之间的主要区别是什么？

14. 为什么 X. 25 会发展到帧中继？帧中继有什么优点？试从层次结构和节点交换机的处理过程两个方面来讨论。

15. 帧中继的数据链路连接标识（DLCI）的用途是什么？为什么说它具有本地意义？

第10章 网络安全

以网络方式获得信息和交流信息已成为现代信息社会的一个重要特征，网络正在逐步改变人们的工作方式和生活方式，这成了当今社会发展的一个主题。随着网络的开放性、共享性和互联程度的扩大，网络的重要性和对社会的影响也越来越显著。随着网络上各种新业务的兴起，如电子商务、电子现金、数字货币、网络银行等，以及各种专用网的建设，如金融网等，使得网络安全问题显得越来越重要。当前，世界上每年因利用计算机网络进行犯罪所造成的直接经济损失日益增加，给社会带来了很大的危害和压力。因此，网络的安全性和可靠性已成为当今社会共同关注的问题。

本章主要介绍有关网络安全的基本知识，使读者对网络安全有一个初步的认识和了解。

10.1 网络安全概述

网络安全从本质上讲就是网络上的信息安全。它是一门涉及计算机科学、网络技术、通信技术、密码技术、信息安全技术、应用数学、数论和信息论等多种学科的综合性学科。它主要指网络系统中的硬件、软件及其中的数据受到保护，不会因偶然的或者恶意的原因而遭到破坏。从广义上来说，凡是涉及网络上信息的保密性、完整性、可用性、真实性和可控性的相关技术和理论都属于网络安全的研究领域。

随着计算机技术的飞速发展，信息网络已经成为社会发展的重要保证。信息网络涉及国家的政府、军事和文教等诸多领域，其中存储、传输和处理的信息中有许多是政府宏观控制决策、商业经济信息、银行资金转账、股票证券、能源资源数据和科研数据等重要信息。其中有的是敏感信息，有的是国家秘密，所以难免会有来自世界各地的各种人为攻击（如信息泄漏、信息窃取、数据篡改、数据增删和计算机病毒等）。同时，网络实体还要经受如水灾、火灾、地震和电磁辐射等方面的考验。

一般来说，网络安全涉及以下几个方面：首先是网络硬件，即网络的实体；其次是网络操作系统，即对网络硬件的操作与控制；再次就是网络中的应用程序。有了这3个方面的安全维护通常就足够了。但事实上，这种分析和归纳是不完整和不全面的，在应用程序的背后，还隐藏着大量的数据，作为对前者的支持，这些数据的安全性问题也应被考虑在内。无论是网络本身还是操作系统与应用程序，它们最终都是由人来操作的，所以还有一个重要的安全问题即用户的安全性。

在考虑网络安全问题时，应该考虑以下网络安全5层体系，才能建立一个真正安全的网络。

- 网络的安全性：核心在于网络是否得到控制。
- 操作系统的安全性：在系统安全性问题中，主要考虑的问题有两个，一是病毒对于网络的威胁；二是入侵者对于网络的入侵和破坏。
- 用户的安全性：要考虑的问题是是否只有那些真正被授权的用户才能够使用系统中的

资源和数据。

　　● 应用程序的安全性：要考虑的是是否只有合法的用户才能够对特定的数据进行合法的操作。

　　● 数据的安全性：机密数据是否处于机密状态是数据的安全性需要解决的问题。

网络安全 5 层体系结构如表 10-1 所示。

表 10-1　网络安全 5 层体系结构

应用和保密性	加密			
应用群体	访问控制	授权		
用户群体	用户组管理	单机登录	授权	
系统群体	反病毒	风险评估	入侵检测	审计分析
网络群体	防火墙	通信安全		

　　目前，这 5 个层次的网络系统安全体系理论已得到了国际网络安全界的广泛承认和支持，大多网络安全产品均应用了这一安全体系理论。

10.2　网络安全的特征

　　保证网络安全，最根本的就是保证网络安全的基本特征发挥作用。网络安全应具有以下 5 个方面的特征。

1. 保密性

　　保密性是指信息按给定要求，不泄露给非授权的用户、实体或过程，或供其利用的特性，即杜绝有用信息泄漏给非授权个人或实体，强调有用信息只被授权对象使用的特征。

　　数据保密性就是保证只有授权用户可以访问数据，而限制其他人对数据的访问。数据保密性分为网络传输保密性和数据存储保密性。就像电话可以被窃听一样，网络传输也可以被窃听，解决这个问题的办法就是对传输数据进行加密处理。数据存储保密性主要通过访问控制来实现。管理员把数据分类，分成敏感型、机密型、私有型和公用型，对这些数据的访问加以不同的访问控制，如经理可以访问所有数据，一些技术人员除了敏感型数据以外都能进行访问，一般职员只能访问私有型数据和公用型数据。这种访问控制是不难实现的，许多安全型操作系统都能做到，如 UNIX、Windows NT 等操作系统。数据保密性在商业、军事等领域都是十分重要的。

　　保证数据保密性的另一个且容易被人忽视的环节是人的安全意识。

2. 完整性

　　完整性是指信息在传输、交换、存储和处理过程中，保持不被修改、不被破坏和丢失的特性，即保持信息原样性，使信息能正确生成、存储、传输，这是最基本的安全特征。

　　数据的完整性的目的就是保证计算机系统上的数据和信息处于一种完整和未受损害的状态，也就是说数据不会因有意或无意的事件而被改变或丢失，数据完整性的丧失直接影响到数据的可用性。

　　影响数据完整性的因素很多，有人为的蓄意破坏，有人为的无意破坏，有软件、硬件的失效，还有自然灾害，但不管怎样，人们可以通过访问控制、数据备份和冗余设置来实现数据的完整性。

为了破坏一个站点，入侵者可能会利用软件安全缺陷或网络病毒对站点实行攻击，并删去系统重要文件，迫使系统停止工作，这种破坏的目的可能会很多，有的是为了显示自己的计算机水平，有的是为了报复，有的可能只是一个恶作剧。

无意破坏则主要来自于操作失误，比如一个对计算机操作不熟悉的人可能会无意中删去他人的文件。

硬件、软件失效也是造成数据被破坏的一个重要原因，软盘损坏就是一种典型的硬件失效。软盘是一种极易损坏的存储介质，人们经常随身携带软盘，这样很容易造成软盘的物理损害，再加上软盘质量不好，不得不多备份几份以防止软盘不能读。硬盘虽然比软盘可靠性高得多，但对于十分重要的军事和商业信息，硬盘的备份也是十分重要而又必要的，现在很多服务器的硬盘都提供冗余备份。软件越大，功能越强大缺陷也可能越多。人们经常听到一些软件开发商提出一些补丁程序，而且有时一个补丁接一个补丁，这正说明了软件中存在的问题。

自然灾害谁也无法预测，如水灾、火灾，破坏了通信线路，造成信息在传输中丢失，也可能磁盘设备被大火烧毁，以致公司损失了全部的订货、发货信息以及员工信息等；龙卷风可能破坏了公司的整个网络，致使数据全部被破坏。

对于这些破坏方式，人们可以以不变应万变，最好的方法就是对数据进行备份。对于简单的单机系统，重要数据不多，可采用移动硬盘人工备份。对于一些大型商业网络，如银行交易网，要安装先进的大型网络自动备份系统。

3. 可用性

可用性是指网络信息可被授权实体正确访问，并按要求能正常使用或在非正常情况下能恢复使用的特征，即在系统运行时能正确存取所需信息，当系统遭受攻击或破坏时，能迅速恢复并能投入使用。可用性是衡量网络信息系统面向用户的一种安全性能。

例如，网络环境下拒绝服务、破坏网络和有关系统的正常运行等都属于对可用性的攻击。Internet 蠕虫的事例就是依靠在网络上大量复制并且传播，它占用了大量 CPU 处理时间，导致系统越来越慢，直到网络发生崩溃，用户的正常数据请求不能得到处理，这就是一个典型的"拒绝服务"攻击。数据不可用也可能是由于软件臭虫的原因，软件臭虫导致网络失效，使用户不能登录到服务器上。

4. 可控性

可控性是指对流通在网络系统中的信息传播及具体内容能够实现有效控制的特性，即网络系统中的任何信息要在一定传输范围和存放空间内可控。除了采用常规的传播站点和传播内容监控形式外，最典型的如密码的托管政策，当加密算法交由第三方管理时，必须严格按规定可控执行。

5. 不可否认性

不可否认性是指通信双方在信息交互过程中，确信参与者本身和参与者所提供的信息的真实同一性，即所有参与者都不可能否认或抵赖本人的真实身份，以及提供信息的原样性和完成的操作与承诺。

10.3　网络安全的威胁

计算机网络的发展，使信息共享应用日益广泛与深入。但是，信息在公共通信网络上存储、共享和传输，会被非法窃听、截取、篡改或毁坏而导致不可估量的损失。尤其是银行系统、商业系统、管理部门、政府或军事领域对公共通信网络中的存储与传输的数据安全问题更为关注。如果因为安全因素使得信息不敢放进 Internet 这样的公共网络，那么办公效率及资源的利用率都会受到影响，甚至使得人们丧失了对 Internet 及信息高速公路的信赖。

事物总是辩证的。一方面，网络提供了资源的共享性、用户使用的方便性，通过分布式处理提高了系统效率和可靠性，并且还具有可扩充性；另一方面，正是这些特点增加了网络受攻击的可能性。网络威胁是来自多方面的，并且随着时间的变化而变化。网络威胁是指对网络构成威胁的用户、事物、想法、软件等。网络威胁会利用系统暴露的要害或弱点，导致网络信息的保密性、完整性和可用性程度下降，造成不可估量的经济和政治上的损失。威胁有两种，一种是无意产生的威胁，包括设备故障、自然灾害等一些不以人的意志为转移的事件；另外一种是有意产生的威胁，包括窃听、计算机犯罪等人为的破坏。当前主要的威胁来自以下几个方面：

- 自然灾害、意外事故。
- 计算机犯罪。
- 人为行为，如使用不当、安全意识差等。
- "黑客"行为，由于黑客的入侵或侵扰，如非法访问、拒绝服务、计算机病毒、非法链接等。
- 内部泄密。
- 外部泄密。
- 信息丢失。
- 电子谍报，如信息流量分析、信息窃取等。
- 信息战。
- 网络协议中的缺陷。

10.4　网络安全策略

网络安全策略包括物理安全策略、访问控制策略、防火墙控制策略、信息加密策略和网络安全管理策略等。

10.4.1　物理安全策略

网络安全首先要保障网络上信息的物理安全。物理安全是指在物理介质层次上对存储和传输的信息的安全保护。目前常见的不安全因素（安全威胁或安全风险）包括 4 类。

1）自然灾害（如雷电、地震、火灾、水灾等），物理损坏（如硬盘损坏、设备使用寿命到期、外力破损等），设备故障（如停电断电、电磁干扰等）和意外事故。

特点是突发性、自然因素性、非针对性。这种安全威胁只破坏信息的完整性和可用性

（无损信息的秘密性）。

解决方案是防护措施、安全制度、数据备份等。

2）电磁泄漏（如侦听计算机操作过程），产生信息泄露，受他人干扰被人乘虚而入（如进入安全进程后半途离开）和痕迹泄露（如密码等保管不善，易于被人发现）。

特点是难以察觉性、人为实施的故意性、信息的无意泄露性。这种安全威胁只破坏信息的秘密性（无损信息的完整性和可用性）。

解决方案是辐射防护、屏蔽密码、隐藏销毁等。

3）操作失误（如删除文件、格式化硬盘、线路拆除等）和意外丢失（如系统掉电、"死机"等系统崩溃）。

特点是人为实施的无意性和非针对性。这种安全威胁只破坏信息的完整性和可用性（无损信息的秘密性）。

解决方案是状态检测、报警确认、应急恢复等。

4）计算机系统机房环境的安全。

特点是可控性强、损失也大、管理性强。

解决方案是加强机房管理、运行管理、安全组织和人事管理。

物理安全是信息安全的最基本保障，是不可缺少和忽视的组成部分。一方面，研制生产计算机和通信系统的厂商应该在各种软件和硬件系统中充分考虑到系统所受的安全威胁和相应的防护措施，提高系统的可靠性；另一方面，也应该通过安全意识的提高、安全制度的完善、安全操作的提倡等方式使用户和管理维护人员在系统和物理层次上实现信息的保护。

10.4.2　访问控制策略

访问控制是网络安全防范和保护的一种主要策略，它的主要任务是保证网络资源不被非法访问，它也是维护网络系统安全、保护网络资源的重要手段。各种安全策略必须相互配合才能真正起到保护作用，但访问控制策略是保证网络安全最重要的核心策略之一。下面分别介绍各种访问控制策略。

1. 入网访问控制

入网访问控制为网络访问提供了第一层访问控制。它控制哪些用户能够登录到服务器并获取网络资源，控制允许用户入网的时间和从哪台工作站入网。

用户的入网访问控制可分为3个步骤：用户名的识别与验证、用户密码的识别与验证和用户账号的默认限制检查。3道关卡中只要任何一关未通过，该用户便不能进入网络。

网络管理员应能控制和限制普通用户的账号使用、访问网络的时间和方式。用户账号是所有计算机系统中最基本的安全形式。用户账号应只有系统管理员才能建立，用户密码应是每个用户访问网络所必须提交的"证件"。用户可以修改自己的密码，但系统管理员应能控制密码在以下几个方面的限制：最小密码长度、强制修改密码的时间间隔、密码的唯一性，以及密码过期失效后允许入网的次数。

用户名和密码通过验证之后，再进一步履行用户账号的默认限制检查。网络应能控制用户登录入网的站点、限制用户入网的时间，以及限制用户入网的工作站数量。当用户对交费网络的访问"资费"用尽时，网络还应能对用户的账号加以限制，使用户此时无法进入网络访问资源。网络应对所有用户的访问进行审计，如果多次输入密码不正确，则认为是非法用户入侵，并给出报警信息。

2. 网络的权限控制

网络的权限控制是针对网络非法操作所提出的一种安全保护措施。用户和用户组被赋予一定的权限。由网络来控制用户和用户组可以访问哪些目录、子目录、文件和其他资源等。可以指定用户对这些文件、目录和设备能够执行哪些操作。受托者指派和继承权限屏蔽（IRM）可作为其两种实现方式。受托者指派可以控制用户和用户组如何使用网络服务器的目录、文件和设备。继承权限屏蔽相当于一个过滤器，可以限制子目录从父目录那里继承哪些权限。可以根据访问权限将用户分为以下几类：

1）特殊用户（即系统管理员）。

2）一般用户，系统管理员根据其实际需要分配操作权限。

3）审计用户，负责网络的安全控制与资源使用情况的审计。

3. 目录级安全控制

网络应能控制用户对目录、文件和设备的访问。用户在目录一级指定的权限对所有文件和子目录有效，用户还可进一步指定目录下的子目录和文件的权限。对目录和文件的访问权限一般有 8 种：系统管理员权限（Supervisor）、读权限（Read）、写权限（Write）、创建权限（Create）、删除权限（Erase）、修改权限（Modify）、文件查找权限（File Scan）和存取控制权限（Access Control）。用户对文件或目标的有效权限取决于以下两个因素：用户的受托者指派或用户所在组的受托者指派、继承权限屏蔽取消的用户权限。一个网络系统管理员应当为用户指定适当的访问权限，这些访问权限控制着用户对服务器的访问。8 种访问权限的有效组合可以让用户方便地完成工作，同时又能有效地控制用户对服务器资源的访问，从而加强了网络和服务器的安全性。

4. 属性安全控制

当访问文件、目录和网络设备时，网络管理员应当给文件和目录等指定访问属性。属性安全控制可以将给定的属性与网络服务器中的文件、目录和网络设备联系起来。属性安全在权限安全的基础上提供更进一步的安全性。网络上的资源都应预先标出一组安全属性。用户对网络资源的访问权限对应一张访问控制表，用以表明用户对网络资源的访问能力。属性设置可以覆盖已经指定的任何受托者指派和有效权限。属性往往能控制以下几个方面的权限：向某个文件写数据、复制一个文件、删除目录或文件、查看目录和文件、执行文件、隐藏文件和共享文件等。网络的属性可以保护重要的目录和文件，防止用户对目录和文件的误删除、修改和显示等。

5. 网络服务器安全控制

网络允许在服务器控制台上执行一系列操作。用户使用控制台可以装载和卸载模块，也可以安装和删除软件等。网络服务器的安全控制包括可以设置密码锁定服务器控制台，以防止非法用户修改、删除重要信息或破坏数据；也可以设定服务器登录时间限制、非法访问者检测和关闭的时间间隔等。

6. 网络监测和锁定控制

网络管理员应对网络实施监控，服务器应记录用户对网络资源的访问。对非法的网络访问，服务器应以图形、文字或声音等形式进行报警，以引起网络管理员的注意。如果非法用户试图进入网络，网络服务器应会自动记录尝试登录的次数，如果非法访问的次数达到设定数值，那么该账户将被锁定。

7. 网络端口和节点的安全控制

网络中服务器的端口往往使用自动回呼设备、设置调制解调器为静默加以保护，并以加密的形式来识别节点的身份。自动回呼设备用于防止假冒合法用户，设置调制解调器为静默用以防范入侵者的自动拨号程序对计算机进行攻击。网络还常对服务器端和用户端采取控制，用户必须使用证实身份的验证器（如智能卡、磁卡和安全密码发生器等）来验证自己的身份。在对用户的身份进行验证之后，才允许用户进入用户端，然后，用户端和服务器端再进行相互验证。

10.4.3 防火墙控制策略

防火墙是一种保护计算机网络安全的技术性措施，它是一个用以阻止网络中的入侵者非法访问某个网络的屏障，也可称之为控制进、出这两个方向通信的门槛。在网络边界上通过建立相应的网络通信监控系统来隔离内部和外部网络，以阻挡外部网络的非法入侵。

在构建安全的网络环境的过程中，防火墙作为第一道安全防线，正受到越来越多用户的关注。一个单位在购买网络安全设备时，通常把防火墙放在首位。防火墙是用得最多的网络安全产品之一。

10.4.4 信息加密策略

信息加密的目的是保护网内的数据、文件、密码和控制信息等，保护网上传输的数据。网络加密常用的方法有链路加密、端点加密和节点加密 3 种。链路加密的目的是保护网络节点之间链路信息的安全；端-端加密的目的是对从源端用户到目的端用户的数据提供保护；节点加密的目的是对源节点到目的节点之间的传输链路提供保护。用户可根据网络情况选择上述加密方式。

信息加密过程由加密算法来具体实施，它以很小的代价提供很大的安全保护。在多数情况下，信息加密是保证信息机密性的唯一方法。据不完全统计，到目前为止，已经公开发表的各种加密算法多达数百种。如果按照收发双方密钥是否相同来分类，可以将这些加密算法分为常规密码算法和公钥密码算法。

在常规密码中，收信方和发信方使用相同的密钥，即加密密钥和解密密钥是相同或等价的。比较著名的常规密码算法有美国的 DES 及其各种变形，如 Triple DES、GDES、New DES 和 DES 的前身 Lucifer；欧洲的 IDEA 等，以及以代换密码和转轮密码为代表的古典密码算法等。在众多的常规密码中影响最大的是 DES 密码。

常规密码的优点是有很强的保密性，且经受住时间的检验和攻击，但其密钥必须通过安全的途径传送。因此，其密钥管理成为系统安全的重要因素。

在公钥密码中，收信方和发信方使用的密钥互不相同，而且几乎不可能从加密密钥推导出解密密钥。比较著名的公钥密码算法有 RSA、背包密码算法、McEliece 密码算法、Diffe-Hellman、Rabin、Ong-Fiat-Shamir、零知识证明的算法、椭圆曲线和 EIGamal 算法等。最有影响的公钥密码算法是 RSA，它能抵抗到目前为止已知的所有密码的攻击。

公钥密码的优点是可以适应网络的开放性要求，且密钥管理问题也较为简单，尤其是可方便地实现数字签名和验证。但其算法复杂，加密数据的速率较低。尽管如此，随着现代电子技术和密码技术的发展，公钥密码算法也将是一种很有前途的网络安全加密体制。

在实际应用中，人们通常将常规密码和公钥密码结合在一起使用，如利用 DES 或者 I-DEA 来加密信息，而采用 RSA 来传递会话密钥。如果按照每次加密所处理的比特来分类，可以将加密算法分为序列密码和分组密码。前者每次只加密一个比特，而后者则先将信息序列分组，每次处理一个组。密码技术是网络安全最有效的技术之一。一个加密网络，不但可以防止非授权用户的搭线窃听和入网，而且也是对付恶意软件的有效方法之一。

10. 4. 5   网络安全管理策略

在网络安全中，除了采用上述技术之外，加强网络的安全管理，制定有关规章制度，对于确保网络的安全和可靠地运行，都将起到十分有效的作用。

网络的安全管理策略包括确定安全管理等级和安全管理范围，制订有关网络操作规程和人员出入机房管理制度，制定网络系统的维护制度和应急措施等。

10. 5   防火墙技术

防火墙（Firewall）是一种将内联网（Intranet）和公众网（如 Internet）分开的方法，它能限制被保护的网络与 Internet 网络之间，或者与其他网络之间进行的信息存取、传递操作。防火墙可以作为不同网络或网络安全域之间信息的出入口，能根据企业的安全策略控制出入网络的信息流，且本身具有较强的抗攻击能力，它是提供信息安全服务、实现网络和信息安全的基础设施。

防火墙不仅是路由器、堡垒主机或任何提供网络安全的设备的组合，更是安全策略的一部分。

1. 防火墙概念

古时候，人们常在寓所之间砌起一道砖墙，一旦火灾发生，它能够防止火势的蔓延。这种墙因此而得名"防火墙"。在当今的信息世界里，人们借用了这个概念，使用"防火墙"技术来保护敏感的数据不被窃取和篡改，不过这些"防火墙"是由先进的计算机硬件和软件所构成的系统。

典型的防火墙主要由一个或多个构件组成，包括安全策略、包过滤路由器、应用层网关、代理服务器、电路层网关等，它是一个限制被保护的网络与 Internet 之间，或者与其他网络之间相互进行信息存取、传递操作的部件或部件集，它在两个网络之间形成一个执行控制策略的系统（包括硬件和软件）。

简单地说，防火墙是位于内部网络与外部网络之间、或两个信任程度不同的网络之间（如企业内部网络和 Internet 之间）的硬件设备和软件的组合，它对两个网络之间的通信进行控制，通过强制实施统一的安全策略，限制外界用户对内部网络的访问及管理内部用户访问外部网络的权限的系统，防止对重要信息资源的非法存取和访问，以达到保护系统安全的目的。

如果网络在没有防火墙的环境中，网络安全性将完全依赖主系统的安全性。在一定意义上，所有主系统必须通力协作来实现统一的高级安全性。子网越大，把所有主系统保持在相同的安全性水平上的可管理能力就越小，随着安全性的失策和失误越来越普遍，入侵就时有发生。防火墙有助于提高主系统总体完全性。防火墙的基本思想——不是对每台主机系统进行保护，而是让所有对系统的访问通过某一点，并且保护这一点，并尽可能地对外界屏蔽保护网络的信息和结构。

从总体上看，防火墙应具有以下五大基本功能：

1）过滤进出网络的数据报。

2）管理进出网络的访问行为。

3）拒绝某些禁止的访问行为。

4）记录通过防火墙的信息内容和活动。

5）对网络攻击进行检测和警告。

2. 防火墙技术的类型

防火墙主要有以下 3 种类型。

（1）报过滤防火墙　数据报过滤（Packet Filtering）技术是在网络层对数据报进行选择，选择的依据是系统内设置的过滤逻辑，被称为访问控制表（ACL）。通过检查数据流中每个数据报源地址、目的地址、所用的端口号、协议状态等因素，或它们的组合来确定是否允许该数据报通过。数据报过滤防火墙逻辑简单，易于安装和使用，网络性能和透明性好，它通常安装在路由器上。路由器是内部网络与因特网连接必不可少的设备，因此在原有网络上增加这样的防火墙几乎不需要任何额外的费用。

1）报过滤原理。报过滤技术的原理在于监视并过滤网络上流入流出的 IP 报，拒绝发送可疑的报。由于 Internet 与 Intranet 的连接多数都要使用路由器，所以路由器成为内外通信的必经端口，路由器逐一审查每份数据报以判定它是否与其他报过滤规则相匹配。如果找到一个匹配，且规则允许，该报则根据路由表中的信息前行；如果找到一个匹配，但规则拒绝，该报则被舍弃。如果无匹配规则，一个用户配置的默认参数将决定此报是前行还是被舍弃。

2）过滤报检查的内容。过滤报检查时只检查报头的内容，不检查报内的正文信息内容。

报头信息报括 IP 源地址、IP 目的地址、封装协议（TCP、UDP 或 IP Tunnel）、TCP/UDP 源端口、ICMP 报类型、报输入接口和报输出接口。

3）报过滤路由器的优点。绝大多数 Internet 防火墙系统只用一个报过滤路由器，与设计过滤器和匹配路由器不同的是：执行报过滤所用的时间很少或几乎不需要什么时间。因为 Internet 访问一般被提供给一个 WAN 接口。如果通信负载适中且定义的过滤很少的话，则对路由器性能没有多大影响。报过滤路由器对终端用户和应用程序是透明的，因此不需要专门的用户培训或在每主机上设置特别的软件。

4）数据报过滤的缺点。一方面非法访问一旦突破防火墙，即可对主机上的软件和配置漏洞进行攻击；另一方面是数据报的源地址、目的地址以及 IP 的端口号都在数据报的头部，很有可能被窃听或假冒。

（2）代理防火墙　代理防火墙使用代理服务器技术。所谓代理服务器（Proxy Server）是指代表客户处理发向服务器连接请求的程序。当代理服务器得到一个客户的连接意图时，它将核实客户请求，并用特定的安全化的 Proxy 应用程序来处理连接请求，将处理后的请求传递到真实的服务器上，然后接受真实服务器应答，并做进一步处理后，将答复交给发出请求的最终客户。代理服务器在外部网络向内部网络申请服务时发挥了中间转接和隔离内、外部网络的作用，所以称之为代理防火墙。代理防火墙工作于应用层，且针对特定的应用层协议。代理防火墙通过编程来弄清用户应用层的流量，并能在用户层和应用协议层间提供访问控制，而且还可用来保持一个所有应用程序使用的记录。记录和控制所有进出流量的能力是应用层网关的主要优点之一。

代理服务是运行于内部网络与外部网络之间的主机（堡垒主机）之上的一种应用。当用户需要访问代理服务器另一侧主机时，对符合安全规则的连接，代理服务器会代替主机响应，并重新向主机发出一个相同的请求。当此连接请求得到回应并建立起连接之后，内部主机同外部主机之间的通信将通过代理程序将相应连接映射来实现。对于用户而言，似乎是直接与外部网络相连的，代理服务器对用户透明。由于代理机制完全阻断了内部网络与外部网络的直接联系，保证了内部网络拓扑结构等重要信息被限制在代理网关内侧，从而减少了入侵者攻击时所需的必要信息。

代理服务的优点是代理易于配置，能生成各项记录，能灵活完全地控制进出流量和内容，能过滤数据内容，能为用户提供透明的加密机制等。

代理服务的缺点是代理速度比路由器慢，当一项新的应用加入时，如果代理服务程序不支持，则此应用不能使用。解决的方法之一是自行编制特定服务的代理服务程序，但工作量大，且技术水平要求很高，一般的应用单位无法完成。

代理防火墙（Proxy）可分为应用层网关防火墙和电路层网关防火墙。

1）应用层网关防火墙。应用层网关（Application Level Gateways，ALG）防火墙是传统代理型防火墙，它的核心技术就是代理服务器技术，它是基于软件的，通常安装在专用工作站系统上。这种防火墙通过代理技术参与到一个 TCP 连接的全过程，并在网络应用层上建立协议过滤和转发功能，所以称为应用层网关。当某用户（不管是远程的还是本地的）想和一个运行代理的网络建立联系时，此代理（应用层网关）会阻塞这个连接，然后在过滤的同时，对数据报进行必要的分析、登记和统计，形成检查报告。如果此连接请求符合预定的安全策略或规则，代理防火墙便会在用户和服务器之间建立一个"桥"，从而保证其通信。对不符合预定安全规则的，则阻塞或抛弃。

同时，应用层网关将内部用户的请求确认后送到外部服务器，再将外部服务器的响应回送给用户。

应用层网关防火墙的突出优点是安全，它被网络安全专家和媒体公认为是最安全的防火墙。由于每一个内、外网络之间的连接都要通过 Proxy 的介入和转换，通过专门为特定的服务如 HTTP 编写的安全化的应用程序进行处理，然后由代理防火墙本身提交请求和应答，没有给内、外网络的计算机任何直接会话的机会，从而避免了入侵者使用数据驱动类型的攻击方式入侵内部网络。从内部发出的数据报经过这样的防火墙处理后，就好像是源于防火墙外部网卡一样，从而可以达到隐藏内部网结构的作用。报过滤类型的防火墙很难彻底避免这一漏洞。

应用层网关防火墙同时也是内部网与外部网的隔离点，起着监视和隔绝应用层通信流的作用，它工作在 OSI 模型的最高层，掌握着应用系统中可用做安全决策的全部信息。

应用层网关防火墙的最大缺点是速度相对比较慢。

2）电路层网关防火墙。电路层网关（Circuit Level Gateways，CLG）或 TCP 通道（TCP

Tunnels）是另一种类型的代理技术。在电路层网关中，包被提交给用户应用层处理。电路层网关用来在两个通信的终点之间转换报。

电路层网关是针对数据报过滤和应用层网关技术存在的缺点而引入的防火墙技术，一般采用自适应代理技术，也称为自适应代理防火墙。它结合了应用层网关防火墙的安全性和包过滤防火墙的高速度等优点，其特点是将所有跨越防火墙的网络通信链路分为两段，外部计算机的网络链路只能到达代理服务器，从而起到了隔离防火墙内、外计算机系统的作用。此外，代理服务也对过往的数据报进行分析、注册登记，形成报告，当发现被攻击迹象时会向网络管理员发出警报，并保留攻击痕迹。

（3）状态监测防火墙　这种防火墙具有非常好的安全性，它使用了一个在网关上执行网络安全策略的软件模块，称为监测引擎。监测引擎在不影响网络正常运行的前提下，采用抽取有关数据的方法对网络通信的各层实施监测。抽取状态信息后，将其动态地保存起来作为以后执行安全策略的参考。监测引擎支持多种协议和应用程序，并可以很容易地实现应用和服务的扩充。与前两种防火墙不同，当用户的访问请求到达网关的操作系统前，状态监视器要抽取有关数据并对其进行分析，再结合网络配置和安全规则作出接纳、拒绝、身份认证、报警或给该通信加密等处理动作。一旦某个访问违反安全规则，就会拒绝该访问，并报告有关状态到日志记录。状态监测防火墙的另一个优点是它会监测无连接状态的远程过程调用（RPC）和用户数据报（UDP）之类的端口信息，而包过滤和应用网关防火墙都不支持此类应用。这种防火墙无疑是非常坚固的，但它会降低网络的速度，而且配置也比较复杂。但有些状态监测防火墙对所有的安全策略规则都通过面向对象的图形用户界面（GUI）来定义，从而大大简化了配置过程。

总的来说，一个好的防火墙系统应具有以下 5 个方面的特性：

1）所有在内部网络和外部网络之间传输的数据都必须通过防火墙。

2）只有被授权的合法数据，即防火墙系统中安全策略允许的数据，可以通过防火墙。

3）防火墙本身不受各种攻击的影响。

4）使用目前新的信息安全技术，如现代密码技术、一次口令系统和智能卡等。

5）人机界面良好，配置和使用方便，易管理。系统管理员可以方便地对防火墙进行设置，对 Internet 的访问者、被访问者、访问协议以及访问方式进行控制。

3. 防火墙选择策略

防火墙系统可以说是网络的第一道防线。用户决定使用防火墙保护内部网络的安全，需要选择一个安全、实惠、合适的防火墙。

首先，用户需要了解一个防火墙系统应具备的基本功能，这是用户选择防火墙产品的依据和前提；其次，还要考虑防火墙的安全性、高效性、适用性、可管理性和售后服务体系等因素。

（1）防火墙的安全性　安全性是评价防火墙好坏最重要的因素，因为购买防火墙的主要目的是为了保护网络免受攻击。但安全性不像速度、配置界面那样直观、便于估计，所以往往被用户所忽视。对于安全性的评估，需要配合使用一些攻击手段进行。

防火墙自身的安全性也很重要，大多数人在选择防火墙时都将注意力放在防火墙如何控制连接以及防火墙支持多少种服务上，而往往忽略了一点：防火墙也是网络上的主机之一，也存在安全问题。当防火墙主机上所执行的软件出现安全漏洞时，防火墙本身也将受到威胁。此时，任何的防火墙控制机制都可能失效。因此，如果防火墙不能确保自身安全，则防火墙的控制功能再强，也不能完全保护内部网络。

（2）防火墙的高效性　一般来说，防火墙应该能够集中和过滤拨入访问，并可以记录网络流量和可疑的活动；防火墙应具有精简日志的能力，以使日志具有可读性；如果用户需要 NNTP（网络消息传输协议）、HTTP 和 Gopher 等服务，防火墙应该包含相应的代理服务程序；防火墙也应具有集中邮件的功能，以减少 SMTP 服务器和外界服务器的直接连接，并可以集中处理整个站点的电子邮件；防火墙应允许公众对站点的访问，应把信息服务器和其他内部服务器分开。

防火墙的性能主要包括两个方面：最大并发连接数和数据报转发率。最大并发连接数是衡量防火墙可扩展性的一个重要指标。数据报转发率是指在所有安全规则配置正确的情况下，防火墙对数据流量的处理速度。购买防火墙的需求不同，对这两个参数要求也不同。例如，一台用于保护电子商务 Web 站点的防火墙，支持越多的连接意味着能够接受越多的客户和交易，所以防火墙能够同时处理多个用户的请求是最重要的，即使每个连接的流量很小。但是对于那些经常需要传输大的文件，对实时性要求比较高的用户，高的包转发率则是关注的重点。

（3）防火墙的适用性　适用性是指量力而行，防火墙有高低端之分，配置不同，价格不同，性能也不同。防火墙有许多种形式，有的以软件形式运行在普通计算机上，有的以硬件形式单独实现，有的以固件形式设计在路由器之中。因此，在购买防火墙之前，需了解各种形式的防火墙的原理、工作方式和不同的特点，才能评估它是否能够真正满足自己的需要。

（4）防火墙的可管理性　防火墙的管理是对安全性的一个补充。目前有些防火墙的管理配置需要有很深的网络和安全方面的专业知识，很多防火墙被攻破不是因为程序编码的问题，而是管理和配置错误导致的。因此，尽量选择拥有界面友好、易于编程的 IP 过滤语言及便于维护管理的防火墙。

（5）完善及时的售后服务体系　防火墙新产品一旦出现，就会有人研究新的破解方法，所以好的防火墙产品应拥有完善、及时的售后服务体系。防火墙和相应的操作系统应该用补丁程序进行升级，而且升级必须定期进行。

总之，目前没有一个防火墙的设计能够适用于所有的环境，用户在选购防火墙的时候不要把防火墙的等级看得过重，应根据网络站点的特点来选择合适的防火墙，挑选能够满足流量要求的即可，并不需要盲目追求高性能。

10.6　局域网安全防范技术

目前的局域网基本上都采用以广播为基础的以太网，任何两个节点之间的通信数据报，不仅为这两个节点的网卡所接收，也同时为同一以太网上的每一个节点的网卡所截取。因此，入侵者只要接入以太网上的任意节点进行侦听，就可以捕获这个以太网上的所有数据报，对其进行解报分析，从而窃取关键信息，这就是以太网所固有的安全隐患。

事实上，Internet 上许多免费的黑客工具，如 SATAN、ISS 和 NETCAT 等，都把以太网侦听作为其最基本的手段。下面就介绍几种局域网安全的解决办法。

10.6.1　网络分段

网络分段通常被认为是控制网络广播风暴的一种基本手段，但其实也是保证网络安全的一项重要措施。其目的就是将非法用户与敏感的网络资源相互隔离，从而防止可能的非法侦听。网络分段可分为物理分段和逻辑分段两种方式。

10.6.2　以交换式集线器代替共享式集线器

对局域网的中心交换机进行网络分段后，以太网侦听的危险仍然存在。这是因为网络最终用户的接入往往是通过分支集线器而不是中心交换机，而使用最广泛的分支集线器通常是共享式集线器。这样，当用户与主机进行数据通信时，数据报（指单播包 Unicast Packet）还是会被同一台集线器上的其他用户所侦听。一种很危险的情况是：用户 Telnet（用于远程连接服务的标准协议或者实现此协议的软件）到一台主机上，由于 Telnet 程序本身缺乏加密功能，用户所输入的每一个字符（如用户名和密码等重要信息）都将被明文发送，这就给入侵者提供了机会。

因此，应该以交换式集线器代替共享式集线器，使单播包仅在两个节点之间传送，从而防止非法侦听。当然，交换式集线器只能控制单播包而无法控制广播包（Broadcast Packet）和多播包（Multicast Packet）。但广播包和多播包内的关键信息，要远远少于单播包。

10.6.3　VLAN 的划分

为了解决以太网的广播问题，除了上述方法外，还可以运用 VLAN 技术，将以太网通信变为点到点通信，防止大部分基于网络侦听的入侵。

目前的 VLAN 技术主要有 3 种：基于交换机端口的 VLAN、基于节点 MAC 地址的 VLAN 和基于应用协议的 VLAN。基于端口的 VLAN 在技术上比较成熟，在实际应用中效果显著，因此广受欢迎。基于 MAC 地址的 VLAN 为移动计算提供了可能性，但同时也潜藏着遭受 MAC 欺诈攻击的隐患。而基于协议的 VLAN，理论上非常理想，但实际应用却尚不成熟。

在集中式网络环境下，通常将中心的所有主机系统集中到一个 VLAN 里，在这个 VLAN 里不允许有任何用户节点，从而较好地保护敏感的主机资源。在分布式网络环境下，可以按机构或部门的设置来划分 VLAN。各部门内部的所有服务器和用户节点都在各自的 VLAN 内，互不侵扰。

VLAN 内部的连接采用交换实现，而 VLAN 与 VLAN 之间的连接采用路由实现。目前，大多数的交换机都支持 RIP 和 OSPF 这两种国际标准的路由协议。

无论是交换式集线器还是 VLAN 交换机，都是以交换技术为核心的，它们在控制广播和防止入侵者攻击方面相当有效，但同时也给一些基于广播原理的入侵监控技术和协议分析技术带来了麻烦。因此，如果局域网内存在这样的入侵监控设备或协议分析设备，则必须选用特殊的带有交换端口分析器（Switch Port Analyzer，SPAN）功能的交换机。这种交换机允许系统管理员将全部或某些交换端口的数据报映射到指定的端口上，提供给连接在该端口上的入侵监控设备或协议分析设备。

10.7　广域网安全技术

由于广域网大多采用公网来进行数据传输，信息在广域网上传输时被截取和利用的可能性就比局域网大得多。如果没有专用的软件对数据进行控制，通信数据就很容易被截取和破译。

因此，在广域网上发送和接收信息时应做到以下几点：

1）除了发送方和接收方外，其他人是无法知悉的（隐私性）。

2）传输过程中数据不被篡改（真实性）。

3）发送方能确认接收方不是假冒的（非伪装性）。

4）发送方不能否认自己的发送行为（不可抵赖性）。

为了达到这些安全目的，在广域网中通常采用下面介绍的安全解决办法。

10.7.1　加密技术

加密型网络安全技术的基本思想是不依赖于网络中数据通道的安全性来实现网络系统的安全，而是通过对网络数据的加密来保障网络的安全性。数据加密技术可以分为 3 类，即对称型加密、不对称型加密和不可逆加密。其中，不可逆加密算法不存在密钥保管和分发问题，适用于分布式网络系统，但是其加密计算量相当大，所以通常用于数据量有限的情况下。计算机系统中的密码就是利用不可逆加密算法加密的。近年来，随着计算机系统性能的不断提高，不可逆加密算法的应用逐渐增加，常用的有 MD5 和 SHS。

10.7.2　VPN 技术

VPN（虚拟专网）技术的核心是采用隧道技术，将企业专网的数据加密封装后，透过虚拟的公网隧道进行传输，从而防止敏感数据被窃。VPN 可以在 Internet、帧中继或 ATM 等网上建立。企业通过公网建立 VPN，就如同通过自己的专用网中建立内部网一样，具有较高的安全性、优先性、可靠性和可管理性，而其建立周期、投入资金和维护费用也较低，同时还为移动计算提供了可能。因此，VPN 技术被广泛应用。

10.7.3　身份认证技术

对于从外部拨号访问内部网的用户，由于使用公共电话网进行数据传输会带来很大的风险，所以必须更加严格控制其安全性。一种常见的做法是采用身份认证技术，对拨号用户的身份进行验证并记录完备的登录日志。

习　题

1. 简述计算机网络安全的含义。

2. 网络安全的特征是什么？

3. 网络安全措施有哪些？

4. 简述网络安全 5 层体系结构。

5. 信息安全的五大特征是什么？完整性的定义是什么？

6. 包过滤路由器的优点是什么？

7. 一个好的防火墙系统应具有哪些特性？

8. 简述防火墙技术的概念。

9. 什么是代理服务？

10. 局域网安全的解决办法有哪些？

11. 代理防火墙有什么优缺点？

12. 广域网的安全解决办法有哪些？

参 考 文 献

[1]　夏素霞. 计算机网络技术与应用 [M]. 北京：人民邮电出版社，2010.

[2]　邓秀慧. 路由与交换技术 [M]. 北京：电子工业出版社，2012.

[3]　蔡晓东. 计算机网络技术 [M]. 北京：科学出版社，2003.

[4]　袁宗福. 计算机网络基础实验与课程设计 [M]. 南京：南京大学出版社，2011.

[5]　解文彬，逯燕玲. 计算机网络技术与应用 [M]. 北京：电子工业出版社，2010.

[6]　谢希仁. 计算机网络 [M]. 4 版. 大连：大连理工大学出版社，2004.

[7]　高峡，陈智罡，袁宗福. 网络设备互联学习指南 [M]. 北京：科学出版社，2009.

[8]　高峡，钟啸剑，李永俊. 网络设备互联实验指南 [M]. 北京：科学出版社，2009.

[9]　张国清. 拨开 CCNA 迷雾——重点及疑难解析 [M]. 北京：电子工业出版社，2011.

[10]　黄文斌，刘珺. 熊建强. 计算机网络教程 [M]. 北京：机械工业出版社，2007.

[11]　Richard Deal. CCNA 学习指南 [M]. 张波，胡颖琼，等译. 北京：人民邮电出版社，2009.

[12]　王利，张玉祥，杨良怀. 计算机网络实用教程 [M]. 北京：清华大学出版社，1999.

[13]　李逊林，袁宗福. 计算机网络 [M]. 成都：电子科技大学出版社，1998.

[14]　张浩军，姬秀荔. 计算机网络实训教程 [M]. 北京：高等教育出版社，2001.

[15]　白建军，钟读杭，朱培栋，等. Internet 路由结构分析 [M]. 北京：人民邮电出版社，2002.

[16]　鲁士文. 计算机通信网络基础教程 [M]. 北京：科学出版社，2000.

[17]　李征，王晓宁，金添. 接入网与接入技术 [M]. 北京：清华大学出版社，2003.

[18]　黄叔武，杨一平. 计算机网络工程教程 [M]. 北京：清华大学出版社，1999.

[19]　Uyless Black. IP 路由协议 [M]. 金甄平，等译. 北京：电子工业出版社，2000.